Bildatlas
LOKOMOTIVEN

Michael Dörflinger

Bildatlas
LOKOMOTIVEN

VORWORT

Vor einigen Jahren schien es schon so, als würde die Eisenbahn langsam aussterben. Überall wurden Strecken stillgelegt. Der Pkw und das Flugzeug, so war zu erwarten, würden das Rennen machen. Doch angesichts voller Straßen, verschmutzter Umwelt und teuren Kraftstoffs wird in vielen Ländern der Welt das Reisen auf Schienen wieder attraktiver. Der Hochgeschwindigkeitszug, der sich in den letzten Jahren vielerorts etabliert hat, aber auch viele Neubaustrecken in Ländern wie China oder Brasilien, zeigen, dass die Eisenbahn noch Zukunft hat.

Besonders im Güterverkehr sollen wieder steigende Transportzahlen für Gewinne sorgen. Mammutprojekte wie der Gotthard-Basistunnel oder Transversalen in Brasilien, China und Australien sorgen für ein besseres Angebot. Die „rollende Landstraße" – Lastwagen, die mit der Eisenbahn fahren – hat sich längst etabliert.
Die Vielzahl von Museumsbahnen, die überall entstehen, zeigt das große Interesse an der Eisenbahn und besonders an Dampfloks. Ein Stück heile Welt aus einer Epoche, in der man noch Zeit hatte, wird so zurückgewonnen. Damals, zu Beginn der Industrialisierung, erschien den Menschen allerdings selbst die Dampflok auf der 1825 eröffneten Strecke von Stockton nach Darlington als schnell. Vieles hat sich verändert. So ist es faszinierend, auf die Anfänge zurückzublicken, auf die goldene Zeit der Eisenbahn, aber auch auf die letzten Jahre, in der sich die Eisenbahn stark weiterentwickelt hat.

Die geografischen Gegebenheiten hatten immer einen wichtigen Einfluss auf die Bauart der verwendeten Lokomotiven. Findige Ingenieure haben sich dieser Herausforderung gestellt und beeindruckende Fahrzeuge entwickelt. Oft genug kamen gleich zwei Tüftler auf dieselbe Idee. Spektakulär war aber auch so mancher technische Irrweg – Technik kann eben richtig fesselnd sein.
Obwohl wir alle in den Waggons reisen, ist es doch die Lokomotive oder der moderne Triebwagen, der unser besonderes Interesse weckt. Sie sind es, die die Kraft haben, den schweren Zug ins Rollen zu bringen. Auf den folgenden Seiten soll ihre Welt gezeigt werden: Dampfende Schwergewichte, mächtige Dieselloks oder elektrische Flitzer – sie alle haben ihren besonderen Reiz, hinzu kommt die Vielfalt der Entwicklungen weltweit. Es gibt also viel zu entdecken …

INHALT

Dampflokomotiven — 8

Anfänge einer revolutionären Technik	10
Die Eisenbahn erobert Nordamerika	18
Deutsche Firmen bauen Klassiker	28
Westeuropas Eisenbahnen	36
Das Mutterland der Eisenbahn	46
Im Alpenraum und in Osteuropa	54
Dampfloks für den Sozialismus	62
Dampfloks in aller Welt	68

Strom und Schiene — 80

Als der Strom zu fließen begann	82
Mit der Elektrolok durch die Alpen	92
Der Siegeszug der elektrischen Traktion	112

Dieselloks — 128

Frühe Erfolge der Dieseltraktion	130
Dieselloks in Nordamerika	138
Diesellokomotiven der großen Europäer	150
Osteuropa setzt auf Dieselloks	174
Der Dieselmotor erobert die Welt	186

Personenbeförderung — 194

Personenzugloks und Triebwagen	196
Schnellverkehr	208
Regionalverkehr im Wandel	222
Die Bahn im Gebirge	238

Güterzugloks und Rangierbetrieb — 248

Entwicklung der Güterzugloks	250
Rangierbetrieb der Eisenbahn	272

Hochgeschwindigkeit — 278

Europa: International vernetzt	280
Durchbruch in Fernost	294

Register — 302

Dampflokomotiven
Einst und heute

DAMPFLOKOMOTIVEN | Anfänge einer revolutionären Technik

Anfänge einer revolutionären Technik

 Für Viele machen nur die Dampfloks den Reiz der Eisenbahn aus. Alles andere ist für sie nüchterner Beförderungsbetrieb. In der Tat sind die qualmenden Riesen zum Mythos geworden. Ihre Entwicklung von Trevithicks ersten Versuchen bis zum *Big Boy* war wirklich enorm. Und heute? Es werden wieder Dampfloks gebaut!

Der **Adler** war die Lokomotive, die auf der ersten deutschen Eisenbahnstrecke zwischen Nürnberg und Fürth verkehrte. Die Bahngesellschaft kaufte ihn in England bei **George Stephenson**.

Im Winter ist eine Fahrt mit der Brockenbahn besonders schön. Hier dampft **Lok 99 7241-5** der Harzer Schmalspurbahnen zum Gipfel. «

James Watt hat dem Erbauer der ersten Dampflokomotive noch einen Strick um den Hals gewünscht. Richard Trevithick starb zwar nicht am Galgen, allerdings in Armut. Seinen Nachfolgern erging es besser: Viele von ihnen scheffelten Millionen. Und die Eisenbahn eroberte die Welt. So fing es an.

Die ersten Dampfloks

Nach Nicholas Cugnots Zugmaschine *Fardier*, die an einer Mauer scheiterte, William Murdochs Modell-Dampfmobil, das am Widerspruch des Chefs James Watt scheiterte und Richard Trevithicks Dampfwagen, der an Rentabilität und Publikum scheiterte, war klar, dass mobile Dampfmaschinen es schwer hatten.

Die erste Dampflokomotive nimmt Fahrt auf Doch Trevithick gab nicht auf. Seine entscheidende Erfindung war die Hochdruckdampfmaschine von 1801, die die Dampfkraft erst mobil machen konnte. James Watts Niederdruckdampfmaschine war im Vergleich dazu riesig und brauchte jede Menge Platz. Für eine Bergwerksgesellschaft im walisischen Pen-y-Darren baute er ein dampfbetriebenes Fahrzeug mit zwei Achsen, das auf den dortigen Schienen verkehren sollte, um die Zugtiere zu ersetzen. Damit hat er die erste Dampflokomotive der Welt erschaffen, die am 21. Februar 1804 ihre Jungfernfahrt absolvierte. Eisenbahnen, also ein System von Schienen, auf denen Wagen bewegt wurden, waren allerdings schon sehr viel früher entstanden. Die Montanindustrie nutzte sie für den Abtransport ihres Abbaus. So kam es auch, dass der erste Eisenbahnviadukt, der Causey Arch bei Stanley im Nordosten Englands, bereits aus dem Jahr 1725 stammt, also 100 Jahre älter ist als die erste öffentliche Dampfeisenbahn der Welt. Doch das Problem für Trevithick war, dass die Lok für die damaligen Schienen aus Gusseisen zu viel wog. Sie zerbrachen unter dem Gewicht nach einiger Zeit und die Lok entgleiste. Ähnliche Probleme verursachten anfangs die Radreifen.

Um sich Geld für weitere Projekte zu beschaffen, kam Trevithick auf die Idee, eine Dampflok gegen Eintritt vorzuführen. In London ließ er 1808 ein Gleisrund errichten und es von einem Bretterzaun umgeben. Neugierige konnten nun die „Catch me who can", so wurde die Lok von einem Mädchen getauft, für einen Shilling Eintrittspreis bestaunen und sogar mitfahren. Sollte die neue Erfindung zum Zirkusklamauk verkommen? War das das Ende der Dampflokomotive?

Die **Salamanca** von **Blenkinsop und Murray** war die erste Zahnradlokomotive der Welt. Sie arbeitete von 1812 bis 1835 als Zechenlok.

Richard Trevithick

Der englische Ingenieur Richard Trevithick wurde am 13. April 1771 in Illogan in Cornwall geboren. Gestorben ist er am 22. April 1833 in Dartford. Er hatte die große Vision der Fortbewegung mithilfe einer Dampfmaschine. Als Bergwerksfachmann setzte er 1804 die erste funktionsfähige Dampflokomotive in einer Mine ein. Doch weil das Material der Schienen damals nicht gut genug war, schaffte er es nicht, seiner Erfindung zum Durchbruch zu verhelfen. Trevithick starb in Armut.

DAMPFLOKOMOTIVEN | Anfänge einer revolutionären Technik

Grubenloks interessanter Bauart 1812 unternahmen John Blenkinsop und Matthew Murray einen weiteren Anlauf. Für die Gruben in Middleton bauen sie eine Zahnradlokomotive, die das abgebaute Material nach Leeds schaffen sollte. Beide misstrauten der Adhäsionskraft und setzten darauf, dass bei Zahnrädern ein Rutschen nicht passieren konnte. Allerdings war eine Zahnstange nötig, in die das Zahnrad der Lokomotive eingreifen und für den Vortrieb sorgen konnte. *Salamanca* hieß diese Dampflok, drei andere folgten. Immerhin bis 1835 arbeiteten sie als Zechenloks.

Die Wylam-Zeche in der Nähe von Newcastle entschloss sich ein Jahr später zur Anschaffung einer Lokomotive. Grubeneigner Christopher Blackett beauftragte seinen leitenden Mitarbeiter William Hedley mit dem Bau einer eigenen Lok, die dieser zusammen mit Timothy Hackworth herstellte. Sie erhielt den Namen *Puffing Billy* und ist eine der berühmtesten und die älteste erhaltene Dampflok der Welt.

1814, also wieder ein Jahr später, baute George Stephenson seine erste Dampflok, die *Blücher*. Er trat elf Jahre später ins Rampenlicht, als am 27. September 1825 zwischen Stockton und Darlington die erste öffentliche Eisenbahnstrecke eingeweiht wurde. Streckenplanung, Bau unter Verwendung patentierter Schienen aus gewalztem Eisen und die erste eingesetzte Lokomotive, die *Locomotion No. 1*, stammten von ihm.

Oliver Evans

Die Amphibienlok In Amerika stellte der Schmied und Bootsbauer Oliver Evans 1805 den *Oruktor Amphibolos* her. Zweck der Maschine war, die immer wieder versandenden Hafenanlagen von Philadelphia auszubaggern. Evans entwickelte eine Hochdruckdampflok, die er für geeignet hielt, diese Aufgabe wahrzunehmen. Dazu musste sie aber aufs Wasser befördert werden. Wie sollte das geschehen? Ganz einfach – in einem Boot. Ein Problem war nur, dass die Werkstatt von Evans nicht an einem Fluss lag. So kam er auf die Idee, das Boot auf ein Fahrgestell zu setzen und einen Riemenantrieb zu konstruieren, mit dem die Dampfmaschine die Räder antrieb. So dampfte er durch Philadelphia hinunter an den Hafen.

Nachbau der **Saxonia**, der ersten Dampflock, die in Deutschland gebaut wurde.

Die **Best Friend of Charleston** war die erste Dampflok der USA. Dort wurde häufig ein Stehkessel verwendet.

Rainhill – der berühmte Wettkampf 1829 schrieb die Eisenbahngesellschaft der Liverpool-Manchester-Bahn einen Wettbewerb aus, wer die beste Dampflok baute. Dem Sieger winkte ein Großauftrag. Nur fünf Teilnehmer traten an. Thomas Shaw Brandreth, als Gegner der Eisenbahn bekannt, trat mit einem Gefährt an, in dem – ein Pferd steckte. Er wurde disqualifiziert. Die *Perseverance* von Timothy Burstall fiel ebenfalls durch. So blieben die *Novelty* von John Braithwaite und dem Schweden John Ericsson, die *Sans Pareil* von Timothy Hackworth und die *Rocket* von George und Robert Stephenson.

Sieger wurde die *Rocket*, die als einzige die Strecke ohne Defekte bewältigen konnte. Sie bot konstruktiv einige interessante Merkmale. Neu war der Röhrenkessel mit den vielen Heizrohren im Innern, der richtungsweisend war. Auch die Verwendung eines Blasrohrs und die Feuerbüchse setzten Maßstäbe.

Dampfloks in anderen Ländern In den USA hatte man schon früh die Bedeutung der Eisenbahn für die Erschließung des Kontinents erkannt. Die erste Lokomotive, die dort zum Einsatz kam, war die *Stourbridge Lion* aus England. Doch bereits 1830 wurde mit der *Best Friend of Charleston* die erste Dampflok der USA auf die Schienen geschickt. Sie hatte einen Stehkessel, was bei den frühesten Modellen der Amerikaner nicht ungewöhnlich war.

In Frankreich baute 1829 Marc Séguin die erste Lok. Deutschland kaufte für die ersten Strecken erst einmal Fahrzeuge aus Großbritannien. So stammte der *Adler* der ersten deutschen Bahnlinie Nürnberg – Fürth aus der Lokfabrik Stephenson. Er hatte die Achsfolge 1A1, die auch als *Patentee* bekannt ist. Vor und hinter der Treibachse war also je eine Laufachse angebracht. Diese Form wurde eine Zeitlang zur wichtigsten im englischen Lokbau. Für Güterzüge wurde die vordere oder hintere Laufachse gekuppelt, sodass zwei Treibachsen vorhanden waren. Ein heute noch existierendes Beispiel ist die britische *Lion*, die 1838 bei der Liverpool and Manchester Railway in Dienst trat.

Cramptonloks und andere Bauarten

Wie immer, wenn eine Erfindung in den Kinderschuhen steckt, gab es auch kuriose Entwürfe. Neben dem *Cycloped* des Rainhill-Rennens gab es zum Beispiel die Maschine von

Die **Locomotion No. 1** war die Lokomotive der ersten Eisenbahnstrecke zwischen Stockton und Darlington.

In den USA gab es lange Jahre **Loks mit zwei Treibachsen,** denen zwei Laufachsen vorangingen.

Brunton aus dem Jahr 1813, bei der ein Gestänge zwei wie Füße gestaltete Stangen bewegte, die das Fahrgestell von hinten anschieben sollten. Eine Zeitlang war der Steh- oder Flaschenkessel beliebt. Bereits die beiden Rainhill-Loks *Sans Pareil* und *Novelty* waren so konstruiert. In den USA wurden die ersten Loks wie die *Best Friend of Charleston* oder die *Tom Thumb* von Peter Cooper oder auch die *Grasshopper* in dieser Weise gebaut. Doch gab es auch Modelle wie die *De Witt Clinton* von 1831, die einen liegenden Kessel besaßen.

Lokomotiven sind so vielfältig, dass man sich auf der ganzen Welt Gedanken gemacht hat, wie man sie am besten einteilen könnte. Es gab eine Vielzahl von Systemen, von denen sich ein paar in mehreren Ländern durchgesetzt haben. Meist werden die Achsen oder die Räder gezählt. Dabei wird zwischen Lauf- und Treibachsen unterschieden. Die Tabelle auf Seite 15 zeigt die Benennungen in den verschiedenen Systemen.

Achsen

Damit die Lokomotive rollt Jede Lokomotive hat mehrere Räder. Doch nicht alle sind gleich. Man unterscheidet zwischen Treib- und Laufachsen. Unter der Treibachse versteht man solche, auf die Antriebskraft übertragen wird. Laufachsen hingegen rollen nur mit und dienen der Stabilisierung der Fahrt. Sie sind in der Regel ein gutes Stück kleiner. Es gibt aber auch Arten von Lokomotiven, bei denen auf Laufachsen verzichtet wurde. Dann gibt es nur Treibachsen. In der Regel sind sie über ein Gestänge verbunden, das die Kraft überträgt, sie sind gekuppelt.

Wenn bei einer Systembezeichnung bestimmte Teile in Klammern stehen, wie beispielsweise in den letzten drei Zeilen der unten stehenden Tabelle, dann weist das aus, dass es sich hier um eine bewegliche Triebwerksgruppe handelt. Bei Elektroloks findet man ein „o" hinter einer Achsgruppe. Diese als kleine „0" definierte Sigle bezeichnet einen eigenen Achsmotor. Beispielsweise bedeutet Bo'Bo' eine Elektrolok mit zwei zweiachsigen Antriebsdrehgestellen.

Achsfolge und Benennung der Loktypen

Stilisierte Seitenansicht (Fahrtrichtung der Lok nach links)	UIC-System	Whyte-Notation	Französisches System	Amerikanischer Name
⊙ = Laufachse, ⊛ = Treibachse, - = Malletlok	(u.a. Deutschland, Italien)	(u.a. USA, Großbritannien)	(u.a. Frankreich, Russland)	
	1A	2-2-0	110	Planet
	1A1	2-2-2	111	Patentee
	2'A	4-2-0	210	Crampton/Norris
	3A	6-2-0	310	Crampton
	B	0-4-0	020	Four-Wheel-Switcher
	1'B	2-4-0	120	Hanscom
	1'B1'	2-4-2	121	Columbia
	2'B	4-4-0	220	American
	2'B1'	4-4-2	221	Atlantic
	C	0-6-0	030	Six-Wheel-Switcher
	1'C	2-6-0	130	Mogul
	2'C	4-6-0	230	Ten-Wheeler
	1'C1'	2-6-2	131	Prairie
	2'C1'	4-6-2	231	Pacific
	1'C2'	2-6-4	132	Adriatic
	2'C2'	4-6-4	232	Hudson, Baltic
	D	0-8-0	040	Eight-Wheel-Switcher
	1'D	2-8-0	140	Consolidation
	1'D1'	2-8-2	141	Mikado
	1'D2'	2-8-4	142	Berkshire
	2'D	4-8-0	240	Twelve-Wheeler
	2'D1'	4-8-2	241	Mountain/Mohawk
	2'D2'	4-8-4	242	Northern/Niagara
	E1'	0-10-2	051	Union
	2'E	4-10-0	250	Mastodon
	1'E1'	2-10-2	151	Santa Fe
	1'E2'	2-10-4	152	Texas
	2'F1'	4-12-2	261	Union Pacific
	CC	0-6-6-0	030+030	Erie
	(2'C)C2'	4-6-6-4	230+032	Challenger
	(1'D)D2'	2-8-8-4	140+042	Yellowstone
	(2'D)D2'	4-8-8-4	240+042	Big Boy

DAMPFLOKOMOTIVEN | Anfänge einer revolutionären Technik

Wasser, Brennstoff und Sand sind nötig, um eine Dampflok zu betreiben. Hier wird **Wasser** in den **Tank einer Tenderlok** gefüllt.

In Amerika setzte sich bald die Achsfolge 2'B durch, die sogar den Beinamen *American* bekam, denn sie wurde für lange Jahre zum Standard und machte Baldwin zum größten Hersteller von Dampfloks der Welt. Eine speziell amerikanische Erfindung gelang dem Quereinsteiger Ephraim Shay um 1874. Seine Idee war eine Getriebelokomotive, bei der die Kraftübertragung der Dampfmaschine über ein Zahnradgetriebe auf die Treibräder erfolgte. Damit konnte der Lokführer bei steigungsreichen Strecken praktisch die Gänge wechseln. Mit diesem Patent stieg die Firma Lima zu einem der größten Lokbauer der Welt auf.

Sie lebten auf großem Rad Mit zunehmendem Erfolg der Eisenbahn wurde das Schnellfahren immer wichtiger. Man hatte erkannt, dass größere Treibräder höhere Geschwindigkeiten erzielen konnten. So wuchsen die Durchmesser immer weiter. Einen Höhepunkt stellten die Räder der *Crampton*-Loks dar, die teilweise 2,5 Meter Durchmesser hatten. Thomas Russell Crampton von der Great Western Railway schuf 1847 einen neuen Loktyp, der sich durch zwei riesige Treibräder, einen niedrigen Schwerpunkt und einen langen Schornstein auszeichnete. Erfolge feierte der Brite allerdings vor allem in Frankreich und einigen deutschen Staaten. Für kleine Personenzüge mochten diese Renner ausreichen. Doch Güterzüge konnten damit nicht angetrieben werden. So kehrte man bald zu gekuppelten Modellen zurück.

Gerade für den Pendelverkehr, der sich in den Großstädten entwickelte – und bei engen Strecken –, kam es darauf an, dass die Loks wendig waren und vorwärts genauso gut fahren konnten wie rückwärts, um ein umständliches Wendemanöver zu umgehen. Der Brite Robert Fairlie entwickelte eine Idee weiter, die dann als *Fairlie*-Lokomotive

Die Dampflok von **Péchot und Bourdon** bestand aus zwei Teilen, die unabhängig voneinander arbeiten konnten. Das französische Militär setzte sie als Feldbahn ein. Vom Prinzip her ähnelte sie der **Fairlie-Lok.**

Die **Shay-Lokomotive** hatte ein Getriebe, das unter der Abdeckung vor dem Fahrerhaus zu erkennen ist. Sie war geeignet für hügeliges Gelände.

bekannt wurde. Die Maschine bestand eigentlich aus zwei wie siamesische Zwillinge zusammengewachsenen Lokhälften, die über ein Gelenk miteinander verbunden waren. Alle Räder wurden angetrieben. Doch in der Mitte war nur wenig Platz für Personal und Betriebsstoffe. Gegen die Tenderlokomotive, die auf den Schlepptender verzichtete, weil sie alles benötigte Material selbst mitführen konnte, war sie ohne Chance. Letztere war außerdem billiger zu bauen.

Die Eisenbahn erobert Nordamerika

In Nordamerika entwickelte sich die Eisenbahn wie in Europa schnell zum wichtigsten Verkehrsmittel. Sie stellte bald die Flussschifffahrt als Transportmittel in den Schatten und ermöglichte schließlich die Durchquerung des Kontinents in nur einer Woche. Die Lokomotiven wurden immer größer und stärker. In abgelegeneren Gegenden spielten aber auch kleine Bahnen eine wichtige Rolle.

Wachsende Strecken und große Lokomotiven

In den Vereinigten Staaten entwickelte sich das Eisenbahnnetz mit einer rasanten Geschwindigkeit. Dies lag sicher daran, dass bedeutend größere Strecken als in Europa zurückgelegt werden mussten, und Personen und Waren mit keinem anderen Verkehrsmittel mit einer solchen Geschwindigkeit und mit einem vergleichbaren Komfort transportiert werden konnten. Saint Louis im Bundesstaat Missouri war beispielsweise von Cincinnati aus mit dem Dampfschiff über die Flüsse Ohio und Mississippi auf einer 1130 Kilometer langen Strecke in ungefähr drei Tagen zu erreichen. Mit dem Bau der Eisenbahn konnten der Weg auf 545 Kilometer und die Fahrzeit auf 16 Stunden verkürzt werden.

Von Ost nach West Der von 1861 bis 1865 dauernde Bürgerkrieg zwischen den Nord- und Südstaaten brachte einerseits eine erhebliche Zerstörung der Infrastruktur des Südens mit sich, zeigte aber auch, welch strategischen Vorteil die Eisenbahn mit sich brachte. 1862 unterzeichnete Präsident Lincoln ein Gesetz, das die Mittel für die Schaffung einer transkontinentalen Eisenbahnstrecke zur Verfügung stellte. Das Vorhaben wurde von den großen Eisenbahngesellschaften Union Pacific Railroad und Central Pacific Railroad durchgeführt. Am 10. Mai 1869 trafen schließlich die Gleise der beiden Bahnen am Promontory Summit in Utah zusammen. Von nun an war eine Reise von New York nach Sacramento, der Hauptstadt Kaliforniens, in siebeneinhalb Tagen möglich. 1890 betrug die Gesamtlänge der Gleise in den Vereinigten Staaten bereits an die 263 000 Kilometer. Bis 1900 war das Streckennetz auf 312 000 Kilometer erweitert. Der Höhepunkt wurde 1916 mit 408 745 Kilometern Schiene

Diese Lokomotive war auf den Strecken der **Colorado Central Railroad** im Südwesten der Vereinigten Staaten im Einsatz.

Mallet-Lok

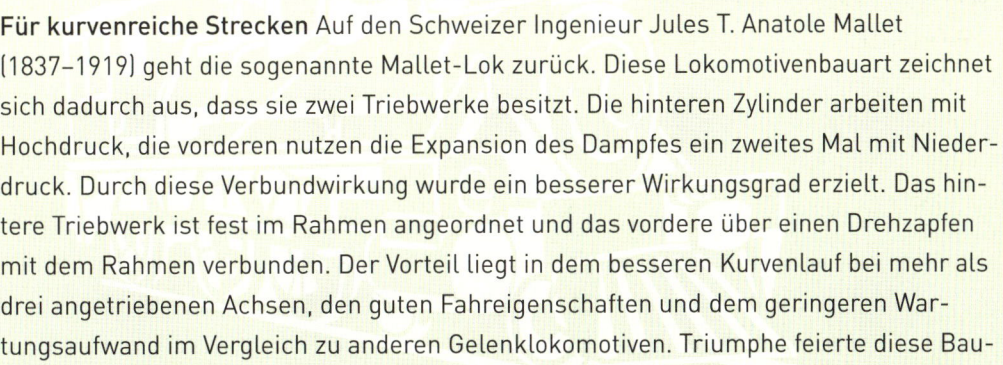

1919 stellte der große amerikanische Lokomotivenbauer **Baldwin** dieses Exemplar vom Typ **Prairie** mit der Achsfolge 2-6-2 her.

Für kurvenreiche Strecken Auf den Schweizer Ingenieur Jules T. Anatole Mallet (1837–1919) geht die sogenannte Mallet-Lok zurück. Diese Lokomotivenbauart zeichnet sich dadurch aus, dass sie zwei Triebwerke besitzt. Die hinteren Zylinder arbeiten mit Hochdruck, die vorderen nutzen die Expansion des Dampfes ein zweites Mal mit Niederdruck. Durch diese Verbundwirkung wurde ein besserer Wirkungsgrad erzielt. Das hintere Triebwerk ist fest im Rahmen angeordnet und das vordere über einen Drehzapfen mit dem Rahmen verbunden. Der Vorteil liegt in dem besseren Kurvenlauf bei mehr als drei angetriebenen Achsen, den guten Fahreigenschaften und dem geringeren Wartungsaufwand im Vergleich zu anderen Gelenklokomotiven. Triumphe feierte diese Bauart bei den gigantischen Dampfloks der 1940er-Jahre wie dem *Big Boy*.

Die **American Locomotive Company** baute diese Dampflok 1910 für die **Lake Superior and Ishpeming Railroad.** ▶▶

DAMPFLOKOMOTIVEN | Die Eisenbahn erobert Nordamerika

erreicht. Praktisch der ganze Fernverkehr wurde zu dieser Zeit mit der Eisenbahn abgewickelt.

Lok-Giganten Eine erste Herausforderung für die Züge stellte die wachsende Verbreitung der Automobile dar. Die Betreiber reagierten darauf durch die Einführung schnellerer Lokomotiven, wie der 1935 von ALCO für die Chicago, Milwaukee, St. Paul and Pacific Railroad gebauten Class A, die eine Höchstgeschwindigkeit von 200 km/h erreichen konnte. Die Pennsylvania Railroad stellte 1939 eine 6-4-4-6-Mallet-Lok mit dem Namen *The Big Engine* in Dienst. Die auch als *Class S 1* bezeichnete Großlokomotive schaffte es, 1600 Tonnen mit einer Geschwindigkeit von angeblich bis zu 193 km/h zu ziehen. Auch beim Gütertransport trumpften die Betreiber mit immer stärkeren Maschinen auf. Ab 1936 stellte Union Pacific die *Challenger*-Loks in Dienst. Diese Zugmaschinen besaßen eine Länge von 37 Metern und wogen 287 Tonnen. Noch größer und leistungsfähiger waren die *Big Boys*, die ab 1941 ebenfalls auf den Schienen der Union Pacific Railroad Güterzüge zogen. Die 40,5 Meter langen und 350 Tonnen wiegenden Giganten konnten Züge mit einem Gewicht von bis zu 6000 Tonnen ziehen.

Kanadas transkontinentale Eisenbahnen

16 Jahre nachdem beim Promontory Summit der letzte Schienennagel eingeschlagen worden war, um die amerikanische Ost- und Westküste miteinander zu verbinden, war man auch im nördlichen Nachbarland der Vereinigten Staaten so weit. Am 7. November 1885 trieb Donald Smith, einer der Investoren und Direktoren der Canadian Pacific Railway, den letzten Nagel in die Schwellen der Eisenbahnlinie, die nun vom Osten Kanadas bis zum Pazifik reichte. Das Ereignis fand bei Craigellachie, in den Bergen von British Columbia, statt.

Die Canadian Pacific Railway (CPR), die früher auch oft „CP Rail" genannt wurde, war 1881 gegründet worden, um das Ziel einer transkontinentalen kanadischen Eisenbahn zu verwirklichen. In der Folgezeit baute das Bahnunternehmen nicht nur weitere Strecken, sondern erwarb auch kleinere Eisenbahngesellschaften.

Nach der 1887 von der Interstate

Als Verkehrsmittel war die Eisenbahn in Kanada unentbehrlich, auch wenn sie oft mit **extremen Wetterbedingungen** zu kämpfen hatte. Anders als in den USA gab es nur wenige Flüsse, auf denen Personen und Güter transportiert werden konnten.

Auch bei der **Erschließung des Yukon-Territoriums** im Norden Kanadas spielte die Eisenbahn eine wichtige Rolle.

Commerce Commission der USA eingeführten Klassifizierung gehörte die CPR zur Klasse 1, das heißt zu den größten Eisenbahngesellschaften. Hauptsächlich wurden auf den Gleisen des Unternehmens Güter transportiert, aber auch der Passagierverkehr spielte eine wichtige Rolle. Die ersten Lokomotiven, die bei der CPR zum Einsatz kamen, waren vor allem vom Typ *American* (2'B; 4-4-0) die auch als *Eight-Wheeler* bezeichnet wurden. Später kamen sogenannte *Ten-Wheeler* – nach der Whyte-Notation 4-6-0 – sowohl für den Passagier- als auch für den Güterverkehr hinzu.

Ein zweiter Eisenbahnriese Eine zweite kanadische Klasse-1-Eisenbahngesellschaft, die sogar die CPR noch an Größe übertraf, entstand in den Jahren von 1918 bis 1923 durch die Initiative der kanadischen Regierung, die die Kontrolle über mehrere wirtschaftlich angeschlagene Unternehmen der Bahnbranche übernommen hatte. Die Canadian National Railway (CNR), wie das neue Unternehmen hieß, erwarb im Lauf der Zeit ein Streckennetz, das von der Atlantikprovinz Nova Scotia bis British Columbia und in Richtung Norden bis in die Nordwest-Territorien reichte. Ab 1927 verstärkte die CNR das rollende Material mit *Niagara*-Lokomotiven von der Bauart 4-8-4 (2'D2'), die für Personen- und Güterzüge eingesetzt wurden und aus den Werkstätten der Montreal Locomotive Works kamen. Speziell für den Passagierverkehr kamen auch *Mountains* mit der Achsfolge 2'D1' (4-8-2) zur Verwendung. Sie wurden zum größten Teil von der Canadian Locomotive Company hergestellt.

Das Einschlagen des letzten Nagels der **Ost-West-Verbindung 1885** war für die kanadische Eisenbahn ein historisches Ereignis.

DAMPFLOKOMOTIVEN | *Die Eisenbahn erobert Nordamerika*

Einst versorgte diese Lokomotive die kleinen **Bergbaustädte** in den **südlichen Rocky Mountains**, heute zieht sie Museumszüge.

Auf Schmalspur durch die Rocky Mountains

In den USA und Kanada kamen zwar große Dampflokomotiven für die weiten Strecken in Normalspur zum Einsatz, der nordamerikanische Kontinent besaß jedoch auch eine große Zahl kleinerer Schmalspurbahnen, die sich durch die Berge schlängelten oder für den regionalen Verkehr zuständig waren. Heute sind von diesen Bahnen meist nur noch Überreste, die dem Fremdenverkehr dienen, vorhanden.

Eine der bekanntesten Eisenbahngesellschaften ist sicherlich die Denver & Rio Grande Railway, die zeitweise auch als Denver & Rio Grande Western Railway, Rio Grande Western Railway, Denver, Northwestern and Pacific und unter ähnlichen Namen geführt wurde. Der Grund für die Bekanntheit ist nicht die Größe oder wirtschaftliche Bedeutung des Unternehmens, sondern der Umstand, dass heute zwei Museumseisenbahnen Teile des einst ausgedehnten Streckennetzes in sehr reizvollen Landschaften nutzen.

Bevor sie ins Museum kam, war diese Lokomotive bei der **Chicago Burlington & Quincy Railroad** tätig. Gebaut wurde sie 1940.

Groß in Schmalspur Als die Denver & Rio Grande Railway 1870 gegründet wurde, war das Ziel zunächst, die aufblühende Stadt Denver im Bundesstaat Colorado mit El Paso in Texas und schließlich mit Mexiko zu verbinden. Soweit kam man jedoch nicht. Nach der Übernahme durch einen Investor beschränkte man sich darauf, die Gleise bis nach Santa Fe im südlichen Nachbarstaat New Mexico zu verlegen. Nachdem dieses Ziel erreicht war, begann die Erweiterung nach Westen und Norden. 1883 kamen die Streckenbauer in Salt Lake City, der Hauptstadt des damaligen Territoriums Utah, und später in dem weiter nördlich gelegenen Ogden an. Um Kosten zu sparen, hatte man die Gleise in der Kapspur von 1067 Millimetern verlegt, was jedoch zu dem Problem führte, dass sie mit den meisten anderen Eisenbahngesellschaften mit der Normalspur von 1435 Millimetern nicht kompatibel waren.

Niedergang und Museumsbahn In der Folgezeit erweiterte die Denver & Rio Grande Railway einige Strecken auf

Tiefe Schluchten und große Höhenunterschiede müssen die Züge der **Georgetown Loop Railroad in Colorado** überwinden. Die Strecke gilt heute noch als Meisterleistung des Eisenbahnbaus.

Normalspur. Die Schmalspur blieb jedoch bei den Gleisen, die 1880 entlang der Grenze zwischen Colorado und New Mexico gebaut wurden, um die Silberminen in den San-Juan-Bergen an das Streckennetz anzuschließen. Aber bereits in den 1890er-Jahren kam es zur Stilllegung der Minen, was wiederum dazu führte, dass die Strecken nicht ausgelastet waren und die nötigen Investitionen ausblieben. Erdgasfunde nach dem Zweiten Weltkrieg hatten nur eine vorübergehende Wiederbelebung der Schmalspurbahn zur Folge. Auf den malerischsten Abschnitten der Strecken bieten heute zwei Museumsbahnen Fahrten für Touristen an, nämlich die Cumbres & Toltec Scenic Railroad zwischen den Orten Antonito und Chama sowie die Durango and Silverton Narrow Gauge Railroad zwischen Durango und Silverton. Bei den Lokomotiven, die für diese Aufgaben verwendet werden, handelt es sich um *Mikados* mit der Radfolge 2-8-2 (1'D1'). Bei der Denver & Rio Grande Railway gehörten sie zu den Klassen K-27, K-36 und K-37.

Deutsche Firmen bauen Klassiker

Dank der vielen eigenständigen Länderbahnen bot der deutsche Lokomotivenbau des 19. und beginnenden 20. Jahrhunderts ein faszinierendes Bild der Vielfalt. Mit der Einführung der Einheitsloks ab Mitte der 1920er-Jahre begann für viele Fans aber erst die goldene Eisenbahnzeit. Nach den amerikanischen bauten die deutschen Firmen die zweitmeisten Dampfloks.

Die **78 468** aus Oberhausen ist eine **preußische T 18.** Diese Tenderlokomotiven wurden zwischen 1912 und 1927 produziert. »

Die preußische **P 3.2,** Spitzname **Kamel,** wurde ab 1887 gebaut. Sie verkehrte im Personenzugverkehr in den westlichen Provinzen.

Vielen gilt die **bayerische S 3/6,** die später bei der Reichsbahn in die Baureihe 18 einsortiert wurde, als **schönste Dampflok der Welt.**

Die Hoflieferanten

In Deutschland gab es auch nach der Reichseinigung von 1871 verschiedene Bahngesellschaften, die den Bundesstaaten gehörten. Diese ließen ihre Loks von den Lokfirmen in ihren Ländern bauen. In Preußen, dem weitaus größten Staat, waren dies neben Borsig und Schwartzkopff in Berlin vor allem auch Henschel und die Hanomag, beide waren 1866 zu Preußen gekommen und vorher die „Hoflieferanten" von Hannover und Hessen gewesen.

Königlich preußische Eisenbahn-Verwaltung Borsig in Berlin begann den Lokbau 1840 mit einer dem amerikanischen Norris-Typ vergleichbaren Lok, der *Borsig,* die die Achsfolge 2'A1 aufwies. Doch schon bald konnte man sich von den Vorbildern emanzipieren und eigene Ideen verwirklichen. Das geschah in enger Zusammenarbeit der Ingenieure mit den Konstruktionsabteilungen der Staatsbahn. Borsig war zeitweise der zweitgrößte Dampflokproduzent der Welt.

Preußen führte 1878 die sogenannten Normalien ein, die für eine größere Vereinheitlichung der Lokomotiven sorgten. Die Norddeutschen brachten viele berühmte

DAMPFLOKOMOTIVEN | Deutsche Firmen bauen Klassiker

Loktypen hervor. So war die T 3, eine kleine Tenderlok für den Nebenstreckenbetrieb, bereits 1882 zum ersten Mal gebaut worden. Sie fuhr aber in der DDR noch bis 1968. Weit verbreitet auch im europäischen Ausland war die preußische P 8 (DR-Baureihe 38), eine 2'C-Lok, die 1906 erstmals eingesetzt wurde. Mit etwa 4000 gebauten Exemplaren zählt sie zu den meistgebauten Lokmustern der Welt. Sie wurde als echte Universallok zu allen möglichen Arbeiten herangezogen. Die Konstruktion erwies sich als überaus geglückt.

Die preußische Personenzuglok P 10 wurde erst fertig, als die Deutsche Reichsbahn schon existierte und die Planungen für die Einheitsloks bereits fortgeschritten waren. Sie bekam die Baureihenbezeichnung 39. Die P 10 war eine *Mikado*-Lok mit der Achsfolge 1'D1' und besaß ein Dreizylinder-Triebwerk.

Unter den Schnellzugloks Preußens ragte unter anderem die S 3 von 1893 heraus, die meistgebaute Schnellzuglok Deutschlands der Bauart *American* (2'B). Dazu kam die S 4, ihre überarbeitete Nachfolgerin und erste Heißdampflok der Welt. Ab 1910 entstanden 2'C-Schnellzugloks der Reihe S 10.

Süddeutsche Verbundloks Die von dem Schweizer Anatole Mallet konzipierte Verbundlokomotive war eine Bauart, bei welcher der Dampf zweimal ausgenutzt wurde. Der Hochdruckzylinder war der erste. Er war viel kleiner und bei

Heißdampf

Aus Preußen in die Welt Wilhelm Schmidt hatte auf sein System der Heißdampflokomotive 1894 ein Patent erhalten. Ziel seiner Überlegungen war ein besserer Wirkungsgrad der Dampflok. Bislang waren Dampftemperaturen um die 200 °C üblich. Mithilfe eines Überhitzers schaffte es Schmidt, die Temperatur des Nassdampfs auf fast 400 °C zu erhöhen. Der Dampf hatte dadurch eine geringere Dichte – für die Füllung der Zylinder war daher nicht so viel nötig. Der Wasserverbrauch und in der Folge der Kohlenverbrauch sanken deutlich. 1897 ließ der preußische Bahnchef Garbe eine S 3 und eine P 4 zur Heißdampflok umbauen. Das Ergebnis war so gut, dass sich diese Technik in den meisten Ländern durchsetzte.

Loks ohne Verbundwirkung vorhanden. Bei der Verbundlokomotive kam aber noch ein Niederdruckzylinder hinzu. Dorthin gelangte der Dampf aus dem Hochdruckzylinder Doch es gab auch Variationen dieses Systems. In Deutschland setzte August von Borries Mallets Konstruktion 1880 erstmals um. Vor allem in Frankreich wurde eine von Alfred de Glehn erarbeitete Variante der Verbundwirkung bedeutsam. In Süddeutschland und Österreich wurden häufig Verbundloks gebaut. Die Preußen setzten auf einfachere und robustere Technik, weshalb sie meist bei Zwillingstriebwerken blieben. Allerdings hatten sie mit der Heißdampflok

Auf dieser klassischen Bellingrodt-Aufnahme begegnen sich eine badische, bei **Maffei** gebaute **IV h (Baureihe 18.3)** und eine Einheitslok der **Baureihe 03**.

einen Trumpf im Ärmel. Viele Schnellzuglokomotiven waren Verbundloks, etwa die berühmte S 3/6 von Maffei, die Anton Hammel geschaffen hatte.

Einen Geschwindigkeitsweltrekord konnte 1906 die bayerische Staatseisenbahn mit der Heißdampf-Verbundlok S 2/6 aufstellen. Mit ihrer Nachfolgerin, der Vierzylinder-*Pacific*-Schnellzuglok S 3/6, die vielen – vor allem Deutschen – als schönste Dampflok der Welt gilt, wurde ein echter Klassiker gebaut. Sie wurde von 1908 bis 1931 produziert, also auch noch zu einer Zeit, in der die Deutsche Reichsbahn längst ihre Einheitsloks fertigen ließ. Sie war eine klassische *Pacific* mit langem Barrenrahmen, großer Feuerbüchse und großem Treibraddurchmesser von 1870 Millimetern. Ein paar Exemplare, die dafür den Spitznamen *Hochhaxige* (für Nichtbayern: *Hochbeinige*) bekamen, hatten sogar zwei Meter Durchmesser. Diese Loks sollten den Schnellverkehr in der Ebene bestreiten. Bei den Preußen wurde bis zu den ersten Einheitsloks auf *Pacifics* verzichtet.

DAMPFLOKOMOTIVEN | Deutsche Firmen bauen Klassiker

Eiserne Legenden und Lastesel

Im Ersten Weltkrieg wurde der Bau einer gemeinsamen Lok aller Länder (mit Ausnahme Bayerns) unternommen. Die Güterzuglok G 12 mit der Achsfolge 1'E (DR-Baureihe 58) wurde mit der Idee vor Augen geschaffen, einheitliche Ersatzteile, genormte Bauteile und eine einheitliche Bedienung zu realisieren. Das sollte nicht nur Kosten sparen, sondern auch Probleme des Personals reduzieren.

Die Geburt der Einheitsloks Nach der Gründung der Deutschen Reichsbahn 1920 war ein Fuhrpark entstanden, der sich aus den unterschiedlichsten Gattungen und Typen zusammensetzte. Bei Neuanschaffungen sollten einheitliche Typen gekauft werden, die eine universelle Bedienbarkeit und vor allem eine Vereinfachung von Reparaturen bringen sollten. Dazu war eine weitestgehende Vereinheitlichung vom Schraubengewinde bis zum Zylinder nötig. In deutscher Gründlichkeit wurde der Bedarf analysiert und eine Liste benötigter Loks aufgestellt. Die Ausarbeitung der Konstruktionen erfolgte in enger Zusammenarbeit mit den Firmen, auf die dann die Aufträge nach Quote verteilt werden sollten.

Die ersten fertigen Einheitsloks waren die beiden Schnellzuglok-Baureihen 02 und 01. Sie unterschieden sich vor allem durch das Verbundtriebwerk der 02, während die 01 das von Preußen favorisierte Zwillingstriebwerk besaß. Die konservativ denkenden Funktionsträger der preußischen Eisenbahnverwaltung hielten wenig von technischen Neuheiten aus Amerika. Für sie zählte das Einfache, Robuste. Die 01 war eine klassische *Pacific*, die Geschwindigkeiten bis zu 130 km/h erreichte. Im Norden und in der Mitte Deutschlands blieb sie lange Jahre die Standard-Schnellzuglok. Unterstützt wurde sie ab 1930 durch die 03, eine kleinere Version der 01 für Strecken mit schlechterem Unterbau.

Bellingrodt-Romantik: Eine **Schnellzuglok der Baureihe 01** dampft den Rhein entlang.

Bremsen

Einer statt viele Bei den Dampfloks drücken die Bremsklötze auf den Radreifen und bringen den Zug zum Stehen. Doch wer bringt sie dazu? Anfangs war das Aufgabe von Bremsern, die meist ein Bremserhäuschen am Wagen hatten und nach einem Signal des Lokführers die Bremse auslösten. Bei langen Zügen war das sehr personalintensiv. Deshalb griff die Eisenbahnwelt die Erfindung der durchgehenden Druckluftbremse 1869 durch den Amerikaner Westinghouse begierig auf. Der Lokführer konnte mit diesem System alle Wagen und die Lok mit einem Handgriff abbremsen. Auch Vakuumbremsen wurden teilweise eingesetzt.

Stromlinie

Windschlüpfrige Loks Die ersten Versuche mit einer Stromlinienverkleidung fanden in den USA der 1880er-Jahre statt. Doch bis die Stromlinienloks im Einsatz waren, sollten noch Jahre vergehen. Die Entwicklung in den 1930er-Jahren wurde vom Autobau bestimmt, der wiederum das Prinzip der Aerodynamik aus dem Flugzeugbau übernommen hatte. 1935 wurde mit der Baureihe 05 von Borsig eine dreizylindrige Stromlinienlok vorgestellt, die als Höhepunkt der Ingenieurskunst vermarktet wurde. 05 002 stellte sogar einen Weltrekord auf. Als Fehlschlag erwiesen sich die beiden Muster der Baureihe 06 von Krupp. Die 1939 präsentierte stärkste deutsche Schnellzuglok hatte vier gekuppelte Achsen mit zwei Metern Raddurchmesser. Sie waren zu lang und zu schwer, auch die Kessel machten Probleme. Sehr viel gelungener waren die Nachfolger der Schnellzuglokbaureihen 01 und 03 (01.10 und 03.10), die – mit Stromlinienverkleidung – ab 1939 ausgeliefert wurden. Im Zweiten Weltkrieg wurden die Stromlinienbleche abgenommen und nie wieder verwendet.

Dieses **Lokschild** weist auf den Erbauer hin: Die Firma hatte einen sehr langen Namen; bekannt wurde sie mit der Kurzform: **Hanomag.**

Stars im Güterverkehr Bei den Einheitsloks waren vor allem Lokomotiven für den Frachtverkehr wichtig. Entscheidend war, die Höchstgeschwindigkeit der Lokomotiven zu steigern. Die Reichsbahn brachte 1926/27 zwei Typen heraus, die sich vor allem durch die Zahl ihrer Zylinder unterschieden. Die 43 hatte zwei, der 44 wurden drei Zylinder gegönnt. Sie erreichten Geschwindigkeiten bis 70 beziehungsweise 80 km/h. Die 44 wurde ein echtes Erfolgsmodell, sie wurde bis 1945 gebaut. Noch schneller war die 1936 eingeführte Baureihe 41, die bis zu 90 km/h erreichte und für den Express-Frachtverkehr vorgesehen war. Sie wurde aufgrund ihrer Qualitäten aber auch vor Reisezügen eingesetzt. 1939 entstand die 50, eine leichtere Güterzuglok, die auch auf den Nebenstrecken bestens zurecht kam. Sie und ihre vereinfachte Nachfolgerin, die Kriegslokomotive der Baureihe 52, wurden zu Leistungsträgern des Kriegsverkehrs und später auch der Zeit der deutschen Teilung. Man fand diese Typen über ganz Europa verstreut. Sie hatten die Achsfolge 1'E und zwei Zylin-

Die **Baureihe 44** bestand aus schweren Güterzugloks mit drei Zylindern. Sie wurde ab 1926 in großer Stückzahl gebaut.

DAMPFLOKOMOTIVEN | *Deutsche Firmen bauen Klassiker*

der. In der DDR wurden viele 50er ab 1957 rekonstruiert und mit neuen Kesseln mit Verbrennungskammer und Mischvorwärmer ausgestattet. Eine dieser Loks bestritt 1988 den letzten deutschen Plandienst unter Dampf auf einer Normalspurstrecke.

Abseits der Hauptstrecken

Stromlinienzüge, Rekordfahrten und *Pacific*-Schnellzugloks prägten sicherlich, von der Werbung angeheizt, das Bild der Eisenbahn im Dampfzeitalter. Doch das Gros der Lokomotiven war für den Verkehr in der Provinz eingestellt worden. Das galt auch für die deutschen Länderbahnen. Häufig wurden Dreikuppler oder 1'C-Loks für diese Strecken eingesetzt. In Preußen wurde die T 3 zum stillen Star der Nebenbahnen, Bayern baute ab 1895 die Gattung D XI, eine C1'-Tenderlok, die bei den bayerischen Lokalbahnen eine wichtige Rolle spielte. Meistens waren diese Maschinen Tenderloks, die ihren gesamten Vorrat an Betriebsstoffen mitführten. Das machte ein Wenden überflüssig, denn diese Loks fuhren in beide Richtungen gleich schnell. Wegen der vielen Start-Stopp-Vorgänge musste das Beschleunigungsverhalten einigermaßen stimmen. Doch Geschwindigkeit war bei diesen Zügen kein Thema. Die Nebenbahnzüge verkehrten nur sehr langsam.

Einheits-Nebenbahnloks Auch für den Nebenbahnverkehr beschaffte die Reichsbahn angesichts vieler völlig veralteter Maschinen aus den Länderbahngesellschaften neue

Diese **Schmalspurlok der Harzbahnen** wurde erst 1954 in der DDR gebaut. Vorbild war die Einheitsbaureihe **99.22**. »

Einheitsloks. Während die Baureihe 24 mit Schlepptender ausgestattet war, weil sie im wenig besiedelten Osten eingesetzt werden sollte, wurden für dicht bebaute Regionen mit vielen Haltepunkten Tenderloks beschafft. Die Baureihe 64 entsprach abgesehen vom Tender der 24. Diese als *Bubikopf* bekannt gewordene Lok war überall in Deutschland anzutreffen. Die Baureihe 86 war für stark befahrene Strecken zuständig, manchmal war diese 1'D1'-*Mikado* auch auf Hauptstrecken zu sehen.

Schmalspur-Loks erobern die Provinz In Deutschland hatten sich die kleineren Spurweiten abseits der Hauptstrecken ihre Reviere gesichert, besonders in gebirgigen Gebieten wie dem Harz oder dem Erzgebirge waren sie eine ideale Möglichkeit, schwieriges Gelände kostengünstig zu überwinden.

Es handelte sich zumeist um Privatbahnen, die sich ihre Lokomotiven nach ihrem Gutdünken beschafften. So entwickelte sich eine große Bandbreite verschiedenster Loktypen. In der Regel setzte man Tenderloks ein. Als die Reichsbahn ab 1920 auch viele Privatbahnen übernahm, beschaffte sie selbst einige Loks. Die stärkste war die Baureihe 99.22, die viele Bauteile aus dem Programm der Einheitsloks übernommen hatte. Von den drei 1931 bei Schwartzkopff in Berlin gebauten Exemplaren ist eines heute bei den Harzer Schmalspurbahnen im Einsatz. Dort, aber auch im Erzgebirge oder an der Ostsee fahren Schmalspurloks sogar noch im Planeinsatz.

Die **86 333** ist heute als **Sauschwänzlebahn,** eine Museumsbahn, im Einsatz. Sie war besonders im Fränkischen zu Hause.

DAMPFLOKOMOTIVEN | Westeuropas Eisenbahnen

Westeuropas Eisenbahnen

Gerade der Westen der „alten Welt" hatte schon früh mit dem Bau von Eisenbahnen begonnen. Besonders in Frankreich und Belgien hatte sich eine herausragende Dampflokindustrie entwickelt. Der Süden hinkte immer ein bisschen hinterher und ließ sich stark von Großbritannien beeinflussen.

Frankreich gehörte zu den ersten Ländern, in denen es dampfte. Das Land von **Cugnot** und **Papin** hatte hervorragende Ingenieure, die vorzügliche Lokomotiven bauten.

Frankreichs Wunderloks

In Frankreich begann das Eisenbahnzeitalter 1828 mit der Betriebsstrecke St. Etienne – Lyon. Der Ingenieur Marc Séguin, ein Neffe der Brüder Montgolfier, konstruierte 1829 für sie eine Lokomotive, die eine besondere Neuheit aufzuweisen hatte: den Röhrenkessel. Ein genialer Irrtum war jedoch das große Gebläse auf dem Tender, mit dem Luft in die Feuerbüchse gepresst wurde, ähnlich wie heutzutage beim Grillen. Es wurde mittels Riemen über die Räder angetrieben und blies deshalb ausgerechnet dann am meisten, wenn die Lok talabwärts fuhr und deshalb besonders schnell unterwegs war.

Die **241 A 65** wurde im Jahr 1931 von der **Compagnie des chemins de fer de l'Est** gebaut. Sie ist heute die größte betriebsfähige Dampflok Europas.

In Frankreich, wo zunächst nur private Gesellschaften ein Schienennetz aufbauten, griff der Staat erstmals 1842 ein, indem er die zu schaffenden Hauptstrecken per Gesetz festlegte. Die größten Gesellschaften waren die Compagnie des chemins de fer

In Frankreich finden vielerorts noch Traditionsfahrten statt. Einige **Museumsbahnen** werden gut angenommen und so bleibt die Dampflokzeit lebendig.

du Nord (Nord), die Compagnie des chemins de fer de Paris à Orléans et du Midi (PO-Midi), die Compagnie des chemins de fer de l'Est (Est), die Compagnie des chemins de fer de l'Ouest (Ouest) und schließlich die Chemins de fer de l'État, ein Zusammenschluss von zehn im Jahr 1878 verstaatlichten Gesellschaften.

Die schnellen Franzosen Bei der Nord- und der Ostbahn wurde nach 1850 die *Crampton*-Lok zur Blüte gebracht. Lokomotiven wie die heute noch erhaltene *Le Continent* aus dem Jahr 1852 wurden im Schnellverkehr eingesetzt, konnten aber keine großen Lasten ziehen. In Frankreich gab es sogar die Redewendung „prendre le *Crampton*", also „den *Crampton* nehmen", wenn man sagen wollte, dass man mit einem Eilzug fahren will.

Bei der Vorliebe der Franzosen für schnelle Züge war es kein Wunder, dass auch die *Pacific*-Bauart in Frankreich sehr gut ankam. Dieser Typ der Schnellzuglokomotive wurde von allen Bahngesellschaften beschafft. Ihre Interpretationen dieses 2'C1'-Typs gehörten zu den besten Schnellläufern der Welt. Arthur Honegger, der

Die **232 U 1 der SNCF** mit dem Beinamen **Die Göttliche** wurde 1949 in Dienst gestellt. Die 3300 PS starke Lok verkehrte zwischen Paris und Lille.

André Chapelon

Der Dampflokprofessor André Chapelon (1892–1978) hieß der bedeutendste Dampflokkonstrukteur Frankreichs. Er war bei der Compagnie des chemins de fer de Paris à Orléans et du Midi (PO-Midi) beziehungsweise ihren Vorgängern als Chefingenieur tätig. Nach Gründung der SNCF hatte er dort den gleichen Posten. Dem akribischen Ingenieur gelang es, viele Loks maßgeblich zu verbessern. Höhepunkt seiner Karriere war der Umbau der 241-101 der État zur 242 A 1 der SNCF. Doch war es ihm nicht vergönnt, seine Pläne wirklich umzusetzen. Er starb als „Ehren-Chefingenieur" der SNCF.

Schweizer Komponist, setzte diesem Typ 1923 sogar in dem symphonischen Stück „Pacific 231" ein Denkmal. 231 bezieht sich auf das französische System der Achsfolgenbestimmung: zwei Vorlaufachsen, drei Treibachsen und eine nachlaufende Achse. 1911 hatten die Franzosen die schnelleren Züge als Deutschland. Zum Vergleich: Im Reich war die Strecke Berlin – Hannover mit einer Durchschnittsgeschwindigkeit von 80,7 km/h Spitzenreiter, Frankreich hatte hingegen auf der Verbindung Paris – Arras einen Schnitt von 94,1 km/h zu bieten. Da kamen auch die schnellsten Amerikaner nicht mit.

Die goldene Zeit In den folgenden Jahren blieb der französische Lokomotivenbau auf der Höhe der Zeit und griff die Trends aus den Vereinigten Staaten sehr früh auf. Dort war die *Pacific* durch größere Muster abgelöst worden. Neben der *Hudson*, die hinten eine Laufachse mehr bekam, wurde Anfang der 1920er-Jahre die *Mountain* entwickelt, die eine zusätzliche Treibachse bekam. Frankreich stellte bereits 1925 bei der Compagnie des chemins de fer de l'Est die erste *Mountain* in Dienst. Sie wurde vor schweren Zügen im Schnellverkehr eingesetzt.

Eines der Genies im Dampflokbau war André Chapelon. Er war zum Beispiel der Schöpfer der verbesserten Baureihe 2-231 E der Compagnie des chemins de fer du Nord, die vor Schnellzügen wie dem berühmten *Flèche d'Or* eingesetzt wurde. Die Loks dieser Baureihe waren über Frankreich hinaus zu echten Legenden geworden. Chapelon –

Chapelons Meisterwerk war die **242 A1** der SNCF: Aus einer „lahmen Ente" machte er die stärkste Dampflok Europas.

wenn man so will ein „Tuner" von Dampfloks – sollte später zum Mythos werden, als er eine verunglückte Lok der Gesellschaft État umbaute und zur stärksten europäischen Dampflok überhaupt machte. Die SNCF 242 A 1, also eine 2'D2', zeigte eine Zughakenleistung, die keine andere europäische Lok übertraf. Über die Leistungsangaben gibt es widersprüchliche Aussagen, sie soll zwischen 4000 und 6000 PS gelegen haben. Dabei erreichte sie Geschwindigkeiten von bis zu 150 km/h. Der Wirkungsgrad von Chapelons besten Maschinen lag bei über 12 Prozent. Da kamen auch die Amerikaner nicht heran.

1938 gelang den Franzosen sogar die „göttliche" Dampflok. Die Nord entwickelte eine stromlinienförmige 2'C2'-Lok der Baureihe 232 U 1, die allerdings erst 1949 in den Einsatz gelangte. Sie fuhr mit bis zu 140 km/h bis 1961 zwischen Paris und Lille. Ihre Konstruktion war sehr modern. Sie besaß auch eine Stokerfeuerung.

Belgien und die Niederlande

Belgien hat 1835 noch vor Deutschland seine erste Bahnlinie eröffnet. Dort war der Staat Initiator der wichtigen Strecken. Einer der großen belgischen Ingenieure, die die Loktechnik einen großen Schritt voranbrachten, war Egide Walschaert, der 1844 eine neue Schiebersteuerung entwickelte, die sich weltweit durchsetzte: die Radialschieber-

Der **Petit train d'Anduze,** der „kleine Zug von Anduze" ist eine eindrucksvolle Museumsbahn in den Cevennen nördlich der Provence.

Zylinder

Damit die Räder rollen Im Laufe der Entwicklungsgeschichte der Dampflokomotive gab es Maschinen mit einem, zwei, drei oder vier Zylindern. Dort wurde der im großen Kessel erzeugte Dampf hineingeleitet, damit er den Kolben im Zylinder bewegte. Über ein Gestänge wurde diese Bewegung auf die Räder übertragen, die sich daraufhin drehten. Die meisten Loks hatten zwei Zylinder, Verbundloks vier. Es gab aber auch Modelle – vor allem in Großbritannien – mit drei Zylindern. Das hing meist von der Philosophie der Verantwortlichen bei den Eisenbahngesellschaften ab.

Elna, 1927 von **Henschel** gebaut, fährt heute für das Museum Buurt Spoorweg (MBS) in den Niederlanden auf der Strecke Boekelo – Haaksbergen. »

steuerung. Nur kurz darauf hatte auch der Deutsche Edmund Heusinger von Waldegg so eine Steuerung entwickelt. Er gab zwar fair dem Belgier den Vortritt, doch in Deutschland wurde Heusingers Konstruktion eingesetzt und nach ihm benannt. Er hatte den Exzenter durch eine Schwingenkurbel ersetzt.

Ein weiterer großer Name des belgischen Dampflokbaus war Alfred Belpaire. Er wurde weltbekannt durch den nach ihm benannten Belpaire-Stehkessel, der um 1860 entstand. Ihm ging es darum, auch minderwertige Kohle effektiv ver-

DAMPFLOKOMOTIVEN | *Westeuropas Eisenbahnen*

Die **italienische Baureihe 740** wurde ab 1911 gebaut und wurde vor allem für den Verkehr im Apennin eingesetzt.

Diese **alte Notbremse** stammt aus einem **flämischen Waggon.** Zum Glück wurde sie nie gebraucht.

wenden zu können. Dafür vergrößerte er den Rost und verlängerte deshalb die Feuerbüchse. Außerdem wurde der Schornstein eckig gestaltet, damit er für besseren Zug sorgte. Der Stehkessel wurde häufig übernommen, der rechteckige Schornstein blieb eine belgische Spezialität.

In Belgien hatte sich schon früh ein dichtes Eisenbahnnetz entwickelt. Das lag nicht nur an der fortschreitenden Industrialisierung, sondern auch daran, dass die Förderung von Kohle und anderen Bodenschätzen effektive Möglichkeiten zum Abtransport erforderte. In den Niederlanden hingegen wurde der Bahnbau nicht so stark forciert. Das lag einerseits an der relativ schwach entwickelten Industrie, auf der anderen Seite an dem hervorragend entwickelten Fluss- und Kanalsystem. Später tat sich jedoch einiges. So waren es die Niederlande, die für die Limburger Zechen die stärksten europäischen Tenderloks beschafften.

Franco-Crosti-Kessel

Wie ein Traktorauspuff In Italien hatten in den 1930er-Jahren die beiden Ingenieure Franco und Crosti einen Vorwärmkessel bei Lokomotiven eingebaut. Dabei wurde die Hitze der Rauchgase dazu genutzt, das Kesselspeisewasser auf eine höhere Temperatur zu bringen. So konnte die Dampflok effektiver betrieben werden, außerdem wurde Kohle gespart. Der Schornstein war durch diese Bauart bedingt weiter nach hinten und an die Seite des Kessels versetzt. Es gab auch Loks mit zwei parallelen Schornsteinen. In der Bundesrepublik Deutschland, Großbritannien und einigen anderen Ländern wurden vereinzelt Franco-Crosti-Loks gebaut. Die meisten stammten aus Italien.

Neben dem Breitspurnetz baute Portugal auch **Meterspurbahnen** wie die Strecke durch das **Tal der Vouga,** auf der auch diese Lok fuhr.

Eisenbahn in Europas Süden

Italien hat mit der 2'C-Lok einen der wichtigsten Typen eingeführt. Die Lok war wegen ihres geringen Achsdrucks und der beiden Vorlaufachsen besonders für Nebenstrecken und gebirgiges Gelände sehr gut geeignet. In Italien wurde sie im 19. Jahrhundert so richtig heimisch. 1900 kam der italienische Ingenieur Giuseppe Zara auf die Idee, dem Lokführer eine bessere Sicht auf die Strecke zu gönnen. Besonders im Tunnel war die Sicht wegen des Qualms oft sehr schlecht. Deshalb drehte er die Lok einfach um. Der Führerstand befand sich nun vorn, der Kessel ging nach hinten. Die Einführung dieses Prinzips wurde mit der S 9 erfolglos in Deutschland versucht. Problem war der Nachschub von Brennmaterial. In den USA wurden solche Loks einige Jahre später von der Southern Pacific gebaut, aber mit Ölfeuerung.

Eine andere Erfindung kam 1907 aus Italien: die Dampfturbinenlok. 1910 versuchte England diese Technik, und andere folgten. Doch auch die deutsche Firma Henschel brachte Mitte der 1920er-Jahre kein befriedigendes Ergebnis zustande. Die Verbrauchs- und Wartungskosten waren verglichen mit den Diesellok einfach zu hoch.

Auf Breitspur unterwegs Die Eisenbahn auf der Iberischen Halbinsel hatte unter einem schweren Fehler zu leiden, denn Portugal und Spanien entschieden sich für eine eigene Spurweite, die bei 1668 Millimetern lag. Das machte den Bahnbau sehr teuer. Ohnehin hatte man sehr schwieriges Gelände zu überwinden. In Portugal wurden die Lokomotiven anfangs vor allem aus Großbritannien bezogen. Auf Nebenstrecken und bei Werks- und Minenstrecken griff man meist auf die Schmalspurweiten zurück. Doch die schlechte ökonomische Situation beider Länder verhinderte eine gesunde Entwicklung des Eisenbahnwesens noch bis weit in die zweite Hälfte des 20. Jahrhunderts.

Die italienische Lok der **Baureihe 940** gelangte nach dem Zweiten Weltkrieg nach Jugoslawien.

# DAMPFLOKOMOTIVEN | *Westeuropas Eisenbahnen*

Die **Baureihe Q** der Dänischen Staatsbahn war eine vierfach gekuppelte Tenderlok, die ab 1930 mehrere Jahre lang produziert wurde.

Die **Güterzuglok 909** wurde **in Schweden** gebaut. Heute fährt sie als Museumsbahn in Kanadas Provinz Quebec.

Dampflokbetrieb in Skandinavien

In Schweden gab es eine Reihe von Spezialisten, die sich mit der Eisenbahn beschäftigten. Dem Schweden Ericsson sind wir schon beim Rainhill-Rennen begegnet. 1853 baute die Firma Munktell aus Eskilstuna, die später in Volvo aufging, die erste schwedische Lokomotive. Sie erhielt den Namen *Förstlingen*, also *Erstling*. Skandinavien hatte eine ausgeprägte Bergwerksindustrie, die sich mit der Eisenbahn als Transportmittel große Gewinne erhoffte.

Deutsche Vorbilder Aus dem Land der drei Kronen kamen interessante Lokomotiven. Eine der bekanntesten Baureihen war die SJ B aus dem Jahr 1909, eine 2'C-Lok vor allem für den Personenverkehr, die sich an den Erfolgen der preußischen P 8 orientierte. Sie wurde in Schweden bei NoHAB gebaut. 1914 entstanden beim gleichen Hersteller *Pacific*-Loks, deren Vorbild die württembergische C war, in Deutschland besser bekannt als die *Schöne Württembergerin*. Sie bleiben die größten schwedischen Dampfloks aller Zeiten, wurden aber, weil ihr Arbeitsplatz in den 1930er-Jahren elektrifiziert wurde, an Dänemark verkauft.

Bis zum deutsch-dänischen Krieg von 1864 gehörten Schleswig und Holstein zwar zum Deutschen Bund, waren aber dem dänischen König untertan. So kam es, dass die 1844 eröffnete Strecke zwischen Altona und Kiel Dänemarks erste Eisenbahn war.

Ein wichtiges Kennzeichen der dänischen Loks waren die rot-weiß-roten Ringe um den Schornstein, der sogenannte „Schlips". Dampflokomotiven wurden meist aus Deutschland gekauft. Eine Besonderheit war jedoch die Klasse Q, die ab 1930 eingeführt wurde. Während des Zweiten Weltkriegs wurden noch einmal Exemplare dieses Typs hergestellt, der komplett in Dänemark entwickelt und gebaut wurde. Die Lok arbeitete als Rangierlok bei schweren Einsätzen und konnte sich bis 1974 im Dienst halten.

Finnland unter Dampf Finnland gehörte im 19. Jahrhundert zu Russland, weshalb dort die Strecken in Breitspur gelegt wurden. Die ersten Eisenbahnen wurden aber erst in den 1860er-Jahren gebaut. Zuerst beschaffte man 2'B-Loks aus England und Österreich. Später wurden auch Maschinen in Russland gekauft. Bei Typen wie der VR-Reihe stammte der Entwurf aus Deutschland. Die Finnen bauten ab 1898 bei Tampella in Tampere oder in ihrer 1915 ebenfalls dort gegründeten Lokfabrik Locomo einige Exemplare selbst. Für Personenzüge wurden 2'C-Loks der Bauart HV1 bei beiden Firmen produziert. Ab Mitte der 1930er-Jahre wurden *Pacific*-Schnellzugloks der Baureihe Hr1 in 22 Exemplaren selbst entwickelt und gebaut. Sie gehörten zu den größten finnischen Dampfloks.

1914 baute die **NoHAB** diese Dampflok mit der **Achsfolge D.** Heute fährt sie als Museumsbahn in der Nähe von Stockholm.

DAMPFLOKOMOTIVEN | *Das Mutterland der Eisenbahn*

Das Mutterland der Eisenbahn

1825 läutete die Stockton and Darlington Railway das Eisenbahnzeitalter ein. Großbritannien hatte die ersten Eisenbahnstrecken und die ersten Dampflokfabriken. Doch die Pionierrolle lastete als schwere Hypothek auf dem zukünftigen Bahnbau. Die Briten machten das Beste daraus und entwickelten faszinierende Lokomotiven.

Die Reihe **Class 7F** der **Somerset and Dorset Joint Railway** (S&DJR) wurde 1914 und 1925 für den schweren Güterverkehr gebaut.

Ausbau des Streckennetzes

Die Liverpool and Manchester Railway wurde zur ersten Eisenbahn, die einen Betrieb aufbaute, wie wir ihn heute gewohnt sind. Das soll nicht etwa bedeuten, dass die Züge häufig zu spät waren, sondern dass die Linie Bahnhöfe mit fahrplanmäßigem Halt, Signale, Personen- und Güterverkehr, eine vielfältige Strecke mit Kunstbauten und zwei Gleisen sowie Fahrkarten kannte. Neben den *Rocket*-Typen wurden weitere Bauarten in den Fuhrpark aufgenommen. Stephenson prägte den Lokbau einige Jahre lang entscheidend. Es gab aber auch andere Protagonisten wie den Briten Edward Bury. Er hatte am Rainhill-Rennen teilnehmen wollen, war aber mit seiner

In Großbritannien war die **Sattel-Lok** als Bauart der Tenderlok sehr beliebt. Dieses Exemplar wurde 1881 bei **Beyer, Peacock & Co.** gebaut.

Maschine nicht rechtzeitig fertig geworden. Diese *Liverpool* wies einige bemerkenswerte Eigenheiten auf, die besonders in den Vereinigten Staaten stilprägend wirkten. Das betraf vor allem den Barrenrahmen, der in den USA zum Standard wurde. Lediglich in Europa wurde vielfach ein Blechrahmen verwendet. Für einige Jahre war auch die Konstruktion der großen, D-förmigen Feuerbüchse mit einer Kuppel oft zu sehen. Es gab Abwandlungen, so die gotische Kuppel, die an ein Kreuzrippengewölbe erinnert. Ein schönes Beispiel ist die Lok *Drache* (vgl. Abbildung auf Seite 197). Burys Loks hatten einen damals hohen Kesseldruck von 8 bar. Sie galten als wenig zugstark, dafür aber als schnell.

Komfort dank Breitspur Eine besondere Eisenbahn war die Great Western Railway. Sie wurde in Breitspur 2140 Millimeter gelegt. Aus diesem Grund waren die Lokomotiven und natürlich auch die Waggons viel breiter und bequemer. Eine

Blick in die **Feuerbüchse** einer englischen Dampflok. Die Arbeit der Lokführer und Heizer war schweißtreibend.

Dionysius Lardner

Der Dampflokgegner Der berühmte – oder berüchtigte – Eisenbahnkritiker Dionysius Lardner (1793–1859), ein Mathematiker und Physiker, machte sich die Mühe, die Unfallursachen der britischen Eisenbahn auszuwerten: 56% Zusammenstöße, 18% Achs- und Radbrüche, 14% Schienenbrüche, 5% falsche Signale, 3% Behinderungen, 3% Tiere auf der Strecke und nur 1% Kesselexplosionen. Bekannt wurde Lardner, der sich mit Isambard Brunel von der Great Western bekriegte, durch seine Expertise: „Das Reisen mit der Eisenbahn bei hohen Geschwindigkeiten ist nicht möglich, da Passagiere nicht in der Lage wären zu atmen und erstickten."

DAMPFLOKOMOTIVEN | *Das Mutterland der Eisenbahn*

breitere Spur ermöglichte schnelleres Fahren, weshalb die Great Western lange die schnellste Eisenbahn ihrer Zeit war. Verantwortlich dafür war Isambard Kingdom Brunel. Eine der ersten Loks war die *North Star* aus der Werkstatt der Stephensons. Sie gehörte zu den dort entwickelten *Patentee*-Loks, die die Achsfolge 1A1 hatten. Dieses Konzept wurde weiterentwickelt und angesichts der Schnelligkeit und Zuverlässigkeit der Loks lange Jahre beibehalten, wenn auch die Loks kräftig wuchsen. Eine wichtige Weiterentwicklung war das Drehgestell, mit dem nun auch längere Maschinen möglich wurden, ohne die Kurvenradien zu vergrößern. Es wurde bereits bei der *Puffing Billy* zum ersten Mal verwendet, frühe Triumphe feierte es hingegen in den USA. Vor allem William Norris aus Philadelphia, der auch viele Elemente der Bury-Dampflok übernahm, gelang eine klassische Konstruktion, aus welcher der *American*-Typ hervorging.

Konkurrenz belebt das Geschäft

Großbritannien hatte als erstes Eisenbahnland später das Problem, dass Strecken und Tunnel auf die früheren leichteren und kleineren Lokomotiven ausgerichtet waren. Aus diesem Grund war es später nicht möglich, größere Maschinen zu beschaffen. Man hätte die komplette Infrastruktur umbauen müssen. Noch dazu stand man Neuerungen, die aus dem Ausland kamen, skep-

Die **Great Western Railway** stellte zwischen 1924 und 1928 200 Güterzugloks der **Class 5600** in Dienst. Diese C1'-Tenderloks fuhren bis Mitte der 1960er-Jahre für British Rail.

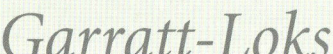

Garratt-Loks

Gelenkige Riesen 1909 wurde in England die erste Gelenk-Dampflokomotive der Bauart *Beyer-Garratt* ausgeliefert. Bei ihr lagen die beiden Achsgruppen unter dem Tender und einem vor die Front gesetzten großen Wasserbehälter. Die *Garratt* war recht gelenkig, hatte einen geringen Achsdruck und konnte große Mengen Betriebsstoffe mitführen, weshalb die Briten sie in ihren Kolonien vor allem in Süd- und Mittelafrika sowie auf dem australischen Kontinent einsetzten. Da unter dem Kessel kein Fahrwerk war, konnte man bei der Wartung den Aschkasten bequem erreichen, allerdings war es wegen des Wassertenders vorn schwieriger, in die Rauchkammer zu gelangen.

Das **Fahrwerk der No. 5110** der London Midland and Scottish Railway (LMS). Sie gehört zur Stanier Class 5, einer Personenzuglok von 1934.

tisch gegenüber. So verlor Großbritannien den Anschluss an die modernsten Nationen. *Patentee*-Baumuster mit möglichst großen Treibrädern von über zwei Metern Durchmesser blieben im Personenverkehr lange das Nonplusultra. 1870 beschaffte die Great Northern Railway sogar ein Modell mit 2,44 Metern Durchmesser. Sie wurde im Empire fast so etwas wie die klassische Lok und war auf vielen Abbildungen zu sehen. In den folgenden Jahren wurden jedoch auch sehr viele Loks der Achsfolge 2'B mit innen liegenden Zylindern gebaut.

Die privaten Eisenbahngesellschaften standen einander in bitterer Konkurrenz gegenüber. Sie lieferten sich auf Stre-

Für den gemischten Verkehr wurde 1945 diese von **Bulleid** konstruierte, hübsche **Pacific-Lok** gebaut. Sie gehört zur SR West Country Class, von der 110 Exemplare hergestellt wurden.

DAMPFLOKOMOTIVEN | *Das Mutterland der Eisenbahn*

cken, die parallel betrieben wurden, regelrechte Wettfahrten. Rekorde waren für die sportbegeisterten Briten das Salz in der Suppe. Allerdings war für sie immer entscheidend, wer als Erster ankam und nicht, wer kurzzeitig die höchste Geschwindigkeit hatte. Das kam eher aus den USA. 1895 gab es auf der Strecke London – Aberdeen einen schweren Unfall, weil ein Zug der London and North Western Railway viel zu schnell war. Da griff dann doch der Gesetzgeber ein.

1921 reduzierte ein Eisenbahngesetz die Zahl der Gesellschaften auf die „Big Four", das waren in der Reihenfolge ihrer Größe die London, Midland and Scottish Railway (LMS), die London and North Eastern Railway (LNER), die Great Western Railway (GWR) und die Southern Railway (SR).

Immer schneller bis zum Rekord Um 1900 übernahmen britische Lokbauer die *Atlantic*-Konstruktion aus den USA mit der Achsfolge 2'B1' (4-4-2). In den USA hielt sich dieser Typ im Schnellverkehr noch sehr lange. 1935 wurden für die Milwaukee Road noch Stromlinien-*Atlantics* gebaut, die den repräsentativen Hiawatha-Schnellzug in 400 Minuten auf der 700 Kilometern langen Strecke ans Ziel brachte. Das war sensationell. Die Stromlinienidee stand zu dieser Zeit in höchster Blüte. Jetzt hatten auch noch die Deutschen sensationelle Rekorde erzielt! Am 11. Mai 1936 hatte die Stromlinienlok 05 002 eine Höchstgeschwindigkeit von 200,4 km/h erreicht. Das ließ die Briten und vor allem Sir Nigel Gresley von der London and North Eastern Railway nicht ruhen.

Die Lok gehört zur sogenannten **Battle of Britain Class.** Alle Loks sind nach Einheiten oder Orten benannt, die an der „Luftschlacht um England" beteiligt waren.

Diese **Pacific** gehört in die Baureihe **LNER A4**, zu der auch die Weltrekordlok zählt. Dieses Exemplar der Stromlinienlok wurde 1937 gebaut und trägt den Namen des Konstrukteurs Nigel Gresley. ◀◀

Mit einer speziell für die Rekordfahrt umgebauten A4-Stromlinienlok holte er den Weltrekord zurück ins Mutterland der Eisenbahn. Dieser Rekord ist noch heute gültig, auch wenn aus den Vereinigten Staaten von sehr viel schnelleren Fahrten berichtet wurde. Allein: Die Beweise fehlen.

British Railways

1948 wurde angesichts der stark fallenden Passagierzahlen das britische Eisenbahnnetz verstaatlicht. Die British Railways (BR), später nur noch British Rail, beschaffte neue Dampfloks, um den Bestand zu modernisieren.

Edward Thompson löste 1941 den legendären Nigel Gresley als Chefkonstrukteur der LNER ab. Er stellte mehrere verschiedene Loktypen in Dienst, die bei der BR wichtig waren.

Oliver Bulleid, ein Pionier der Stromlinienloks, konstruierte 1945 für die Southern Railway, bei der er als Chefingenieur arbeitete, die *Pacific*-Loks der SR West Country and Battle of Britain Classes. Der seltsame Name kommt daher, dass diese Loks nach Orten in West Country, also dem Südwesten Englands, benannt war und nach Kampfeinheiten, die an der „Luftschlacht um England" im Zweiten Weltkrieg beteiligt waren. Diese Loks wurden sowohl im Personen- wie im Güterverkehr eingesetzt. Weil einige Probleme auftraten, wurden sie einer Rekonstruktion unterzogen.

852 Exemplare dieser schweren **Güterzuglok der 8F Class der LMS** wurden zwischen 1935 und 1946 produziert.

 DAMPFLOKOMOTIVEN | *Das Mutterland der Eisenbahn*

Das ist die **schnellste Dampflok der Welt.** Sie erreichte am 3. Juli 1938 auf der Strecke zwischen Little Bytham und Essendine auf der East Coast Main Line 202,8 km/h.

Weltrekord

LNER Class A4 Nr. 4468 auf Rekordfahrt 1937 war eine Stromlinienlok der Class A4 in Dienst gestellt worden, die den seltsamen Namen *Mallard* (Stockente) trug. Diese wurde auf eine britische Rekordfahrt vorbereitet. Das Personal wählte man genauso sorgfältig aus wie die Strecke, die möglichst gerade sein sollte und zudem noch leicht abfallend.

Am 3. Juli 1938 wurde die Lok für ihre große Fahrt angeheizt. Mit einem 24 Tonnen schweren Zug am Haken jagte die *Mallard* in Höchstgeschwindigkeit durchs Land. Am Ende war der Jubel groß. Das Aufzeichnungsgerät hatte Spitzengeschwindigkeiten um 200 km/h gemessen, einmal lag der Wert sogar bei 202,8 km/h. Das war ein offizieller Weltrekord.

Ab 1951 baute die British Railways ihre Einheitsloks, die Standard Classes. 999 Dampflokomotiven wurden bis 1960 noch produziert. Diese Muster beruhten zum Großteil auf Entwicklungen der LMS. Der meistgebaute Typ war die Class 9F, von der ab 1954 genau 251 Exemplare produziert wurden. Mit diesen Loks setzte die British Railways einige der stärksten britischen Loks aller Zeiten ein. Sie sollten schwere Güterzüge über längere Strecken führen. Eine Lok dieser Reihe war 1960 die letzte Dampflok, die in Großbritannien für die British Railways gebaut wurde. Im August 1968 endete bei der staatlichen Eisenbahn die Dampflokära in Großbritannien.

Die **Mayflower** der **LNER Thompson Class B1** wurde 1948 gebaut. Mit ihr sollte der veraltete Lokbestand verjüngt werden.

DAMPFLOKOMOTIVEN | *Im Alpenraum und in Osteuropa*

Im Alpenraum und in Osteuropa

Schwierige geografische Verhältnisse in den Alpen und auf dem Balkan haben hohe Anforderungen an Streckenbau und Lokomotiven gestellt. Doch die österreichischen Ingenieure legten im 19. Jahrhundert den Grundstein zu einer vielfältigen und tragfähigen Eisenbahnwelt, auf der die Nachfolgerstaaten der Donaumonarchie aufbauen konnten.

Diese **Schnellzuglok der Baureihe 109** wurde 1917 für die Südbahn gebaut und kam dann in den Bestand der ungarischen MÁV.

Österreich, das Land der Dampflok-Klassiker

In Österreich fuhr zwischen Budweis und Linz die erste Eisenbahn des Kontinents. Allerdings wurde sie als reiner Pferdebahnbetrieb geführt. Die Jungfernfahrt fand am 7. September 1827 statt. Als erste Strecke mit Dampflokbetrieb können wir die Strecke Floridsdorf – Deutsch-Wagram am 23. November 1837 verzeichnen. In der Folge entstanden verschiedene Bahngesellschaften, die recht schnell ein bedeutendes Streckennetz im Habsburgerreich strickten. Am wichtigsten war die Nordbahn, die vor allem in Böhmen und Mähren sowie den polnischen Landesteilen präsent war. Die Südbahn verband Wien mit der Adria und dem Balkan, die Westbahn sollte bis über den Arlberg reichen und eine Verbindung zu Bayern und der Schweiz schaffen. Die Ostbahn verband Wien mit Budapest.

Die erste Gebirgsbahn Weltweites Aufsehen erregte der Bau der Semmeringbahn, der ersten Überquerung der Alpen mit dem Zug. Die Verantwortlichen griffen die Idee von Rainhill auf und riefen 1851 einen Wettbewerb aus, der die geeignete Lokomotive ermitteln sollte. Sieger wurde die *Bavaria* der Münchner Firma Maffei. Ihr Geheimnis war, dass neben den vier gekuppelten Achsen auch die drei Achsen des Tenders angetrieben wurden. Damit war eine hervorragende Steigleistung erreicht worden. Doch die Kraftübertragung geschah über Ketten, die sehr bald brachen. Ein anderer Entwurf war die *Seraing* aus Belgien, die den Gedanken der Gelenklokomotive aufgriff, den Horatio Allen in den USA mit seiner *South Carolina* 1832 erstmals umgesetzt hatte. Daraus sollte sich später die *Fairlie*-Lok entwickeln. Nicht am Wettbewerb teil nahm die Lokomotive von Engerth, die sich als die geeignetste Gebirgsbahn entpuppte. Sie war eine Verbesserung des Maffei-Entwurfs, bei der der Tender als Stütztender fungierte, also das Lokgewicht besser verteilt wurde.

Erst relativ spät wurden die Gebirgstäler des Kernlands von Österreich durch die Eisenbahn erschlossen. In der Regel wurden diese Strecken in Schmalspur errichtet. Auch in den anderen Provinzen des Reiches wurden solche Schmalspurbahnen gebaut, etwa in den Karpaten oder der Tatra. In den ausgedehnten Wäldern baute man Waldbahnen, die für die Forstwirtschaft vorgesehen waren. Doch wurde zum Teil auch Personenverkehr realisiert.

Besonders in den östlichen Waldgebieten wurden **Waldbahnen in Schmalspur** angelegt.

Moderne Technik im Dampflokbau Österreich ging einen anderen Weg als die Erbauer der bekannten *Pacific*-Loks. Der große Wiener Ingenieur und Chefkonstrukteur der kaiserlich-königlichen österreichischen Staatsbahnen (kkStB) Karl Gölsdorf schuf eine „umgedrehte" *Pacific* mit der Achsfolge 1'C2', die berühmte Schnellzugdampflok 310. Diese Vierzylinder-Heißdampf-Verbundlok hatte sogar einen Treib-

Diese Dampflokomotive des **Typs Uh 102** mit der Spurweite **760 Millimeter** wurde 1931 in Floridsdorf gebaut. Sie fährt noch als „Wälderbähnle" im Bregenzerwald.

DAMPFLOKOMOTIVEN | *Im Alpenraum und in Osteuropa*

U34.901 aus dem Jahr 1909: Die 760-mm-Lok hat den typischen Schornstein, der Funkenflug und Waldbrände verhinderte.

raddurchmesser von 2140 Millimetern. Als der Entwicklungssprung weiter ging zu der 2'D1'-Lok, brachten Gölsdorfs Nachfolger mit der Klasse 214 (bei der Deutschen Reichsbahn später als Baureihe 12.0 eingegliedert) wieder eine umgedrehte Variante heraus und schufen die 1'D2'.

Doch nicht nur Gölsdorf baute Lokomotiven. Das konnten auch andere. Die Südbahn konstruierte fast zur gleichen Zeit ihre 2'C-Schnellbahnlok 109, die für eine enorme Fahrzeitverkürzung von Wien nach Triest sorgen konnte.

Österreichs progressive Haltung im Lokomotivenbau im Unterschied etwa zu den eher konservativen Preußen zeigt sich auch daran, dass schon in den 1920er-Jahren bei den Schnellzugloks statt der herkömmlichen Kolbenschieber eine Ventilsteuerung verwendet wurde. In mehreren Ländern wurden verschiedene Ventilsysteme eingeführt, die alle den Vorteil besserer Effizienz hatten.

Der Giesl-Ejektor war der letzte bedeutende Beitrag Österreichs zur Dampfloktechnik, als deren Ende bereits vor der Tür stand. Dabei handelte es sich um eine 1951 von Dr. Adolph Giesl-Gieslingen entwickelte neue Saugzuganlage. Erkennbar war sie an einem schmalen, länglichen Schornstein. Die ehemalige Donaumonarchie und der Nachfolgestaat von 1918 waren imstande, fast alle verwendeten Lokomotiven selbst herzustellen. Nur ganz wenige Maschinen stammten aus dem Ausland, dann in der Regel von den deutschen Nachbarn.

Die **ungarische Schnellzuglokreihe 424** wurde auch in der Tschechoslowakei geschätzt und dort als Baureihe 465.0 im Mixed-Betrieb eingesetzt. »

Gölsdorfs 310

Standard in Österreich Ab 1911 bauten verschiedene österreichische Unternehmen die Schnellzuglok der Reihe 310, die der Chefingenieur der kaiserlich-königlichen österreichischen Staatsbahnen (kkStB), Karl Gölsdorf, konstruiert hatte. 90 Exemplare der wahrscheinlich bekanntesten österreichischen Dampflok wurden gebaut und nach dem Ersten Weltkrieg auf die verschiedenen Nachfolgestaaten verteilt. Die Vierzylinder-Verbundlok hatte Treibräder mit 2140 Millimetern Durchmesser und erreichte 100 km/h.

Die neuen Staaten

Mit dem verlorenen Ersten Weltkrieg zerfiel das Reich der Habsburger in mehrere Staaten: Österreich, Ungarn, die Tschechoslowakei, außerdem ging ein Teil an das neu gegründete Jugoslawien, weitere Gebiete mussten an Italien, Polen und Rumänien abgetreten werden.

Lokomotiven der Magyaren In Ungarn hatte es bereits zu Habsburgerzeiten eine hervorragende Dampflokindustrie gegeben, an die das seit 1918 selbstständige Land nahtlos anknüpfte. Die Magyar Államvasutak (Ungarische Staatsbahnen), abgekürzt MÁV, bestanden bereits seit 1869. Sie hatte weit mehr als die Hälfte ihres Netzes verloren, machte aber weiter. Zu einer der wichtigsten Lokomotiven wurde die ab 1922 ausgelieferte Baureihe 424, eine 2'D-Lok, die sowohl im Reise- als auch im Frachtverkehr zufriedenstellend arbeitete. Besonders ihre Beschleunigungswerte

beeindruckten. Dieses Modell wurde auch von der Tschechoslowakei gekauft und dort als Baureihe 465.0 geführt.

In den neuen Staaten war häufig die MÁV-Baureihe 375 zu finden, die als klassische Nebenbahn-Tenderlok konzipiert war. Sie wurde in dem unglaublichen Zeitraum von 1907 bis 1959 produziert. Dabei kam es zu verschiedenen Verbesserungen. Sie hatte die Achsfolge 1'C1'.

Lokomotiven aus Prag und Pilsen Auf dem Schienennetz der Tschechoslowakei waren vor 1918 Lokomotiven unterwegs, die meist von österreichischen Firmen produziert wurden. Nach der Unabhängigkeit wollte man auch in dieser Hinsicht eigenständig werden. Neben der bereits bestehenden Ersten Böhmisch-Mährischen Maschinenfabrik in Prag nahm jetzt auch die ehemalige österreichische Waffenschmiede Škoda in Pilsen die Produktion von Dampflokomotiven auf. Zunächst orientierte man sich noch an der österreichischen Schule. So war die erste, 1920 fertiggestellte Lok der Nachbau von Gölsdorfs Baureihe 270, einer 1917 entworfenen Güterzuglok der Achsfolge 1'D. Sie erhielt die Reihenbezeichnung 434.1.

Dieses Exemplar der **MÁV-Baureihe 370** von 1898 gelangte in den Besitz der jugoslawischen Staatsbahn JŽ und bekam die Nummer 120019.

Am 1. April 2008 beschloss diese **Lok Nr. 5 der ČSD** ihre Einsatzzeit und wurde abgestellt. «

Sandstreuvorrichtungen

Mit dem Sandstreuer unterwegs Besonders auf steilen Strecken oder bei feuchtem Wetter konnte eine Lok ins Rutschen geraten, weil die Adhäsionskraft vermindert wurde. Immerhin trafen ja zwei glatte Werkstoffe aufeinander. Man hatte schon früh erkannt, dass man diese Kraft mithilfe von auf die Schienen gestreutem Sand verbessern konnte. Auch beim Bremsen ließ sich dieser positive Effekt beobachten. Neben Brennstoff und Wasser führten Dampfloks deshalb auch größere Mengen Sand mit. Eine Vorrichtung brachte in Rohren diesen Sand auf Wunsch direkt vor den Rädern aus (siehe Detailfoto). Mit dem Sandkastenzug konnte der Lokführer einen Schieber öffnen und der Sand wurde auf die Schienen gestreut. Ende des 19. Jahrhunderts wurden auch Dampfstreuvorrichtungen eingesetzt, hier war das System von Holt-Gresham maßgeblich. Von Brüggemann wurde ein System entwickelt, das mit Druckluft arbeitete. Der Sandkasten wurde in der Regel über dem Kessel angebracht, weil dessen Wärme dafür sorgen konnte, dass der Sand stets trocken blieb. Nasser Sand hätte die Röhren verstopft.

DAMPFLOKOMOTIVEN | *Im Alpenraum und in Osteuropa*

Die **Schlepptenderlok** der Baureihe 475.1 von **Škoda** gehört zu den gelungensten Loks der Tschechoslowakei, hier die **475.111**.

Auch nach dem Zweiten Weltkrieg baute Škoda Lokomotiven. Eine besonders gelungene Lok war die Schlepptenderlok der Baureihe 475.1, die den hübschen Beinamen *Šlechtična* erhielt, was so etwas wie „Edelfrau" bedeutet. Diese besonders schöne 2'D1'-Lok, also eine *Mountain*, stand konstruktiv auf der Höhe ihrer Zeit und kam mit den gebirgigen Strecken im Innernen des Landes hervorragend zurecht. Dieser Typ wurde auch nach Nordkorea geliefert.

Ab 1951 wurden über 500 schwere Güterzugloks der Achsfolge 1'E beschafft, die mit einer Stokerfeuerung ausgerüstet waren. Diese moderne Konstruktion glänzte durch außergewöhnliche Zugleistungen und konnte dank ihrer niedrigen Achslast auch noch auf schlechten Nebenstrecken Dienst tun. Dieser Baureihe 556.0 werden wir im fünften Kapitel noch einmal begegnen.

Dampflok-Potpourri bei den Südslawen Nach der Auflösung des Habsburgerreiches schlossen sich die Serben, die bisher ein eigenes Königreich hatten, mit Montenegro und den ehemaligen k.u.k.-Provinzen Slowenien, Kroatien und Bosnien-Herzegowina zum Königreich der Südslawen zusammen, das bald den Namen Jugoslawien bekam. Dort wurden die alten Loks weiter verwendet und das sollte lange so bleiben. 1926 stieg das kroatische Unternehmen Đuro Đaković in den Lokomotivenbau ein und produzierte Dampfloks für die bosnische Spur, die auf dem

Die **424 140** der ungarischen MÁV wurde nach einer Schnellzuglok der österreichischen Südbahn entworfen.

60

Dieser **Vierkuppler** wurde 1949 von **Đuro Đaković** gebaut. Die mit bosnischer Spurweite gebaute Lok gehört heute der Museumsbahn Mokra Gora.

Balkan vorherrschte. Die erste Normalspurlok stammte erst von 1935. Đuro Đaković wurde nach dem Zweiten Weltkrieg zum weitaus wichtigsten Produzenten von Lokomotiven in der Region und belieferte ganz Südosteuropa.

Mit Volldampf durch Eidgenossenschaft Die Schweiz war wegen der vielen steilen Strecken auf wendige und doch starke Loks angewiesen. Die stärkste ihrer Zeit in Europa war die Gotthard-Tenderlok von Maffei aus dem Jahr 1890, die als Mallet mit der Achsfolge C'+C gebaut wurde. In der Schweiz befand sich auch die steilste Strecke, die jemals mit Dampf erklommen wurde: Der Triebwagen der Pilatusbahn von 1889 schaffte eine Steigung von 480 Promille. Dank der guten Voraussetzungen wurde die Schweiz jedoch zu einem der ersten Länder, in denen die Elektrifizierung der Eisenbahn vorangetrieben wurde.

Diese Lok gehört zur **ungarischen Baureihe 375,** die von 1907 bis 1959 produziert wurde. Sie gelangte unter der Nummer 51-007 in den Dienst der jugoslawischen Staatsbahn JŽ. Ihr Baujahr ist 1941.

Dampfloks für den Sozialismus

Um von den Marktführern aus dem Westen unabhängig zu sein, bauten die sozialistischen Staaten nach dem Zweiten Weltkrieg eine eigene Eisenbahnindustrie auf. Der Bedarf an neuen Lokomotiven war hoch, besonders für den Gütertransport wurden viele Maschinen gebaut. Dazu gehörten einige sehr bemerkenswerte Baureihen.

Dampflokomotiven nach Plan

In den frühen Tagen der Eisenbahn waren es vor allem Briten, die die neue Technik im Zarenreich einführten. So waren die frühesten Fahrzeuge *Patentee*-Loks. Amerikaner bauten eine Lokfabrik auf und produzierten Güterzugloks meist der Bauart 1'C. Ab den 1880er-Jahren war dann der Vierkuppler, teils auch mit Vorlaufachse, die Standardlok im russischen Güterverkehr.

Die meistgebaute Dampflok der Welt 1912 kam dann die berühmte Baureihe Э (E) heraus. Diese Heißdampflok hatte fünf Treibachsen, zwei Zylinder und einen Achsdruck von 16 Tonnen. Dieser Typ wurde in verschiedenen Versionen und nicht nur in verschiedenen Fabriken, sondern auch in anderen Ländern, wie Deutschland, Ungarn, Rumänien oder Schweden gebaut. In der Summe machte das fast 11 000 Exemplare, weshalb sie zur meistgebauten Dampflok der Welt wurde.

Die Unterschiede der verschiedenen Versionen: $Э^{Ш}$ (E^{Sch}), $Э^{M}_{Ш}$ (E^{M}_{Sch}), $Э^{Г}$ (E^{G}), $Э^{ГК}$ (E^{GK}), $Э^{У}$ (E^{U}), $Э^{M}$ (E^{M}), $Э^{MK}$ (E^{MK}) und $Э^{P}$ (E^{R}) lagen zum Teil in der Herkunft, teils in einer verbesserten Konstruktion. So schwankte das Leergewicht der Lok zwischen 72,1 und 76,9 Tonnen, die Rostfläche zwischen 4,02 und 5,09 m². Man kann das Herstellerland aus der Bezeichnung erschließen. So steht das ^{Ш} (Sch) für die schwedische NoHAB, ^{Г} (G) bezieht sich auf Loks aus Deutschland.

Neben der Э-Klasse gab es noch eine Klasse, die mit dem kyrillischen Buchstaben „E" bezeichnet war. Dabei handelte es

Dieses **Exemplar der Baureihe E** gehört zur Ausführung EU. Die Baureihe E ist der meistgebaute Dampfloktyp der Welt. Das E steht für die Achsfolge.

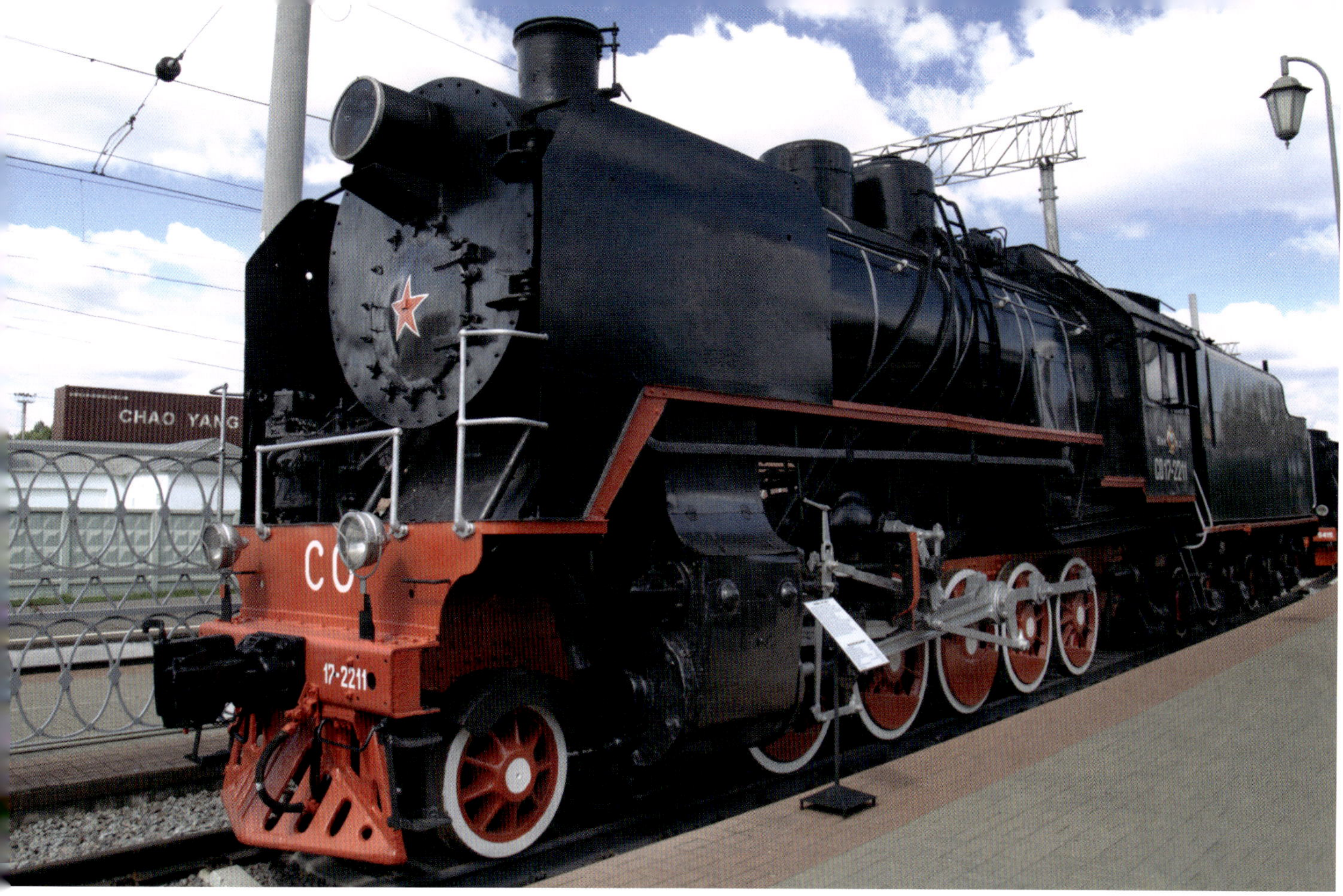

Die **SO** war auf Grundlage des Typs E zwischen 1934 und 1951 als **schnellere Güterzuglok** gebaut worden.

sich um fast 500 1'E-Lokomotiven, die das Land im Ersten und Zweiten Weltkrieg als Hilfsleistung aus den Vereinigten Staaten und Kanada bezog. Man erkennt die Herkunft der Loks an der Bezeichnung, denn $E^{ф}$ (ф=F für Ph(F)iladelphia) stand für den Firmenstandort von Baldwin, E^{C} für ALCO (C=s für Schenectady) und E^{K} (K für Kingston, Ontario), wo der kanadische Hersteller Canadian Locomotive Company seine Werke hatte. Eine zweite Lieferung bekam die Bezeichnung $E^{л}$.

Im Zweiten Weltkrieg wurden wieder 1'E-Loks geliefert, diesmal über 2000 Stück nach dem Vorbild der $E^{л}$. Hersteller waren Baldwin und ALCO. Die drei Unterklassen E^{A}, E^{M}, and E^{MB} unterschieden sich in Details. Das ^{A} stand für Amerika, das ^{M} für „modernisiert" und mit dem angefügten ^{B} wurde der bei dreizehn Maschinen eingebaute Speisewasservorwärmer bezeichnet. 1'E-Loks wurden nach dem Zweiten Weltkrieg in der Sowjetunion gebaut. Sie hatten die Bezeichnung Л (L). Mehr über diese Lok findet man im Kapitel über die Güterzugloks.

Паровоз „Феликс Дзержинский".

Фиг. 565. Схема водоподогревателя для паровозов ФД второго заказа.

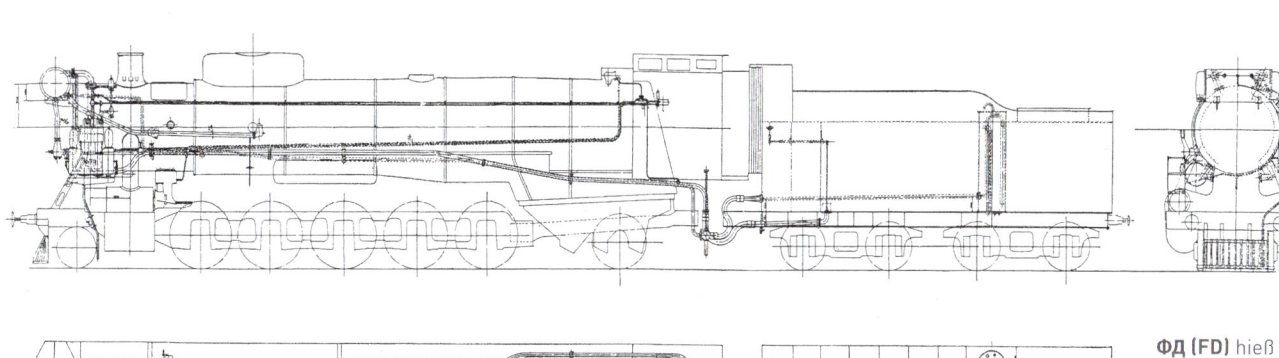

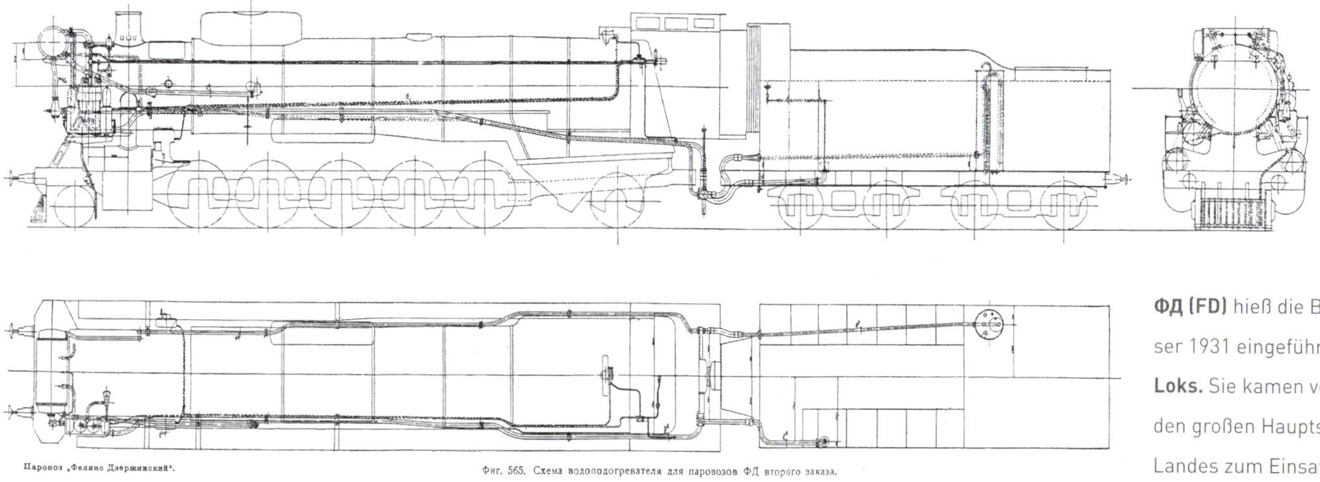

ФД (FD) hieß die Baureihe dieser 1931 eingeführten **1'E1'-Loks.** Sie kamen vor allem auf den großen Hauptstrecken des Landes zum Einsatz.

Auf Grundlage des Typs Э war bereits 1934 eine schnellere Güterzuglok entstanden, die CO (SO). Sie hatte aber eine zusätzliche Vorlaufachse und war somit ebenfalls eine 1'E. Dieser Typ wurde bis 1951 in weit über 4000 Exemplaren produziert.

In der Sowjetunion waren für die großen Hauptstrecken bereits 1931 1'E1'-Loks entwickelt worden. Sie trugen die Bezeichnung ФД (FD) nach dem Revolutionär und ersten Chef der berüchtigten sowjetischen Geheimpolizei Tscheka Felix Dserschinski. Einige Loks wurden mit Ölfeuerung versehen. Im Zuge der Verdieselung wanderten etwa 1000 der 3213 gebauten Loks nach China. Nach dem Krieg wurden weitere Typen mit Nachlaufachse hergestellt (1'E1').

Personenzugloks der Sowjets Im Gegensatz zum Güterverkehr spielte der Reiseverkehr in der Sowjetunion eine

Die eindrucksvolle **Personenschnellzuglok P 36** wurde zwischen 1950 und 1956 in 251 Exemplaren hergestellt. Sie verkehrte auch zwischen Leningrad und Moskau. «

Diese **EU** steht heute in einem Eisenbahnmuseum in Rostow am Don.

Die **Loks der Serie ER** hatten eine zusätzliche Vorlaufachse erhalten. Sie dienten als Güterzuglokomotiven vor allem auf Nebenstrecken.

DAMPFLOKOMOTIVEN | *Dampfloks für den Sozialismus*

eher untergeordnete Rolle. Vor der Revolution wurden in der Regel dreifach gekuppelte Loks gebaut, die meist eine oder zwei vordere Laufachsen hatten. Anfangs hatte man nach amerikanischem Vorbild auch *Americans* (2'B) im Bestand. 1914 wurde in den Putilow-Werken die erste russische *Pacific* gebaut, die eine der größten Europas war. Bis 1926 wurden noch 65 weitere hergestellt. Sie trugen die Bezeichnung Л (L). Ihnen folgte der Typ M, eine Dreizylinderlok mit der Achsfolge 2'D, die allerdings nicht zufriedenstellen konnte. Schnellzuglokomotiven sollten ebenfalls gebaut werden, doch mehr als ein paar Prototypen kamen nicht zustande. Nach dem Krieg gelang mit der П 36 (P 36) ein letzter Höhepunkt im sowjetischen Dampflokbau. Mehr über diese Lok findet man im vierten Kapitel.

Die Produktion in Polen und Rumänien

Auf dem neuen Staatsgebiet Polens war nach dem Ersten Weltkrieg eine Vielzahl alter preußischer und österreichischer Lokomotiven zurückgeblieben, die in den Betrieb eingegliedert wurden. Doch reichte der Bestand nicht aus, um die Aufgaben zu erfüllen. So baute Polen eine eigene Lokindustrie auf. 1919 wurde die Pierwsza Fabryka Lokomotyw w Polsce (Erste Lokomotivenfabrik in Polen), später Fablok, in Chrzánow/Galizien gegründet. Höhepunkt waren die beiden Schnellzugloks der Baureihe Pm 36, die als *Schöne Helena* bekannt wurden. Das erhalten gebliebene Exemplar fährt heute noch Geschwindigkeiten bis 130 km/h. In der Zeit der deutschen Besatzung im Zweiten Weltkrieg mussten deutsche Kriegslokmuster hergestellt werden.

Unter der Herrschaft der Kommunisten wurden wieder Loks gebaut. Ab 1949 entstand in 115 Exemplaren die Personenzuglok der Reihe Ol49. Dabei handelte es sich um 1'C1'-*Prärie*-Typen, die dank ihrer geringen Achslast universell einsetzbar waren. Für den Güterverkehr wurden in großen Mengen 1'E-Loks gebaut. Auch in die anderen sozialistischen Staaten ging

Ölfeuerung

Öl statt Kohle Dampflokomotiven wurden meist mit Kohle betrieben. Aber auch andere Brennstoffe waren denkbar, zum Beispiel Holz, Erdöl, Schweröl oder Heizöl. Kohle hatte den Nachteil, dass bei der Verbrennung Kohlenmonoxyd und Schwefeldioxyd entstanden. Vor allem bei Tunnelfahrten war das Kohlenmonoxyd gefährlich. Öl war weniger riskant, verursachte eine geringere Verschmutzung und ermöglichte eine leichtere Handhabung. Beim Betrieb mit Öl wurde anstelle des Kohlebehälters ein Tank montiert. Die relativ hohen Kosten des Kraftstoffs verhinderten jedoch eine Umstellung auf Ölfeuerung im großen Stil. Die Sowjetunion, die über genügend Ölreserven verfügte, gehörte zu den Pionieren der Ölfeuerung.

eine große Menge Dampfloks verschiedenster Typen. Polen kann sich heute rühmen, den einzigen regulären Dampflokbetrieb auf Normalspur in Europa durchzuführen. Vom Betriebswerk Wolsztyn aus dampfen verschiedene Maschinen, darunter bekannte polnische und deutsche Modelle, fahrplanmäßig im Nahverkehr.

Waldbahnen und Nachbauten In Rumänien wurden in Bukarest und Resita in ehemaligen Niederlassungen der österreichisch-ungarischen Staatsbahnen Dampfloks hergestellt. Dabei handelte es sich zum Teil um Nachbauten deutscher Baumuster, etwa der preußischen P 8. Rumänien schaffte es, seinen Lokbedarf selbstständig zu decken. 1960 wurde auf die Produktion von Dieselloks umgestellt. Fast alle Dampfloks wurden verschrottet, weil man die Rohstoffe brauchte. Rumänien hatte aus dem Erbe Österreich-Ungarns ein weitläufiges Netz von Waldbahnen in bosnischer Spur, auf dem kleine Dampfloks verkehrten.

Diese **klassische Waldbahn** steht heute im Eisenbahnmuseum der rumänischen Stadt Resita. Dort wurden früher ebenfalls Dampflokomotiven gebaut.

Diese polnische **Personenzuglok Ol49** ist heute noch von Wolsztyn aus im Regelverkehr unterwegs. Die Baureihe wurde ab 1949 in Chrzánow produziert. «

67

DAMPFLOKOMOTIVEN | *Dampfloks in aller Welt*

Dampfloks in aller Welt

Während in Europa und Nordamerika um 1870 die wichtigsten Strecken längst gebaut waren, setzte der Eisenbahnbau in den anderen Regionen der Welt erst langsam ein. Die Lokomotiven stammten meist aus den USA und Europa, doch mancherorts gelang es, eigene Maschinen zu bauen.

Die **TCDD Klasse 55001** für den **Orient-Express** war eigentlich eine preußische G 10, also eine Güterzuglok. Dieses Exemplar kam von der KPEV.

Nach der Initialzündung, die die Industrielle Revolution dem Eisenbahnbau gegeben hatte, sorgte der Kolonialismus dafür, dass der Siegeszug der Eisenbahn sich weltweit fortsetzte.

Der Orient unter Dampf

Der *Orient-Express* fuhr 1883 zum ersten Mal. Nicht erst seit dieser Zeit war das damalige Osmanische Reich ein interessantes Betätigungsfeld für die Eisenbahngesellschaften der europäischen Großmächte. Frankreich, Großbritannien und später auch Deutschland finanzierten den Bau neuer Strecken – und zogen

Meißner Pascha

Deutsch-osmanischer Bahnpionier Leiter des Baus der Hedschasbahn war der Deutsche Heinrich August Meißner (1862–1940), der viele Jahre in Diensten der osmanischen Eisenbahn stand und seit 1904 den Titel „Pascha" tragen durfte. Ab 1910 war der herausragende Ingenieur auch mit der Bauleitung der Bagdadbahn betraut. Doch der Erste Weltkrieg verhinderte ihre Fertigstellung. Meißner Pascha, der im Ruhestand noch eine Professur für Eisenbahnbau in Istanbul innehatte, starb hoch angesehen in Istanbul.

daraus erhebliche Profite. Ein echtes Politikum wurde der deutsche Plan zum Bau der Bagdad-Bahn, die Istanbul mit dem Balkan und dem Persischen Golf verbinden sollte. Die Briten sahen dadurch ihre Interessen in Indien strategisch bedroht.

Die Hedschasbahn Eine wichtige Bahnstrecke, bei der man neben den Pilgerströmen nach Mekka auch militärische Ziele im Blick hatte, war die Hedschasbahn, die Damaskus mit Mekka verbinden sollte. 1908 konnte sie bis Medina fertig gestellt werden.

Die ersten Loks stammten aus Belgien, doch waren sie nur bedingt geeignet, weshalb bei verschiedenen deutschen Firmen wie Krauss, Borsig, Hartmann und Jung vor allem Dreikuppler, dann auch Loks mit der Achsfolge 1'D beschafft wurden.

In der Türkei war 1860 die erste Eisenbahn eröffnet worden. Sie führte im Süden Kleinasiens von Izmir nach Aydin. Die frühen Strecken wurden von britischen Gesellschaften gebaut, die natürlich Lokomotiven ihrer Heimat einsetzten. Später kam es auch zum Kauf französischer, deutscher und amerikanischer Loks. Im Orient kam es auf Geschwindigkeit nicht so sehr an wie auf Zugkraft. Deshalb entwickelte sich der Fahrzeugpark in Richtung Güterzugloks, die aber auch im Personenzugbetrieb eingesetzt wurden. Aus

Dieses Exemplar ist eine von **Henschel** 1918 an die Türkei gelieferte **Kriegslok.**

Die **Hedschasbahn** ist mit Nostalgiezügen heute noch unter Dampf befahrbar, hier ein Zug der jordanischen Eisenbahn.

DAMPFLOKOMOTIVEN | *Dampfloks in aller Welt*

Die meisten Exemplare der **Class 19D** der **South African Railways** wurden in Europa gebaut. Diese Lok stammte aus der Tschechoslowakei und wurde 1938 bei Škoda produziert, also im zweiten Jahr der Fertigungszeit

Die in Swakopmund/Namibia fotografierte Lok war die **No. 3321** der **South African Railways** (SAR). Mit der Achsfolge 2'D1' ist sie eine Mountain.

Deutschland wurden etwa preußische G 8, G 8.1 oder T 16 eingeführt, später auch die Baureihe 52. Aus England stammten etwa Dampfloks der Class Stanier 8F der LMS. Im Zweiten Weltkrieg und danach kamen vor allem von den drei großen Herstellern der USA Dampfloks der Klassen S160 und S200 in größeren Mengen in die Türkei.

Der Süden Afrikas

Ein großer Teil des afrikanischen Kontinents war im 19. und in der ersten Hälfte des 20. Jahrhunderts britisch. Die zahlreichen Kohle-, Gold- und Diamantminen in den Staaten Südafrikas waren auf die Eisenbahn zum Transport der gewonnenen Bodenschätze auf die Märkte der Welt angewiesen. Um Kosten zu sparen, wurden Eisenbahnen in der erstmals in Norwegen von dem Ingenieur Carl Abraham Pihl verwendeten Spurweite von 1067 Millimetern gelegt. Nach den Initia-

len von Pihl hat sie den Namen CAP-Spur erhalten. Diese Spur machte weltweit Karriere, besonders im Süden Afrikas, weshalb der Name bald zu „Kapspur" umgedeutet wurde – nach dem Kap der guten Hoffnung. Kapstadt war von dem britischen Imperialisten Cecil Rhodes als Anfangspunkt des großen Bahnprojekts Kap – Kairo vorgesehen.

Durch die Wüste Die Lokomotiven stammten vor allem aus englischen und schottischen Fabriken. Das änderte sich in den 1920er-Jahren, als auch aus anderen Ländern importiert wurde. Eine der wichtigen Baureihen war die Class 19D, die ab 1936 von Krupp und Borsig aus deutschen Werken kam. Diese 2'D1'-Loks waren für den Güterverkehr vorgesehen. Nach dem Zweiten Weltkrieg wurden noch einige bei britischen Herstellern nachgebaut. In dieser Zeit sollten auch die Gebiete erschlossen werden, die jenseits ausgedehnter Wüstengebiete lagen. Deutsche Ingenieure bei Henschel hatten im Zweiten Weltkrieg für die ausgedehnten Steppen der südlichen Sowjetunion sogenannte Kondenslokomotiven entwickelt, bei denen der Großteil des Kesselspeisewassers zurückgewonnen werden konnte. Das reduzierte den Wasserverbrauch erheblich, was in trockenen Gegenden besonders wertvoll war. Anderswo standen dieser Technk die höheren Wartungskosten entgegen. Südafrika ließ bei Henschel und North British Kondensloks der Class 25 bauen. Eine von ihnen, die *Red Devil* von Henschel, ist heute die stärkste Schmalspurdampflok der Welt.

In Südafrika lag ein wichtiges Einsatzgebiet der *Garratt*-Loks. Diese Loks hatten zwei Fahrwerke, sodass die Achslast besser verteilt wurde und die Mitnahme von Betriebsstoffen leichter wurde. Diese Loks erkannte man an dem großen Wasserbehälter, den sie auf dem vorderen Lauf-

Die Bezeichnung **Kapspur** hat mit dem Kap der guten Hoffnung nichts zu tun. Dennoch ist die **Spurweite von 1067 Millimetern** dort Standard. »

Tootsie ist mit einem **Wassertankwagen** bereit, durch die trockenen Regionen Südafrikas zu fahren.

No. 612 der **Rede Ferroviaria do Nordeste** ist eine brasilianische Garratt-Lokomotive, die bei **Henschel** gebaut wurde.

Durch Patagonien nach Feuerland fuhr diese Lok einst, doch die Schmalspurstrecke kann heute nur noch zum Teil (unter Dampf!) befahren werden. Argentinien ist *das* südamerikanische Lokomotivenland.

werk mitführten. Aus Deutschland stammten die Class NGG 13, die 1927/28 bei der Hanomag gebaut wurden. Weil Kohle in Südafrika sehr billig war, wurde lange am Dampfbetrieb festgehalten.

Lateinamerika: Vor allem Gütertransport

Das erste Land, in dem in dieser Region der Welt eine Eisenbahn fuhr, war Kuba. Dort wurde für die Zuckerplantagen bereits ab 1837 eine Eisenbahn gebaut. Bis heute sind die Strecken zum Teil in Betrieb; auf ihnen verkehren Dampflokomotiven, die großteils von Baldwin oder ALCO stammen. Einige Lokomotiven wurden jedoch auch aus Deutschland bezogen, etwa von Henschel oder Orenstein & Koppel.

Die Bahnen auf dem Kontinent Die erste Festlandstrecke wurde in Peru errichtet. Bereits der Eisenbahnpionier Richard Trevithick hatte sich im Raum Lima mit der Errichtung einer

Auf **Kuba** waren viele solcher Loks zwischen Zuckerplantagen und Hafen unterwegs.

Bahn beschäftigt, doch abgebrannt und krank musste er von Robert Stephenson heimgeholt werden. 1851 wurde die Strecke von Lima ans Meer immerhin eröffnet. Paraguay hat nur eine einzige Eisenbahnstrecke, die Ferrocarril Carlos Antonio Lopez aus dem Jahr 1861. Dort fährt immer noch eine Dampflokomotive, die 1896 von der North British Locomotive Co. gebaut wurde. Ähnlich wie hier gibt es auch in Chile eine Breitspurbahn, die dort das Maß von 1676 Millimetern hat. Die Lokomotiven wurden anfangs alle in Großbritannien, später vor allem in den USA gekauft. In der Regel waren das kleinere Dreikuppler, aber auch 1'D-Maschinen. Die größte Dampflok war eine 2'D1'-Lok von ALCO aus dem Jahr 1940 mit Stokerfeuerung und einer Dienstmasse von 220 Tonnen. Deutsche Loks waren ebenfalls zu finden, so kamen 70 Lokomotiven verschiedener Bauart von Borsig, eine 2'D2'-Lok wurde von Henschel geliefert.

Auch in Brasilien begann der Eisenbahnbau Mitte des 19. Jahrhunderts. Doch erfolgte nie ein planvoller Ausbau. Viele verschiedene Spurweiten, private Interessen und Geldmangel standen dem entgegen. Personenverkehr findet kaum noch statt. Am besten hat sich in Südamerika das Eisenbahnwesen Argentiniens entwickelt. 1857 rollte

Allzu oft stößt man in Südamerika nicht auf **Eisenbahnkreuzungen**. Manche Regionen sind völlig ohne Schienenwege.

dort die erste Eisenbahn. Doch anders als in den übrigen Staaten ging man effektiver an die Sache heran. Es entstanden so spektakuläre Projekte wie der *Patagonien-Express* in den Süden, auf dem noch heute Dampfloks verkehren. Der Warentransport war auch in Argentinien das wichtigste Ziel der Eisenbahn. Deshalb waren die beschafften Dampfloks vor allem Güterzugloks. Problematisch war allerdings die Verwendung von drei verschiedenen Spurweiten. Mit der Livio Dante Porta & Co. Ltd. besaß Argentinien ein eigenes Unternehmen, das Lokomotiven baute. Livio Dante Porta war so etwas wie der André Chapelon Südamerikas. Er verbesserte maßgeblich bestehende Loks und machte sie deutlich effektiver. Mit seiner Blasrohr-Technik und verschiedenen Ejektoren machte er Giesl-Gieslingen Konkurrenz.

DAMPFLOKOMOTIVEN | *Dampfloks in aller Welt*

Die **Baureihe D51** war die meistgebaute Japans und wurde ab 1935 produziert. Die Achsfolge 1′D1′, **Mikado** genannt, wurde erstmals in Japan eingesetzt.

Australien und Neuseeland

Die Eisenbahntradition von Neuseeland ist groß – und das Land ist erster Kunde einer neuen Art von Dampflok gewesen: der *Pacific* mit der Achsfolge 2′C1. Diese Bauart dominierte länger als ein Vierteljahrhundert den Personen- und Schnellzugverkehr der großen und kleinen Eisenbahnnationen. Begonnen hatte alles mit kleinen britischen Tenderloks. Die verwendete Spurweite war die Kapspur. Doch zum Ende des 19. Jahrhunderts wuchsen die Ansprüche an die Lokomotiven. 1′D-Loks, *Pacifics* und später auch große *Garratt*-Loks und *Mountains* der Achsfolge 2′C2′ wurden gekauft. In Neuseeland wurden aber auch einige Lokomotiven selbst gebaut, so die K-Klasse von 1932 oder ihre Nachfolger, die Stromliniendampfloks der Klasse K^A, die ab 1939 für den schnellen Personenverkehr bereitgestellt wurden. Neuseeland hat schon recht früh, 1971, das Dampflokzeitalter beendet.

Volldampf in Down under Die Eisenbahnen in Australien wurden von privaten Gesellschaften errichtet, die sich wie im Mutterland England gegeneinander abgrenzten – und das ging am besten mit unterschiedlichen Spurweiten. Auch in den ver-

Diese Lok **Lok** wurde 1878 von **Beyer, Peacock & Co.** für die Eisenbahn von New South Wales gebaut. In Australien wurde sie als Güterzuglok eingesetzt.

Diese neuseeländische **Pacific-Lok der Baureihe A^B** wurde erstmals 1927 vor dem **New Zealand Royal Train** eingesetzt.

schiedenen heutigen Bundesstaaten wurden die Loks zunächst aus Großbritannien importiert, später kamen viele Lokomotiven aber aus den USA, wo ähnliche geografische Bedingungen herrschten wie in „Down under". Auch Australien gönnte sich einen Zugverkehr mit Stromlinienloks. Von der in Australien selbst gebauten *Pacific*-Lok der C38-Klasse gab es einige Exemplare, die unter einer Stromlinienverkleidung steckten.

Eine der berühmtesten Verbindungen war der Schnellzug von Melbourne in Richtung Sydney, der den Namen *Spirit of Progress* trug. Er kam allerdings nur bis zur Grenze des Bundesstaates, denn dann musste von 1600-Millimeter-Breitspur auf Normalspur gewechselt werden. Geführt wurde der *Spirit of Progress* von Loks der S-Klasse. Das waren *Pacific*-Loks mit drei Zylindern aus dem Jahr 1928. Sie bekamen für den ab 1937 fahrenden Zug ein Stromlinienkleid. Die Durchschnittsgeschwindigkeit lag bei 96 km/h. Auch diese Loks wurden in Australien gebaut. Australien stellte recht früh auf Diesellloks um. Die Spurweiten wurden vielerorts bereits auf Normalspur vereinheitlicht, doch flächendeckend ist das sicher ein Jahrhundertprojekt.

Japan startet spät und holt bald auf

Am Anfang der japanischen Eisenbahn steht der Name Richard Trevithick – ein Enkel des Erbauers der ersten Dampflokomotive. Er war ab 1888 in Diensten Japans tätig und entwickelte ab 1893 die erste dort gebaute Dampflok. Das war die Klasse 860. Vorher, also seit Eröffnung der ersten Strecke zwischen Tokio und Yokohama im Jahr 1872, waren Loks vor allem aus Großbritannien beschafft worden. Später importierte man auch Maschinen aus den USA und anderen Ländern. Aus Deutschland kamen beispielsweise 1912 drei Tenderloks der Baureihe 4100. Als Standardspurweite etablierte sich in Japan ebenfalls die Kapspur mit 1067 Millimetern.

1943 wurde diese **Stromlinienlok** der **Class C38** der Eisenbahn von New South Wales gebaut.

DAMPFLOKOMOTIVEN | *Dampfloks in aller Welt*

Nach dem Ersten Weltkrieg wurden *Pacific*-Loks der Baureihe C51 für den Personenzugverkehr gebaut, die sich sehr gut bewährten. Von drei verschiedenen Herstellern, darunter Mitsubishi, wurden bis 1928 genau 289 Maschinen gebaut. Ihre Treibräder hatten einen Durchmesser von 1750 Millimetern. Die Höchstgeschwindigkeit lag bei 100 km/h. Die japanischen Hersteller wurden zu möglichst großer Vereinheitlichung angehalten.

„Mikado" – ein Dampfloktyp für Japan

1897 hatte Japan von Baldwin in den USA Güterzuglokomotiven bestellt, die die Achsfolge 1'D1' hatten. Aus diesem Grund wurde dieser Typ als *Mikado* bekannt. Auf Grundlage der 1923 eingeführten Klasse D 50 ähnlicher Bauart entstanden zwischen 1935 und 1951 die *Mikado*-Typen D51, deren Höchstgeschwindigkeit bei 75 km/h lag. Mit 1115 Exemplaren wurden sie zur meistgebauten Lok-Reihe Japans. Das lag mit daran, dass die Loks dieser Reihe im Zweiten Weltkrieg für Japan große Bedeutung erlangten. Im Land waren sie sehr beliebt und bekamen den Kosenamen „Degoichi".

Mit dem Kessel der Baureihe D51 stellte Mitsubishi 1947 eine neue Personenzuglok der *Hudson*-Klasse (Achsfolge 2'C2') vor, die in den folgenden beiden Jahren weiter produziert wurde. Diese C61-Klasse wurde erstmals in Japan mit einem Stoker ausgestattet. Die letzten Loks dieses Typs wurden 1974 abgestellt, denn inzwischen war die Elektrifizierung der Strecken, die sie bedient hatten, abgeschlossen.

Auch in Japan wurden ältere Lokomotiven rekonstruiert. So wurden in den 1950er-Jahren 78 Exemplare der Güterzuglok D50 zur neuen Reihe D60 umgebaut. Sie erhielten andere Zylinder und eine zweite Nachlaufachse. Ein anderes Beispiel ist die Reihe C59, die von einer *Pacific* in eine *Hudson* umgewandelt wurde, also ebenfalls eine zusätzliche Nachlaufachse erhielt.

Indien und China: zwei unterschiedliche Giganten

In Indien hat die Eisenbahn eine sehr lange Tradition. Die britische Kolonialmacht baute ein beeindruckendes Schienennetz auf, das sich zum viertgrößten der Welt entwickelt hat. Das Rollmaterial kam selbstverständlich zu Beginn aus Großbritannien. Dazu gehörten auch die in den 1850er-Jahren in Großbritannien modernen 1A1-Loks mit zwei großen Treibrädern, zu denen etwa die heute noch betriebsfähige *Fairy Queen* der Firma Kitson, Thomson and Hewitson aus Leeds gehört. Wichtigste Aufgaben der ersten Bahnen war natürlich ihr Dienst als Transpor-

Die **Fairy Queen** wurde bereits im Jahr 1855 gebaut und unter der Bezeichnung **EIR 22** an die East Indian Railways verkauft.

Der **Löwe von Punjab** zog den letzten Breitspur-Dampfzug Indiens. Die Inder liebten es, ihre Loks aufwendig zu schmücken.

teur von Truppen, die das unruhige Land befrieden sollten. Doch ab 1895 konnten im Land selbst bereits die ersten eigenen Dampfloks gebaut werden. Weil das nicht ausreichte, wurden weiter britische Maschinen herbeigeschifft, doch es gingen auch Aufträge in die USA, nach Deutschland und Belgien. Für den Personenverkehr setzte man wie in vielen anderen Ländern gern *Pacific*-Loks ein. Auch in der zweiten Hälfte des 20. Jahrhunderts wurden solche Loks noch gekauft oder in Indien selbst gebaut. Ein gutes Beispiel dafür ist die Class WL 4-6-2, die zwischen 1955 und 1968 produziert wurde und den hochwertigen Personenverkehr bestritt. Der Großteil der Strecken wurde in Breitspur 1676 Millimeter gebaut. Inzwischen werden auch Meterspurbahnen auf diese Breite gebracht.

Das Land der großen Dampflokfahrten In China waren 1991 noch 43 Prozent aller eingesetzten Lokomotiven Dampfloks. Der Verkehr hatte sich seit 1980 mehr als verdoppelt. China war allerdings ein Spätstarter in Sachen Eisenbahn, denn beim Volk war sie als westliches Teufelszeug verpönt und galt als Symbol der Unterdrückung. Erst im 20. Jahrhundert begann der Ausbau. Die wahrscheinlich berühmteste Lokomotive, die in China gebaut wurde, ist die Baureihe Qian Jin oder QJ. Die letzte in China gebaute Dampflok war eine QJ, die am 21. Dezember 1988 die Datong Lokomotivenfabrik verließ. Diese 1'E'-Lokomotive nach sowjetischem Vorbild wurde von den verschiedenen in China errichteten Lokfabriken in über 4700 Exemplaren gebaut. Sie diente im schweren Güterzugdienst. Ihre Leistung lag offiziell bei 2222 kW, es wurden aber auch 2670 kW gemessen. Mit der zunehmenden Verdieselung werden die Dampfloks sukzessive aus dem Verkehr gezogen.

Die **letzte QJ** wurde noch 1988 in der Volksrepublik China gebaut und in Dienst gestellt.

Strom und Schiene
Eine perfekte Beziehung

STROM UND SCHIENE | *Als der Strom zu fließen begann*

Als der Strom zu fließen begann

Das Image eines umweltfreundlichen Verkehrsmittels hat die Bahn nicht zuletzt der Verwendung von Elektromotoren als Antrieb zu verdanken. Verglichen mit den rauchenden Dampfloks stellten die Elektrolokomotiven einen großen Fortschritt dar. Die Elektrifizierung der Strecken war jedoch aufwendig und langwierig.

Die Bahn gilt als ein **umweltschonendes Massenverkehrsmittel**. Sauberes Wasser sowie grüne Bäume und Sträucher passen deswegen gut zum Image der Bahn.

Der **Taurus** der **Baureihe 1116** zählt zu den modernsten Elektrolokomotiven. Er ist zweisystemfähig, das bedeutet, dass er mit zwei unterschiedlichen Stromnetzen zurechtkommt. «

Die Elektrizität war bereits bekannt, bevor es die Dampfmaschine gab. Die elektrische Energie für den Antrieb von Maschinen einzusetzen, stellte jedoch eine größere Herausforderung dar, als die Dampfkraft zu nutzen. Neue Entdeckungen und der Einfindungsreichtum einiger Persönlichkeiten ermöglichten schließlich die Nutzung der Elektrizität.

Versuche mit den ersten Elektrolokomotiven

Faraday und die Eisenbahn 1835 war ein bedeutendes Datum der Eisenbahngeschichte. Im Mai dieses Jahres wurde die Bahnstrecke zwischen Brüssel und Mechelen eingeweiht und damit der Grundstein für die belgische Eisenbahn gelegt. Im Dezember des gleichen Jahres trat der *Adler* seine Jungfernfahrt zwischen Nürnberg

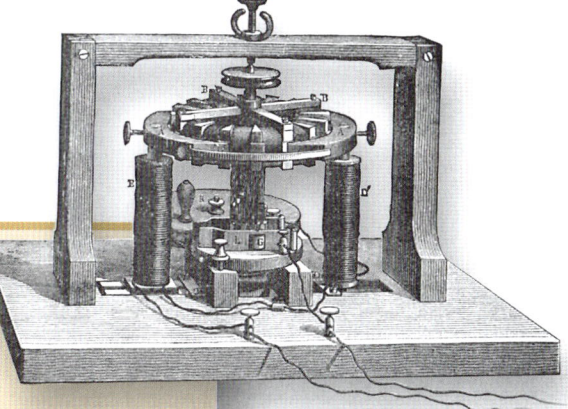

und Fürth an und eröffnete damit die erste mit Dampf betriebene Strecke in Deutschland. Aber 1835 hatte auch in anderer Hinsicht Bedeutung, nämlich in einer Weise, von der man damals noch nicht ahnen konnte, welche Auswirkungen sie auf die Eisenbahntechnik haben sollte. Denn in diesem Jahr entdeckte Michael Faraday die elektromagnetische Induktion und legte damit einen der Grundsteine der Elektrotechnik, die schließlich auch eine wichtige Rolle im Eisenbahnbereich spielen sollte. In diesem Jahr fuhr bereits das erste Schienenfahrzeug mit elektrischem Antrieb, auch wenn es sich dabei nur um ein Modell handelte, das in einem Kreis mit

Elektrolokomotiven wurden in den Alpen schon früh eingesetzt – wie dieses Exemplar von 1930 – da die nötige Wasserkraft zur Stromerzeugung zur Verfügung stand.

Pacinotti und der erste Dynamo

Kraft aus dem Ring Antonio Pacinotti (1841-1912) war Physiker, Mathematiker und Professor an der Universität Pisa. 1860, kurz nachdem er seinen Doktortitel erlangt hatte, baute er den ersten Dynamo, dessen Konstruktion er fünf Jahre später veröffentlichte. Zu dem Gerät gehörte ein Ring, um den ein Kupferdraht gewickelt war, weswegen es als Pacinotti-Ring bezeichnet wurde. Pacinotti führte seine Erfindung erfolgreich vor, konnte sie jedoch nicht kommerziell umsetzen. Erst dem belgischen Konstrukteur Zénobe Gramme, der einige Jahre später unabhängig von Pacinotti einen Dynamo erfand, war ein größerer Erfolg beschieden.

einem ungefähr 1,2 Meter großen Durchmesser lief. Das Modell war von dem im amerikanischen Bundesstaat Vermont lebenden Thomas Davenport gebaut worden. Der Farmer und Schmied hatte kurz vorher einen Elektromotor konstruiert und sollte später als Erster ein Patent auf den sogenannten Kommutatormotor erhalten. Im gleichen Jahr bauten im niederländischen Groningen Sibrandus Stratingh und Christopher Becker ein kleines, elektrisch angetriebenes Fahrzeug.

Weitere Versuche im Miniformat Zahlreiche andere Versuche mit dem elektrischen Antrieb folgten. Dazu gehörte der Schotte Robert Davidson, der 1837 eine Lokomotive mit vier

Ein dichtes Netz von Oberleitungen prägt heute jedes Bahnhofsbild. Die **Elektrifizierung** ermöglichte es, die rauchenden Lokomotiven aus der Stadt zu verbannen.

Luigi Galvani (1737–1798) gehört zu den Forschern, deren Entdeckungen die **Grundlagen** der **Elektrotechnik** schufen.

Rädern baute, die immerhin eine Geschwindigkeit von 4 km/h erreichte. Auch der Kaufmann und Erfinder Johann Philipp Wagner baute im Herzogtum Nassau eine kleine, etwa 20 Kilogramm wiegende, elektrisch angetriebene Lokomotive, die einen ungefähr 30 Kilogramm schweren Wagen zog. Der Zug erreichte eine Geschwindigkeit von 7 km/h.

Die ersten elektrischen Schienenfahrzeuge sorgten für Aufsehen. Das Problem war jedoch, dass der elektrische Strom noch von galvanischen Zellen erzeugt wurde. Davidson hatte seine Lok *Galvani* getauft, in Erinnerung an Luigi Galvani, den Entdecker des Galvanismus. Aber Batterien konnten mit der Kohlefeuerung bei den Dampfmaschinen nicht konkurrieren.

STROM UND SCHIENE | *Als der Strom zu fließen begann*

Die Bahn, die Werner von Siemens 1879 vorstellte, war noch im **Miniformat**, aber sie konnte sich **ohne Rauchentwicklung** vorwärts bewegen.

Werner von Siemens und die erste elektrische Bahn

Die Straßenbahn als Vorläufer Erst als man eine bessere Möglichkeit der Stromerzeugung gefunden hatte, nämlich durch einen ortsfesten Dynamo, war die kommerzielle Nutzung der Elektrizität möglich. Werner von Siemens, der selbst eine Dynamomaschine konstruiert hatte, bekam 1878 den Auftrag, bei Cottbus eine elektrisch betriebene Grubenbahn zu bauen. Allerdings zerschlug sich dieses Projekt. Siemens stellte die Lokomotive trotzdem fertig und führte sie im folgenden Jahr auf der Gewerbeausstellung in Berlin-Moabit der Öffentlichkeit vor. Das Publikum konnte sich auf drei kleinen offenen Wagen, auf denen jeweils sechs Personen Platz fanden, auf einer ungefähr 300 Meter langen Strecke fahren lassen. Die Stromversorgung erfolgte über ein Flacheisen, das zwischen den Schienen installiert war. Als Stromabnehmer fungierte ein Drahtbesen. Der Zug war ohne Last bis zu 13 km/h schnell. Bei Vollbesetzung erreichte er eine Höchstgeschwindigkeit von sechs km/h.

Bis September 1879 ließen sich ungefähr 90 000 Personen mit der neuartigen Bahn befördern.

Einen komfortablen Wagen bot schon die elektrisch betriebene **Straßenbahn**, die 1881 den Betrieb in **Lichterfelde** aufnahm.

Werner von Siemens

Erfinder und Unternehmer Werner von Siemens (1816–1892) war nicht nur ein begabter Erfinder und Unternehmer, nach dem heute zahlreiche Straßen und Schulen benannt sind, er war einer der Begründer der Elektrotechnik. Wie bei vielen anderen berühmten Erfindern zeigten sich sein Interesse und Talent schon sehr früh. Ein Studium ließen jedoch die Finanzen der Familie nicht zu. Erst nach dem Eintritt in die preußische Armee erhielt Werner von Siemens eine naturwissenschaftliche Ausbildung. Nach seinem Ausscheiden aus dem Armeedienst 1845 wurde er durch zahlreiche Erfindungen und unternehmerische Leistungen berühmt. 1874 verband er Irland und Amerika durch ein transatlantisches Telegrafenkabel. 1879 begann er mit der Serienproduktion der ersten Dynamomaschine.

Ein von Siemens gebauter **Drehstrom-Triebwagen** erreichte 1903 auf einer Versuchsstrecke bei Berlin eine Höchstgeschwindigkeit von ungefähr 210 km/h.

Werner von Siemens konstruierte 1866 eine **Dynamomaschine**, die es ermöglichte, mechanische Energie in elektrische Energie umzuwandeln.

In der Folgezeit wurde die kleine Eisenbahn auch in anderen europäischen Großstädten vorgeführt. Die Öffentlichkeit und die Entscheidungsträger blieben jedoch skeptisch, ob eine Bahn ohne Dampf und ohne Pferde wirklich für den alltäglichen Einsatz tauglich war. Siemens musste deshalb zur Finanzierung der ersten für den öffentlichen Nahverkehr konzipierten Bahn in die eigene Tasche greifen. Er ließ in Lichterfelde bei Berlin eine fast zweieinhalb Kilometer lange Bahn zwischen dem Bahnhof Lichterfelde und der Preußischen Hauptkadettenanstalt errichten. Sie nahm am 16. Mai 1881 ihren Betrieb auf. Die Stromversorgung erfolgte über die beiden Schienen.

Überzeugte Nutzer Die Zuverlässigkeit der Bahn in Lichterfelde, die weder Rauch ausstieß noch auf tierische Zugkraft angewiesen war, überzeugte genügend Zweifler, sodass Siemens schon 1882 eine zweite Straßenbahn, diesmal in Charlottenburg bei Berlin, bauen konnte. Selbst die Pläne für eine elektrische Grubenbahn bei Cottbus wurden wieder aufgenommen und diesmal verwirklicht.

STROM UND SCHIENE | *Als der Strom zu fließen begann*

Amerikanische Bahnen unter Strom

An den westlichen Ufern des Atlantiks begann die Elektrifizierung ebenfalls im kleinen Stil. Thomas Edison baute bereits 1883 eine elektrische Lokomotive, die er in Chicago anlässlich einer Ausstellung einer breiten Öffentlichkeit vorstellte. Zum praktischen Einsatz kam die elektrische Traktion jedoch erst 1888, als Frank Julian Sprague, der das Unternehmen Sprague Electric Railway & Motor Company gegründet hatte, in Richmond, Virginia, die erste elektrisch betriebene Straßenbahn der Vereinigten Staaten aufbaute. Den Strom bezog die Bahn von einer Oberleitung. Innerhalb kurzer Zeit entschieden sich auch andere Städte, von den Pferde- und Dampfbahnen auf die sauberen elektrischen Bahnen umzusteigen. Viele übernahmen Spragues System. 1890 waren bereits 2000 Kilometer unter Strom.

Diese **Elektrolokomotive** wurde 1910 speziell für den Einsatz in einem Tunnel in Dienst gestellt, um die Städte Detroit in den USA und Windsor in Kanada zu verbinden.

Die erste elektrische Normalspurlok Dampflokomotiven trugen neben Fabriken und Haushalten, die Kohle im Ofen verbrannten, nicht unerheblich zur Luft-

Die erste **elektrische Normalspurlok** nahm 1895 den Betrieb in Baltimore auf, um die Züge durch den Howard-Street-Tunnel zu ziehen.

verschmutzung in den Großstädten bei. Problematisch war es auch, wenn eine rauchende Lokomotive durch einen Tunnel fahren musste. Nachdem 1895 in Baltimore der 2,3 Kilometer lange Tunnel unter der Howard Street fertiggestellt worden war, entschloss sich die Baltimore & Ohio Railroad deswegen, zum ersten Mal eine Elektrolok einzusetzen, um die Züge durch die Röhre zu ziehen. Es handelte sich dabei um die erste im alltäglichen Einsatz befindliche elektrische Normalspurlokomotive. Den Strom erhielt die Zugmaschine über eine Gleichstrom-Oberleitung mit 700 Volt Spannung.

Als Antrieb dienten vier Elektromotoren, die jeweils eine Leistung von 270 Kilowatt erbrachten. Damit konnten sie eine Höchstgeschwindigkeit von 90 km/h erreichen. Von der als Klasse LE-1 bezeichneten Lokomotive kamen drei Exemplare zum Einsatz.

Ein Unglück in Manhattan Einen weiteren Anstoß zur Streckenelektrifizierung lieferte ein tragisches Ereignis in New York City. Anfang des 20. Jahrhunderts kamen täglich Hunderte von Zügen an dem großen, 1871 erbauten Bahn-

Diese vierachsige **Schnellzuglokomotive** der **Klasse AEM7** wurde 1981 gebaut und ist vor allem im Osten der Vereinigten Staaten unterwegs. «

Frank Julian Sprague

Der Vater der elektrischen Traktion Frank Julian Sprague (1857–1934) wird manchmal als ein amerikanisches Gegenstück zu Werner von Siemens bezeichnet. Der im Bundesstaat Connecticut geborene Sprague fiel schon früh durch seine mathematische Begabung auf. Er begann 1874 sein Studium an der Marineakademie in Annapolis im Bundesstaat Maryland, das er 1878 als einer der Besten seines Jahrgangs abschloss. Als Marineoffizier verrichtete er anschließend seinen Dienst auf mehreren Schiffen. Während dieser Zeit zeichnete er sich unter anderem dadurch aus, dass er auf *USS Lancaster* das erste elektrische Signalrufsystem installierte. 1881 erfand er einen Dynamo. Nach seinem Ausscheiden aus der Marine arbeitete er zunächst mit Thomas Edison zusammen, machte sich aber bereits 1884 mit der Sprague Electric Railway & Motor Company selbstständig.

Ab 1883 fuhr im englischen Seebad Brighton die erste **elektrische Straßenbahn**. Heute verrichtet sie ihren Dienst vor allem für touristische Zwecke.

hof Grand Central Terminal an. Zu bestimmten Tageszeiten fuhr alle 45 Sekunden ein Zug ein. Um die Züge aus den Straßen Manhattans zu verbannen, hatte man einen mehrere Kilometer langen Tunnel gebaut. Wegen des dichten Rauches in dem Tunnel übersah am 8. Januar 1902 jedoch ein Lokführer ein Haltesignal, was einen Auffahrunfall mit 15 Todesopfern zur Folge hatte. Als Konsequenz daraus verbot 1903 die Legislative des Staates New York die Dampftraktion südlich des Harlem River. Bis 1907 war die Umstellung auf den elektrischen Antrieb abgeschlossen.

Die **Dockland Light Railway** gehört zu den Neuheiten des öffentlichen Nahverkehrs in London. Sie kommt ohne Fahrer aus.

Obwohl die Elektrifizierung der Nahverkehrslinien und in den Städten schnell vonstatten ging, blieben in den Vereinigten Staaten auf den langen Strecken die Dampflokomotiven und später die Diesellokomotiven mit dieselelektrischem Antrieb dominierend.

Britische Pionierleistungen

Die erste U-Bahn In Technik und Wissenschaft spielte Großbritannien im 19. Jahrhundert stets eine führende Rolle. Auch bei der Einführung der elektrischen Eisenbahn fanden in England einige Pionierleistungen statt. 1883 nahm in dem Seebad Brighton die erste elektrische Straßenbahn des Vereinigten Königreichs den Betrieb auf. Erbauer war der Ingenieur Magnus Volk, der von einem aus Deutschland eingewanderten Uhrmacher abstammte. Nach ihm wurde auch die Bahn benannt: Volk's Electric Railway. Die Bahn fährt auch heute noch entlang der Küste von Brighton und ist damit die älteste sich im Betrieb befindende Straßenbahn der Welt.

Ein anderes bedeutendes Ereignis der Eisenbahngeschichte fand am 18. Dezember 1890 in London statt. An diesem Tag eröffnete der Prinz von Wales den ersten Abschnitt der elektrifizierten Strecke der City & South London Railway. Zu den Besonderheiten dieser Bahn gehörte der Umstand, dass sie teilweise im Untergrund verlief und damit die erste in tief liegenden, gebohrten Röhren fahrende U-Bahn war. Sie war aber auch die erste für den öffentlichen Verkehr bestimmte elektrische Bahn mit Bahnhöfen und Signalanlagen. Als Zugmaschinen kamen zweiachsige Elektrolokomotiven zum Einsatz. Sie konnten drei Wagen mit einer Geschwindigkeit von bis zu 40 km/h ziehen. 1933 ging die City & South London Railway in den öffentlich-rechtlichen Besitz über.

Rückstand bei der Elektrifizierung Im 20. Jahrhundert blieb Großbritannien bei der Elektrifizierung der Bahnstrecken hinter den meisten europäischen Ländern zurück. 2004 waren von den 17 000 Streckenkilometern im Vereinigten Königreich lediglich etwa 5300 elektrifiziert.

Auf eine lange Geschichte kann die **Londoner U-Bahn** zurückblicken. Die erste Strecke wurde bereits 1890 eröffnet.

STROM UND SCHIENE | Mit der Elektrolok durch die Alpen

Mit der Elektrolok durch die Alpen

Die Schweiz hatte einen entscheidenden Vorteil, der eine relativ schnelle Verbreitung der elektrischen Traktion begünstigte, nämlich die Wasserkraft, die zur Stromerzeugung eingesetzt werden konnte. Es war aber auch die Verteuerung der Kohle während des Ersten Weltkriegs, die der Elektrifizierung der Strecken einen bedeutenden Schub verlieh.

Die **Elektrifizierung** der **Bahnstrecken** begann in der Schweiz schon früh und wurde konsequent durchgeführt. Heute kann das Alpenland den höchsten Prozentsatz an elektrifizierten Strecken aller Flächenstaaten vorweisen. »

Die **Burgdorf-Thun-Bahn** war die erste elektrische Vollbahn in Europa. Sie wurde anfangs mit Drehstrom betrieben und in den 1930er-Jahren auf Wechselstrom umgestellt.

Die ersten Elektrozüge der Schweiz

Die erste elektrische Straßenbahn in der Schweiz begann am 6. Juni 1888 die Orte Vevey, La Tour-de-Peilz, Montreux und Territet am Nordufer des Genfer Sees, der sogenannten Waadtländer Riviera, miteinander zu verbinden. 1899 elektrifizierte das Unternehmen Brown, Boveri & Cie (BBC) die Strecke von Burgdorf nach Thun im Kanton Bern und schuf damit die erste Vollbahn in Normalspur, die mit Elektrolokomotiven befahren werden konnte. Auch als 1906 die erste Röhre des Simplontunnels, der die Schweiz mit Italien verbindet, in Betrieb genommen wurde, hatte man sich für die elektrische Traktion entschieden. Die Aufgabe, den fast 20 Kilometer langen Tunnel mit dem elektrischen System auszustatten, übernahm wiederum BBC.

Die **Ce 6/8** gehört zu den berühmtesten Schweizer Elektrolokomotiven. Sie bekam die Spitznamen **Krokodil** und **Gotthard-Krokodil**.

Die 1902 gegründeten Schweizerischen Bundesbahnen besaßen zu dieser Zeit noch keine geeigneten Zugmaschinen, weshalb sie von dem italienischen Betreiber Rete Adriatica drei Elektroloks liehen.

Ein Krokodil für die Berge

Gegen die Kohleknappheit Wie das *Krokodil* zu seinem Namen kam, weiß niemand mehr so genau. Vielleicht erinnerte die Lokomotive mit der langen Schnauze an eine Echse, wenn sie auf den kurvenreichen Strecken in den Schweizer Alpen fuhr. Die offizielle Bezeichnung lautete jedoch Ce 6/8^{II} für die erste Generation und Ce 6/8^{III} für die Nachfolger.

Ausschlaggebend für die Beschaffung der Elektrolokomotive war die während des Ersten Weltkriegs spürbar werdende Kohleknappheit. 1918 gaben die SBB deshalb mehrere Probelokomotiven in Auftrag. Nach einigen Tests bestellte die Staatsbahn bei der Maschinenfabrik Oerlikon (MFO) und der Schweizerischen Lokomotiv- und Maschinenfabrik (SLM) eine Lokomotive mit der Achsformel 1'C+C1', wobei die MFO für die mechanischen und die SLM für die elektrischen Komponenten zustän-

Das **Krokodil** zeichnete sich durch zwei schmale Vorbauten und einen normalbreiten Mittelteil aus. Die drei Teile waren gelenkig miteinander verbunden.

Stromabnehmer

Energie von oben Um von Stromleitungen Energie zu beziehen, benötigen die elektrisch betriebenen Lokomotiven und Triebwagen spezielle Vorrichtungen, die sich meist auf dem Dach der Fahrzeuge befinden. Im Lauf der Zeit wurden verschiedene Stromabnehmer entwickelt. Frank Sprague führte bei der Straßenbahn in Richmond, Virginia, 1889 einen Rollenstromabnehmer ein. Bei dieser Vorrichtung läuft die Oberleitung in einer Rolle. Bekannt ist auch der Scherenstromabnehmer, bei dem ein oder zwei Schleifstücke auf einer Scherenmechanik montiert sind und gegen die Stromleitung gedrückt werden. Ab den 1960er-Jahren setzte sich der Einholm-Stromabnehmer durch. Hierbei befindet sich das Schleifstück nur an einem federnden Holm, der wie eine halbe Scherenvorrichtung ausschaut, weswegen auch die Bezeichnung Halbschere verwendet wird. Welcher Stromabnehmer Verwendung findet, hängt von den jeweiligen Bedingungen und Anforderungen ab.

dig war. Was der Zugmaschine ihr besonderes Aussehen verlieh, war der Umstand, dass sie sich aus drei Teilen, nämlich zwei niedrigen und schmaleren Vorkästen und einem Mittelkasten mit normaler Breite und größerer Höhe zusammensetzte. In dem Zeitraum von 1919 bis 1922 konnten 33 Exemplare der Ce 6/8^{II} ausgeliefert werden. Die schwere Gebirgs-Güterzuglokomotive besaß eine Dienstmasse von 128 Tonnen und konnte bei 36 km/h eine Stundenleistung von 1650 Kilowatt erbringen. Die Höchstgeschwindigkeit lag bei 65 km/h.

Die erste Generation der *Krokodile* stellte im alltäglichen Einsatz ihre Zuverlässigkeit und Leistungsfähigkeit unter Beweis. Die SBB bestellten deshalb 18 weitere Lokomotiven, die jedoch noch etwas mehr an Leistung erbringen und technisch einfacher sein sollten. 1926 und 1927 lieferten die Hersteller diese neue Generation aus. Die Ce 6/8^{III} wog 131 Tonnen und war mit einer Länge von 20 Metern ungefähr 60 Zentimeter länger als die älteren *Krokodile*. Die Stundenleistung betrug 1810 Kilowatt. Anfangs lag die Höchstgeschwindigkeit bei 65 km/h. 1956 konnte sie auf 75 km/h erhöht werden.

Rehböcke auf der Gotthardbahn

Im Personen- und Güterverkehr Für den Schnellzugverkehr auf der 206 Kilometer langen Gotthardbahn, die von Immensee im Kanton Schwyz nach Chiasso an der Grenze zu Italien führt, bestellten die SBB 1917 mehrere Probelokomotiven, die unter anderem eine Höchstgeschwindigkeit von

Bei der **CE 6/8** erfolgte die Übertragung der Antriebskraft des Motors auf die Räder noch mithilfe eines **Stangenantriebs**.

Die **Be 4/6** trat 1921 den planmäßigen Dienst auf der Gotthardstrecke an. Später wurden die Lokomotiven auch auf anderen Strecken eingesetzt.

Adhäsion und Zahnrad

Berg- und Talfahrten Eine Lokomotive bewegt sich in den meisten Fällen fort, indem die Antriebsräder auf den Schienen rollen. Ein Durchrutschen verhindert die Reibung zwischen Rädern und Schiene. Man spricht deswegen von Adhäsion (Haftung) oder Adhäsionsantrieb. Ab einer bestimmten Steigung ist die Adhäsion jedoch nicht mehr ausreichend, sodass es zum Rutschen der Räder kommen würde. Für steile Strecken verfügen manche Lokomotiven und Triebwagen deswegen noch über einen zusätzlichen Antrieb über eine Zahnradschiene. Manche Bergbahnen sind nur mit einem Zahnradantrieb ausgestattet.

75 km/h erreichen und bei einer Steigung von 26 Promille eine Anhängelast von 300 Tonnen mit einer Geschwindigkeit von 50 km/h befördern konnten. Die Lokomotiven wurden 1919 ausgeliefert. Bereits 1920 begann die Serienproduktion der Baureihe, die als Be 4/6 bezeichnet wurde. Die insgesamt 40 Normalspurlokomotiven, die von 1920 bis 1923 von SLM und BBC hergestellt wurden, besaßen die Achsformel (1'B)(B1'). Die auch als *Rehböcke* bezeichneten Lokomotiven erbrachten eine Stundenleistung von 1500 Kilowatt. Im Lauf der Zeit wurden an den Maschinen immer wieder Umbauten vorgenommen. Sie waren außerdem nicht mehr nur im Personenverkehr auf der Gotthardbahn anzutreffen, sondern konnten schließlich auch auf anderen Strecken und vor Güterzügen gesehen werden.

Die Re-4/4-Reihen

Beschleunigung des Personenverkehrs Bereits Anfang der 1940er-Jahre war offensichtlich, dass die SBB neue Lokomotiven für den schnellen Personenverkehr benötigten. Diese Zugmaschinen sollten eine Anhängelast von 480 Tonnen auf ebener Strecke mit einer Geschwindigkeit von 125 km/h befördern können. Sie sollten jedoch höchstens eine Achslast von 14 Tonnen haben. Die ersten Exemplare der neuen Baureihe mit der Bezeichnung Re 4/4^I wurden von 1946 bis 1948 in Dienst gestellt. Das R in der Bezeichnung stand für eine Lokomotive mit erhöhter Kurvengeschwindigkeit. Bei der ersten Serie handelte es sich um 26 Fahrzeuge, die mit den Nummern 401 bis 426 versehen wurden. Die Leistung dieser Exemplare lag bei 1830 Kilowatt. Sie besaßen eine Länge von 14,7 Metern und wogen 57 Tonnen.

Die zweite Serie wurde 1950/51 mit der Nummerierung 427 bis 450 in Dienst gestellt. Mit 14,9 Metern waren die Loks etwas länger als die ersten Exemplare. Ihre Stundenleistung lag bei 1875 Kilowatt. An der Produktion der ersten Generation der Re-4/4-Reihe waren die Firmen SLM, BBC, MFO und SAAS beteiligt.

Die Exemplare der ersten Serie der **Re 4/4^I** besaßen Stirntüren, um den Durchgang zu ermöglichen, falls sie als Schiebeloks mit angehängten Wagen eingesetzt wurden.

STROM UND SCHIENE | Mit der Elektrolok durch die Alpen

Die **Re 4/4** war eine der ersten **Drehgestelllokomotiven** der Schweiz. Sie war konzipiert, um möglichst hohe Geschwindigkeiten in Kurven fahren zu können.

Eine Allzwecklok Als Universallokomotive wurde die Baureihe Re 4/4^{II} bezeichnet. Sie war für den Einsatz sowohl vor Personen- als auch vor Güterzügen und zum Ziehen schwerer Züge gemeinsam mit einer anderen Lok vorgesehen. Von 1964 bis 1985 nahmen die SBB 277 Exemplare in Dienst. Damit ist sie die meist gebaute Lokomotive der Schweiz. An der Produktion waren die gleichen Unternehmen wie bei den älteren Re-4/4-Lokomotiven beteiligt. Die Baureihe erhielt im Zuge der Umstellung auf ein EDV-taugliches und UIC-konformes Nummernschema die Bezeichnung Re 420.

Mit einem Gewicht von 80 Tonnen sind die Re-420-Loks bedeutend schwerer als die Maschinen der ersten Re-4/4-Reihe. Sie können eine Höchstgeschwindigkeit von 140 km/h erreichen. Die Leistung wird mit 4700 Kilowatt angegeben.

Einige Exemplare der Baureihe Re 4/4^{II} wurden für den Einsatz auf dem deutschen Schienennetz umgebaut. Zu diesem Zweck erhielten sie die deutsche Zugsicherung sowie einen anderen Stromabnehmer. Die Höchstgeschwindigkeit wurde durch den Umbau auf 120 km/h beschränkt. Zur Unterscheidung von den anderen Lokomotiven erhielten die umgebauten Exemplare die Baureihenbezeichnung Re 421.

Ein modernes Streckennetz

Die Elektrifizierung der Schweizer Eisenbahnstrecken wurde seit dem Ersten Weltkrieg gezielt vorangetrieben, sodass 1936 bereits 71,7 Prozent des Netzes der SBB für die elektrische Traktion zur Verfügung standen. Der Zweite Weltkrieg und der damit verbundene erneute Mangel an Kohle unterstrichen die Notwendigkeit, die durch Wasserkraft erzeugte Elektrizität zum Antrieb der Eisenbahnen zu nutzen. 1946 konnten die SBB die Elektrifizierung von 92,8 Prozent des Streckennetzes bekanntgeben. Das Schienennetz der Schweizer Eisenbahnen gilt heute als fast vollständig elektrifiziert.

Knotenbahnhöfe Trotz Streckenstilllegungen in den 1950er- und 1960er-Jahren besitzt die Schweiz unter den Flächenstaaten das dichteste Eisenbahnnetz der Welt. Mit dem Projekt „Bahn 2000" soll der Schienenverkehr in der Schweiz beschleunigt und attraktiver gemacht werden. Dabei setzt

Zu den **Universallokomotiven** der SBB zählte auch die **Ae 6/6**. Die sechsachsige Lok war vor allem für die Gotthardbahn vorgesehen.

277 Exemplare der **Re 4/4ⁿ** bzw. **Re 420** wurden von den SBB in Dienst gestellt. Damit stellt dieser Typ die bisher größte **Triebfahrzeugserie** der SBB.

STROM UND SCHIENE | *Mit der Elektrolok durch die Alpen*

Im Tessin fährt diese **Re 460**. Die **Vielzwecklokomotive** kann eine Geschwindigkeit von 200 km/h erreichen. Die Baureihe wurde von 1991 bis 1996 für die SBB produziert.

Die Schweiz ist das Land der Tunnelbauer. Der **Gotthard-Basistunnel** ist eine historische **Meisterleistung**. Mit ihm wird der Bahnverkehr durch die Schweiz beschleunigt.

man nicht auf den Bau neuer Hochgeschwindigkeitsstrecken, sondern auf die Einrichtung von sogenannten Knotenbahnhöfen, zwischen denen die Fahrzeit nur eine Stunde beträgt. Beschleunigt und umweltfreundlicher soll auch der Verkehr von Nord nach Süd werden. Zu diesem Zweck bekommt die Schweiz, die ohnehin nicht arm an durchbohrten Bergen ist, den mit 57 Kilometern längsten Tunnel der Welt, der durch den Gotthard führen soll. Der Gotthard-Basistunnel verfügt über zwei Röhren, die eine Höchstgeschwindigkeit von 250 km/h erlauben werden. Weiter im Süden wird der Ceneri-Basistunnel gebaut, der 15,4 Kilometer lang ist und einen bedeutenden Teil der Alpentransversale darstellt.

Die Rhätische Bahn

Die Schweiz verfügt über viele interessante Eisenbahnlinien, jedoch nur eine, die von der UNESCO zum Weltkulturerbe ernannt wurde. Die Albula- und Berninalinie ist der Teil der Rhätischen Bahn, deren Streckennetz im Kanton Graubünden liegt und die Grenze nach Italien überschreitet.

Eine atemberaubende Streckenführung durch eine reizvolle Landschaft gehört zu den Attraktionen der **Rhätischen Bahn**, die über ein 384 Kilometer messendes Streckennetz verfügt.

Eine der spektakulärsten Reisen durch die Alpen bietet der **Bernina Express**. Die Fahrt führt im **Panoramawagen** über zahlreiche Brücken und durch viele Tunnel.

Konzept Schmalspur Es war jedoch kein Schweizer, sondern der Niederländer Willem-Jan Holsboer, der auf die Idee kam, eine Schmalspurbahn in den Schweizer Bergen zu bauen. Auf seine Initiative geht die 1888 erfolgte Gründung der Landquart–Davos AG zurück. Bereits 1890 begannen die Züge von dem im Rheintal gelegenen Ort Landquart zu dem etwa 1000 Meter höher gelegenen Kurort Davos zu fahren. In den Folgejahren wurde das Streckennetz in andere Gegenden des Kantons erweitert. 1895 erfolgte die Umbenennung in Rhätische Bahn. Zwei Jahre später wurde das Unternehmen nach einer Volksabstimmung in eine Staatsbahn des Kantons Graubünden umgewandelt. Mit der Eröffnung der Strecke zwischen den Orten Bever und Scuol wurde 1913 die erste Linie, die von Anfang an elektrifiziert war, in Betrieb genommen. Die Elektrifizierung der anderen Strecken erfolgte bis 1922.

> Die wohl weltweit berühmteste Bahn in den Alpen ist der **Glacier Express**.

> Die **durchschnittliche Geschwindigkeit** beträgt nur 35 km/h, sodass die Passagiere die Landschaft genießen können.

Der **Glacier Express** führt durch idyllische Landstriche, über 291 Brücken und durch 91 Tunnel.

Der Glacier Express

Der Glacier Express gehört zu den bekanntesten und in touristischer Hinsicht bedeutendsten Zügen der Welt. Der Expresszug verbindet die Urlaubsorte Zermatt im Kanton Wallis und Sankt Moritz im Kanton Graubünden. Der Betrieb wird gemeinsam von der Matterhorn Gotthard Bahn und der Rhätischen Bahn durchgeführt. Während der 7,5 Stunden dauernden Fahrt fährt die Schmalspurbahn über 291 Brücken, durch 91 Tunnel und überquert einen Pass mit einer Höhe von 2033 Metern über dem Meeresspiegel. Steile Streckenabschnitte werden mithilfe eines Zahnradantriebs überwunden.

Motor des Tourismus Die Bahn spielte seit jeher eine wichtige Rolle bei der touristischen Erschließung der Schweiz. Der Fremdenverkehr war folglich auch ein wichtiger Gesichtspunkt beim Bau der Strecke. Am 25. Juni 1930 nahm der Glacier Express seinen Betrieb auf. Es waren anfangs Personenwagen mit erster bis dritter Klasse angehängt. Für einen Teil der Strecke standen Speisewagen zur Verfügung. Die Elektrifizierung der gesamten Strecke erfolgte jedoch erst 1942, ein Jahr, bevor der Betrieb wegen der Auswirkungen des Zweiten Weltkriegs eingestellt werden musste.

Die Wiederaufnahme des Verkehrs erfolgte 1948. Neue Triebfahrzeuge ermöglichten höhere Geschwindigkeiten und verkürzten die Fahrzeit. Aber erst ab 1982 fuhr der „langsamste Schnellzug der Welt", wie der Glacier Express manchmal genannt wurde, ganzjährig. Ermöglicht wurde dies durch den Bau des 15,35 Kilometer langen Furka-Basistunnels, der nun auch im Winter einen Eisenbahnverkehr ermöglichte.

Die Zugmaschinen des Glacier Express gehören zur Matterhorn Gotthard Bahn, die Lokomotiven mit Zahnradantrieb bereitstellt, sowie zur Rhätischen Bahn, bei deren Beitrag es sich um Adhäsionslokomotiven handelt.

Die Baureihen der Rhätischen Bahn

Bei den ältesten Lokomotiven handelt es sich um die Baureihe Ge 4/4^I der Rhätischen Bahn, die von der Schweizerischen Lokomotiv- und Maschinenfabrik (SLM), Brown, Boveri & Cie. (BBC) und der Maschinenfabrik Oerlikon (MFO) in den Jahren 1947 und 1953 hergestellt wurden. Die Ge 4/4^I mit der Achsfolge Bo'Bo' wurde als Schnellzuglok eingesetzt. Sie fuhr noch für den Glacier Express, als sie auf anderen Routen schon ersetzt worden war. Im Lauf der Zeit erfuhren die Loks Modernisierungen. Dazu gehörte der Einbau neuer Führerstände und die Verwendung neuer Einholmstromabnehmer anstelle der alten Scherenstromabnehmer. Jede Lok verfügt über vier Fahrmotoren und erzielt eine Stundenleistung von 1184 Kilowatt. Die 47 Tonnen schweren Fahrzeuge sind bis zu 80 km/h schnell.

Die Lokomotive mit der Nummer **614** gehört zur Klasse **Ge 4/4^{II}**. Sie trägt den Namen der Graubündener Gemeinde Schiers.

Ausbau des Fuhrparks Um größere Lokomotiven handelt es sich bei der Baureihe Ge 6/6^{II}, die über die Achsformel Bo'Bo'Bo' verfügt und ebenfalls von den Unternehmen SLM, BBC und MFO hergestellt wurde. Die ersten beiden Exemplare der Baureihe wurden 1958 in Dienst gestellt, da mit den Baureihen Ge 6/6^I und Ge 4/4^I die gestiegenen Anforderungen nicht mehr bewältigt werden konnten. 1965 kamen vier weitere Exemplare der Ge 6/6^{II} hinzu. Die 65 Tonnen schweren und 14,5 Meter langen Loks werden von sechs Fahrmotoren angetrieben und erreichen eine Stundenleistung von 1776 Kilowatt. Sie sind bis zu 80 km/h schnell.

Eine andere Baureihe der Rhätischen Bahn ist die Ge 4/4^{II}, die ebenfalls über die Achsfolge Bo'Bo' verfügt und von den Firmen SLM und BBC hergestellt wurde. Die erste Serie der Lok wurde 1973 ausgeliefert. 1984 kam die zweite Serie hinzu. Die 1700 Kilowatt leistenden Loks können eine Höchstgeschwindigkeit von 90 km/h erreichen. Die 12,94 Meter langen Maschinen bringen 50 Tonnen auf die Waage. Auf dem Netz der Rhätischen Bahn sind sie sowohl vor Personen- als auch vor Güterwagen im Einsatz.

Zu den neueren Baureihen der Rhätischen Bahn gehört die Ge 4/4^{III}. Die Entwicklung dieser Elektrolok begann bereits 1989. 1993 und 1994 wurden die ersten neun Exemplare in Dienst gestellt. Die Loks mit der Achsformel Bo'Bo' kamen aus den Werkstätten von SLM und ABB. 1999 folgten drei weitere Exemplare. Die Lokomotiven sind 16 Meter lang und wiegen 62 Tonnen. Die Dauerleistung bei 80 km/h beträgt 2400 Kilowatt. Sie sind für eine Höchstgeschwindigkeit von 100 km/h zugelassen.

STROM UND SCHIENE | *Mit der Elektrolok durch die Alpen*

Die **Matterhorn Gotthard Bahn** fährt durch eine verschneite Landschaft im Hochtal Goms, im östlichen Teil des Kanton Wallis.

Die Matterhorn Gotthard Bahn

Obwohl die Matterhorn Gotthard Bahn (MGB) zu den jüngsten Eisenbahnbetreibern der Schweiz gehört, hat sie eine lange Geschichte. Die Bahn, die ein 144 Kilometer langes Schienennetz betreibt, entstand 2003 aus dem Zusammenschluss der BVZ Zermatt-Bahn und der Furka-Oberalp-Bahn. Die Züge der MGB fahren auf einem Schmalspurgleis von Zermatt im Kanton Wallis bis Disentis im Kanton Graubünden. Dort besteht ein Anschluss an die Rhätische Bahn. Die Strecke der MGB wird auch vom Glacier Express benutzt. Eine vier Kilometer lange Zweigstrecke führt von Andermatt aus in die Gemeinde Göschenen im Kanton Uri.

Die Furka-Oberalp-Bahn Mit einer Länge von 100,65 Kilometern ist die Furka-Oberalp-Bahn die längere der beiden Bahnen, die sich zur Matterhorn Gotthard Bahn vereinigten. Die Gleise der Bahn verlaufen in den Kantonen Graubünden, Uri und Wallis und verbinden über zwei Alpenpässe die Täler der Rhone und des Rheins.

Die Errichtung der Bahn gestaltete sich nicht einfach. 1910 wurde die Aktiengesellschaft mit dem Namen „Furkabahn Brig-Furka-Disentis" gegründet. Es waren vor allem französische Kapitalgeber, die hinter dem Projekt standen. Die Bauarbeiten begannen im folgenden Jahr an mehreren Stellen. 1915 konnte bereits das erste Teilstück eröffnet werden. Aber Schwierigkeiten beim Bau des Furka-Scheiteltunnels und der Ausbruch des Ersten Weltkriegs, der den Rückzug der französischen Geldgeber zur Folge hatte, brachten den Weiterbau der Strecke zum Stillstand. 1923 musste die Aktiengesellschaft Konkurs anmelden.

Am Weiterbau der Bahn bestand jedoch auch von anderen Seiten ein großes Interesse. 1924 bildete sich des-

Viele Höhenmeter hat die **Matterhorn Gotthard Bahn** zu überwinden, von 625 Metern über dem Meer bis zum **Oberalppass** in 2033 Metern Höhe.

wegen eine Interessensgemeinschaft, die sich aus mehreren Kantonen und Bahnen, darunter der Rhätischen Bahn, zusammensetzte. Der erste Testzug fuhr im Oktober 1925 auf der fertiggestellten Strecke, die sich nun von Brig bis Disentis erstreckte. Bis 1930 stellten andere Bahnen ihre Verbindungsstrecken her, sodass die Furka-Oberalp-Bahn nun Teil eines größeren Schmalspurnetzes war. Mithilfe der Schweizer Regierung und des Militärs gelang bis 1942 die Elektrifizierung der gesamten Strecke.

- **Die Brig-Visp-Zermatt-Bahn** Mit einer Streckenlänge von knapp 44 Kilometern ist die BVZ Zermatt-Bahn wesentlich kürzer. Sie hat jedoch eine längere Geschichte. Als Visp-Zermatt-Bahn (VZ) wurde sie bereits 1891 eröffnet. Ihre Aufgabe war es, den Ort Visp mit dem Bergdorf Zermatt zu verbinden. Zermatt, das am Fuß des Matterhorns liegt, hatte bereits in der zweiten Hälfte des 19. Jahrhunderts eine große Bekanntheit erlangt und zog jährlich mehrere Tausend Touristen an. Die Bahn wurde mit einer Spurbreite von einem Meter und als Kombination aus Adhäsions- und Zahnradantrieb errichtet. Eine Erweiterung der Bahn erfolgte 1930 mit der Inbetriebnahme der Strecke zwischen Brig und Visp. In der Bezeichnung der Bahn schlug sich dieses Ereignis jedoch erst 1962 durch die Umbenennung in Brig-Visp-Zermatt-Bahn nieder.

Ein Zug der **Matterhorn Zermatt Bahn** steht hier im Bahnhof von Visp. Von diesem Ort aus fuhr bereits 1891 eine Bahn nach Zermatt.

Die Baureihen der Matterhorn Gotthard Bahn

- **HGe 2/2** Die Schöllenenbahn stellt die Verbindung zwischen Andermatt und Göschenen her. Diese Bahn wurde bereits 1917 eröffnet und war von Anfang an für den Verkehr mit Elektrolokomotiven geplant. Von der SLM und BBC wurden zu diesem Zweck 1915 vier Lokomotiven mit Adhäsions- und Zahnradantrieb hergestellt. Sie erhielten die Baureihenbezeichnung HGe 2/2.

Anfangs wurde die Strecke mit Gleichstrom und einer Spannung von 1200 Volt betrieben. Nachdem die Furka-Oberalp-Bahn ebenfalls elektrifiziert worden war, gab die Schöllenenbahn ihr eigenes Stromsystem auf und stieg auf den Betrieb mit Wechselstrom und einer Spannung von 11 000 Volt um. Dementsprechend mussten auch die Lokomotiven umgebaut werden. Sie erbrachten in der ursprünglichen Ausführung eine Stundenleistung von 235 Kilowatt. Nach der Umstellung war dieser Wert auf 429 Kilowatt gestiegen. Die zweiachsigen Loks waren bis Anfang

STROM UND SCHIENE | Mit der Elektrolok durch die Alpen

der 1970er-Jahre im Personenverkehr tätig. Nach der Ablösung durch neuere Baureihen arbeiteten sie im Güterverkehr und im Rangierdienst. Die Ausmusterung erfolgte in dem Zeitraum von 1976 bis 1985.

HGe 4/4^I Die HGe 4/4^I war eine Lokomotive, die von der Visp-Zermatt-Bahn anlässlich der Elektrifizierung in den Jahren 1929 und 1930 in Dienst gestellt wurde. Die SLM in Winterthur, die Maschinenfabrik Oerlikon sowie die Schweizerische Wagons- und Aufzügefabrik waren am Bau der zunächst fünf Exemplare beteiligt. Die Lokomotiven besaßen an beiden Enden kleine Vorbauten, die ihnen eine äußerliche Ähnlichkeit mit den *Krokodilen* der Schweizerischen Bundesbahnen verliehen. 1936 gesellte sich ein weiteres Exemplar zum Bestand der VZ. Diese Ausführung unterschied sich von den älteren Fahrzeugen durch den neu konstruierten Aufbau, bei dem es keine kleineren Vorbauten mehr gab. In den Jahren 1941 bis 1956 erwarb auch die Furka-Oberalp-Bahn sieben Lokomotiven dieser Baureihe, allerdings mit einem etwas leistungsstärkeren Antrieb.

Die Lokomotiven der Baureihe HGe 4/4 arbeiteten mit 11 000 Volt Wechselstrom und erbrachten bei der VZ-Ausführung eine Stundenleistung von 736 Kilowatt und bei der FO-Version von 890 Kilowatt. Die Maschinen fuhren sowohl mit Adhäsions- als auch mit Zahnradantrieb.

HGe 4/4^{II} Es waren gleich drei Eisenbahnbetreiber, bei denen die HGe 4/4^{II} zum Einsatz kam, nämlich die Furka-Oberalp-Bahn, die BVZ und die SBB, wo sie zur Brünigbahn und später zur Zentralbahn kamen. Die Loks der Baureihe HGe 4/4^{II} sind vor Pendelzügen, Schnellzügen und auch Autopendelzügen unterwegs. Sie dienen außerdem als Zugmaschinen des Glacier Express. Die insgesamt 21 Maschinen wurden bei den Eisenbahngesellschaften in den Jahren 1986 bis 1990 in Betrieb gestellt. Hersteller waren die Firmen BBC, ABB und SLM. Die Lokomotiven bringen abhängig von der Ausführung eine Dienstmasse von 63 oder 64 Tonnen auf die Waage. Ihre Höchstgeschwindigkeit liegt bei der Fahrt mit Adhäsionsantrieb bei 100 km/h und bei 40 km/h, wenn sie auf Zahnradantrieb umschalten. Die Stundenleistung liegt bei 1932 Kilowatt.

Ge 4/4^{III} 1980 stellte die Furka-Oberalp-Bahn zwei Lokomotiven vom Typ Ge 4/4^{III} in Dienst. Bei dieser Baureihe handelt es sich um eine Weiterentwicklung der Ge 4/4^{II} der Rhätischen Bahn.

Die Furka-Oberalp-Bahn bestellte die Lokomotive vor allem für den Dienst mit den Autozügen, die durch den Furka-Basistunnel fahren. Die 50 Tonnen schweren Maschinen können eine Stundenleistung von 1700 Kilowatt vorweisen. Ihre Höchstgeschwindigkeit liegt bei 90 km/h.

Ein **Gepäcktriebwagen** vom Typ **Deh 4/4^I** der früheren Furka-Oberalp-Bahn fährt hier mit der Matterhorn Gotthard Bahn durch das Hospental.

Andermatt liegt am Fuß des Oberalppasses. Die **Schöllenenbahn**, die Teil der Furka-Oberalp-Bahn wurde, verbindet bereits seit 1917 die Gemeinde mit dem Ort Göschenen.

Der **ABDeh 4/10** gehört zu den jüngsten Bestandteilen des Rollmaterials der Matterhorn Gotthard Bahn. Der auch *Komet* genannte **Niederflur-Panoramatriebzug** verfügt über einen Zahnradantrieb.

Triebwagen Auf den Strecken der Matterhorn-Gotthard-Bahn kommen auch mehrere Triebwagen zum Einsatz. Bereits 1941 wurden von der Furka-Oberalp-Bahn und der Schöllenenbahn die ersten Exemplare der Baureihe BDeh 2/4 in Dienst gestellt. Von der SLM und BBC wurden insgesamt fünf Exemplare gebaut. Die 16,7 Meter langen Fahrzeuge wogen 37 Tonnen und konnten eine Stundenleistung von 430 Kilowatt vorweisen. Im Adhäsionsbetrieb konnten sie eine Höchstgeschwindigkeit von 55 km/h erreichen. Bis zu 30 km/h schnell fuhren sie auf der Zahnradstrecke.

1960 erwarb die Brig-Visp-Zermatt-Bahn zwei Triebwagen vom Typ ABDeh 6/6, um das immer weiter zunehmende Passagieraufkommen bewältigen zu können. Die Stundenleistung des Schienenfahrzeugs beläuft sich auf 882 Kilowatt. In dem 32,3 Meter langen Triebwagen können bis zu 92 Personen einen Sitzplatz finden.

Drei Exemplare der achtachsigen Baureihe ABDeh 8/8 wurden 1965 in Dienst gestellt. Mit 35,1 Metern sind sie die größeren Brüder des ABDeh 6/6. Sie bieten insgesamt 108 Sitzplätze, zwölf in der ersten und 96 in der zweiten Klasse. Die Stundenleistung der Triebwagen dieser Baureihe beträgt 1176 Kilowatt.

1972 und 1975 stellten die FO und die BVZ insgesamt neun Exemplare des Gepäcktriebwagens Deh 4/4^I in Dienst. 1979 und 1984 folgten sechs Exemplare der zweiten Generation, der Deh 4/4^{II}.

Für die Strecke von der Ortschaft Täsch bis Zermatt sind die vier Triebwagen der Baureihe BDSeh 4/8 zuständig. Die 1000 Kilowatt leistenden Schienenfahrzeuge wurden von der Firma Stadler von 2002 bis 2006 hergestellt.

2007 und 2008 wurden die neuen Triebwagen vom Typ ABDeh 4/10 in Dienst gestellt. Mit Adhäsionsantrieb sind die 95 Tonnen wiegenden und 74,7 Meter langen Fahrzeuge bis zu 80 km/h schnell. 40 km/h erreichen sie beim Einsatz des Zahnradantriebs.

Die neuen **Triebwagen** der **Matterhorn Gotthard Bahn** sind bis zu 80 km/h schnell. Angesichts der pittoresken Landschaft nehmen die Fahrgäste aber auch niedrigere Geschwindigkeiten nicht übel.

STROM UND SCHIENE | *Der Siegeszug der elektrischen Traktion*

Der Siegeszug der elektrischen Traktion

Die Entwicklung des elektrischen Lokomotivenantriebs verlief in den einzelnen Ländern sehr unterschiedlich. Vor allem in der zweiten Hälfte des 20. Jahrhunderts wurde die Elektrifizierung der Strecken intensiviert. Auch wenn kein anderes Land den Grad der Elektrifizierung der Schweiz erreichte, ist doch offensichtlich, dass der elektrischen Traktion die Zukunft gehört.

Die Elektroloks der Deutschen Reichsbahn-Gesellschaft

Die ersten Elektrozüge in den deutschen Ländern waren Straßen- und Vorortbahnen. Je mehr Strecken elektrifiziert wurden, desto häufiger kamen aber auch Elektrolokomotiven für längere Fahrten zum Einsatz. 1910 beschlossen die Bayerischen Staatsbahnen die Elektrifizierung der Strecke von Garmisch nach Scharnitz sowie von Salzburg über Freilassing nach Berchtesgaden. Als Zugmaschinen bestellte man bei Maffei in München fünf Elektroloks. Für den elektrischen Teil der Maschinen waren die Maffei-Schwarzkopff-Werke zuständig. Die Lokomotiven wurden 1913 in Dienst gestellt. Sie wurden als EP 1 bezeichnet. Nach der Übernahme durch die Deutsche Reichsbahn-Gesellschaft erhielten sie die Baureihenbezeichnung E 62. Sie waren bis zu 45 km/h schnell und besaßen eine Stundenleistung von 710 Kilowatt. Bedeutend mehr Exemplare, nämlich 35, wurden 1924 und 1925 von der für den schweren Personenzugdienst konzipierten EP 5 gebaut. 1927 wurde die Baureihe in E 52 umbenannt.

Die **E 77** war eine **Mehrzwecklokomotive** der DRG. Aus Kostengründen basierte sie weitgehend auf vereinheitlichten Bauteilen.

Die **EP 5** war für den schweren **Personenzugdienst** in Bayern vorgesehen. Auch sie selbst brachte eine erhebliche Dienstmasse auf die Waage, nämlich 140 Tonnen.

Für den Personen- und leichten Güterzugdienst in Bayern und auf den mitteldeutschen Strecken bestellte die Deutsche Reichsbahn zunächst 37 Stück einer Lokomotive mit der Achsformel (1B)(1B). 1924 wurden 19 weitere Lokomotiven bestellt. Die fertigen Exemplare wurden in den Jahren 1924 bis 1926 als Baureihe E 77 in Dienst gestellt. Sie erbrachten eine Stundenleistung von 1880 Kilowatt und waren bis zu 65 km/h schnell.

Neue Universallokomotiven Zu den wichtigsten Elektrolokomotiven der DRG-Zeit (1924–1937) gehörte die Baureihe E 44. Insgesamt wurden 187 Exemplare dieses Typs hergestellt. Bereits Ende der 1920er-Jahre zeigte sich bei der Reichsbahn ein Bedarf an neuen Universallokomotiven. Wegen der Wirtschaftskrise fehlte der Eisenbahngesellschaft jedoch das Geld, um die Probeexemplare in Auftrag geben zu können. Einige Unternehmen übernahmen daraufhin von sich aus die Initiative

Die deutschen Reichsbahnen

Wechselhafte Verhältnisse Im Zusammenhang mit der staatlichen Eisenbahn in Deutschland bis zum Ende des Zweiten Weltkriegs tauchen mehrere Bezeichnungen auf. 1920 erfolgte die Gründung der Deutschen Reichseisenbahnen, mit der die acht vorher selbstständigen Länderbahnen unter eine einheitliche Verwaltung kamen. 1924 erhielt die Eisenbahn in Deutschland mit der Gründung der Deutschen Reichsbahn-Gesellschaft (DRG) eine neue rechtliche Form. Die Bahn stärker unter staatliche Kontrolle zu stellen war das Ziel der Auflösung der DRG 1937 und der Gründung der Deutschen Reichsbahn. Nach dem Zweiten Weltkrieg behielt die DDR für ihre Bahnen die Bezeichnung Deutsche Reichsbahn bei.

Mehrere **Elektrolokomotiven** sind hier aneinandergekoppelt. Die **E 44** (rechts) gehört zu den Loks, die von Maffei-Schwarzkopff geliefert wurden.

ferte Serie bekam die Nummerierung von E 44 002 bis E 44 021 zugewiesen. 1934 folgte die zweite Serie mit den Bezeichnungen E 44 022 bis E 44 092.

Die E-44-Reihe Der von Maffei-Schwarzkopff gebaute Prototyp war als E 44 101 ebenfalls in die Baureihe aufgenommen worden. Die Leistung dieser Lok hatte die Verantwortlichen der DRG überzeugt, weshalb auch an dieses Unternehmen eine Bestellung ging. Ab 1933 erfolgte die Auslieferung von acht Exemplaren dieses Typs, die als E 44 102 bis E 44 109 in den Bestand aufgenommen wurden. Später wurden Maffei-Schwarzkopff-Loks die Nummern 501 bis 509 zugewiesen.

Die Stundenleistung der 78 Tonnen wiegenden Fahrzeuge lag bei 2200 Kilowatt. Die Höchstgeschwindigkeit betrug 90 km/h. Die E 44 spielte in der deutschen Eisenbahngeschichte eine besondere Rolle, weil sich mit dieser Baureihe der Tatzlagerantrieb, bei dem Motoren direkt die Achsen über ein Stirnradgetriebe antreiben, etablierte. Nach dem Zweiten Weltkrieg kam der größte Teil der vorhandenen E-44-Loks bei der Deutschen Bundesbahn unter. Sie erhielten später die Baureihennummer 144. In den 1950er-Jahren wurden sogar sieben Exemplare der Lok neu gebaut. Die Deutsche Reichsbahn der DDR bekam 46 Stück, nachdem sie zunächst in die Sowjetunion abtransportiert worden waren. In der DDR wurden sie als Baureihe 244 geführt.

und stellten Prototypen her. Dazu gehörten die Siemens-Schuckert-Werke, die Maffei-Schwarzkopff-Werke sowie das Bergmann Elektrizitätswerk. Die DRG bekam somit 1930 und 1931 drei Lokomotiven zu Testzwecken zur Verfügung gestellt. Am erfolgreichsten erwies sich die Maschine der Siemens-Schuckert-Werke. Da wegen der Elektrifizierung der Strecke Augsburg – Stuttgart ein immanenter Bedarf bestand, begann die Serienproduktion der Siemens-Schuckert-Lok bereits 1931. Die Testlokomotive kam unter der Nummer 001 zur neuen Baureihe E 44. Die erste ausgelie-

Von den 56 Exemplaren der **Baureihe E 77** blieb nur die **E 77 10** erhalten. Die Lok befindet sich heute im Eisenbahnmuseum Dresden-Altstadt.

Die **E 18** war für den schweren **Schnellzugdienst** konzipiert. Sie war für eine Höchstgeschwindigkeit von 150 km/h zugelassen.

In den Jahren 1939 und 1940 stellte die Deutsche Reichsbahn von ihrer schnellsten Lok, der **E 19**, vier Exemplare in Dienst.

Schnellere Züge Für höhere Geschwindigkeiten stellte die DRG von 1932 bis 1935 die E 04 in Dienst. Die ersten Exemplare der Baureihe waren für eine Höchstgeschwindigkeit von 110 km/h zugelassen. Nach Testfahrten mit der E 04 09 wurde eine maximale Geschwindigkeit von 130 km/h für die nachfolgenden Exemplare festgesetzt. Den Bestand an Lokomotiven für den schweren Schnellzugdienst erweiterte ab 1935 die von AEG und Krupp gebaute E 18, die mit einer zugelassenen Höchstgeschwindigkeit von 150 km/h nicht nur schneller war als die E 04, sondern mit 108,5 Tonnen auch mehr wog und mit 3040 Kilowatt eine höhere Stundenleistung erbrachte. Die überlebenden Exemplare kamen nach dem Zweiten Weltkrieg bei den Bahnunternehmen der beiden deutschen Staaten und bei den Österreichischen Bundesbahnen (ÖBB) unter.

Die schnellste Elektrolokomotive der Deutschen Reichsbahn war die E 19, von der 1938 vier Exemplare

Wegen seiner Vorbauten erhielt die **E 94** den Beinamen **Krokodil**. Zu dessen Verbreitung trug seine Bedeutung als **Kriegslokomotive** bei.

hergestellt wurden. Sie war für eine Maximalgeschwindigkeit von 225 km/h konstruiert und für 180 km/h im Plandienst zugelassen. Am Bau waren die Firmen AEG, Siemens und Henschel beteiligt. Die Stundenleistung der ersten beiden Exemplare lag bei 4000 Kilowatt. Die beiden anderen Loks waren um 80 Kilowatt stärker. Alle vier überlebten den Krieg und verrichteten bei der Deutschen Bundesbahn als Baureihe 119 den Dienst – allerdings nur noch mit höchstens 140 km/h.

Das deutsche Krokodil 1933 führte die DRG mit der Baureihe E 93 eine neue Güterzuglokomotive ein, um neu elektrifizierte Strecken mit großer Steigung bewältigen zu können. Diese von AEG hergestellten Zugmaschinen zeichneten sich durch ihre markanten niedrigen Vorder- und Hinterteile aus, weswegen sie wie die ähnlich ausschauenden Schweizer Lokomotiven den Spitznamen *Krokodil* erhielten. Die Stundenleistung der 65 bis 70 km/h schnellen Lokomotiven belief sich auf 2502 Kilowatt. Bis 1939 wurden 18 Exemplare in Dienst gestellt. Als Baureihe 193 kamen sie nach dem Krieg zur Deutschen Bundesbahn.

Als Weiterentwicklung der E 93 ging 1940 die Baureihe E 94 in Produktion. Da zu dieser Zeit bereits der Zweite Weltkrieg ausgebrochen war und den Güterzugloks eine strategische Rolle zugewiesen wurde, erhielt die E 94 als *Kriegs-Elektrolokomotive 2* (KEL 2) einen gewissen Vorrang. Bis 1945 konnten AEG und die anderen am Bau beteiligten Unternehmen 145 Exemplare ausliefern. Die 118,7 Tonnen schweren Loks waren für eine Höchstgeschwindigkeit von 90 km/h zugelassen. Ihre Stundenleistung lag bei 3300 Kilowatt.

In der Nachkriegszeit Nach dem Krieg kam der größte Teil der verbliebenen E-94-Loks zur Deutschen Bundesbahn. Ab 1968 bildeten sie die Baureihe 194. Sie verrichteten den Dienst im Güterzugverkehr und als Schiebeloks an besonders steilen Streckenabschnitten. In den 1950er-Jahren ließ die westdeutsche Bahn noch 43 Exemplare nachbauen. Die neueren Versionen waren für eine Höchstgeschwindigkeit von 100 km/h zugelassen.

In der sowjetischen Besatzungszone waren nach dem Krieg 30 Exemplare verblieben. Die meisten davon kamen als Reparationsleistung in die Sowjetunion, wurden aber in den 1950er-Jahren wieder an die Reichsbahn der DDR zurückgegeben. Sie erhielten die Baureihenbezeichnung 254.

Die Lokomotiven der **Baureihe 103** fanden im schnellen Reiseverkehr Verwendung. Unter anderem kamen sie auch vor **InterCity-Zügen** zum Einsatz.

In Österreich befanden sich nach Kriegsende 44 Lokomotiven. Drei Exemplare bestellten die Österreichischen Bundesbahnen nach. Ab 1954 wurden die Loks als Baureihe 1020 geführt.

Die Deutsche Bundesbahn setzt auf Elektrolokomotiven

Nach dem Zweiten Weltkrieg schritt die Elektrifizierung der Eisenbahnstrecken im Westen Deutschlands schnell voran. Mit den Einheitslok-Baureihen E 10 und E 41 sowie den für den Güterverkehr gedachten E 40 und E 50 wurden hervorragende Modelle eingeführt. In den 1960er-Jahren entschloss sich die Bundesbahn, neue leistungsfähige Lokomotiven für den schnellen Personenverkehr einzuführen. Erste Versuche mit neuen Drehgestellen wurden 1963 mit zwei Lokomotiven der Baureihe E 10, die seit den 1950er-Jahren als Schnellzuglok diente, unternommen. 1965 bekam die Bundesbahn vier Versuchslokomotiven der neuen Baureihe 03, die anlässlich der Internationalen Verkehrsausstellung in München der Öffentlichkeit präsentiert wurden. Auf der Strecke München – Augsburg erzielten die Loks im planmäßigen Einsatz

STROM UND SCHIENE | *Der Siegeszug der elektrischen Traktion*

Das österreichische Krokodil

Mit der Elektrolok durch den Arlbergtunnel Als die Elektrifizierung der gesamten Strecke der Arlbergbahn, die von der Tiroler Landeshauptstadt Innsbruck bis Bludenz in Vorarlberg verläuft, Mitte der 1920er-Jahre vor der Vollendung stand, benötigten die Österreichischen Bundesbahnen eine Schnellzug-Elektrolokomotive, die imstande war, die Steigung zu überwinden. Man entschied sich für ein Modell, das die schweizerische Ce 6/8^{II} zum Vorbild hatte, weshalb die österreichische Version ebenfalls den Spitznamen *Krokodil* bekam. Hergestellt wurde die Lok, die als Baureihe 1100 und 1100.1 in den Bestand der österreichischen Staatsbahn aufgenommen wurde, von der Lokomotivenfabrik Floridsdorf und von der Firma BBC, die für den elektrischen Teil zuständig war. Von 1923 bis 1927 wurden 16 Exemplare ausgeliefert. 1953 bekamen sie die Baureihennummern 1089 und 1189.

Die **Baureihe 120** der Deutschen Bundesbahn ist von geschichtlicher Bedeutung, denn sie gilt als die erste in Serie gebaute Lokomotive mit **Drehstromantrieb**.

eine Höchstgeschwindigkeit von 200 km/h. 1968 erfolgte die Umbenennung der E 03 in Baureihe 103.

Die Serienproduktion der Baureihe 03 begann 1970. Für den mechanischen Teil waren Henschel, Krauss-Maffei und Krupp zuständig. Die elektrischen Komponenten lieferten AEG, BBC und Siemens. Bis 1974 wurden 145 Stück ausgeliefert.

Mit Drehstrommotor In den Jahren 1979 und 1980 bekam die Deutsche Bundesbahn fünf Vorserienlokomotiven der Baureihe 120 geliefert. Es handelte sich dabei um die ersten in Serie produzierten Lokomotiven mit Drehstrom-Asynchronmotor. Die Serienproduktion begann jedoch erst 1987. Von der bis zu 200 km/h schnellen Lokomotive wurden insgesamt 65 Exemplare hergestellt.

Als Nachfolgerin der Baureihe 103 ging 1996 die Baureihe 101 in Produktion.

Im schweren Güterzugverkehr sind die Lokomotiven der **Baureihe 151** tätig. Die in den 1970er-Jahren eingesetzten Maschinen erbringen eine Dauerleistung von 5982 Kilowatt.

Die von Adtranz entwickelte Universallokomotive verfügt über Drehstromantriebstechnik und erbringt eine Dauerleistung von 6400 Kilowatt. In Deutschland ist sie für eine Höchstgeschwindigkeit von 220 km/h zugelassen. Auf österreichischen Schienen können die von ihr bewegten Züge bis zu 160 km/h schnell fahren. Als Universallokomotiven sind sie im Personen- und Güter- sowie im Fern- und Regionalverkehr zu finden. Die Anzahl der hergestellten Exemplare beläuft sich auf insgesamt 145.

Mit dem EuroSprinter über die Grenzen

Bereits Anfang der 1990er-Jahre entwickelten Siemens und Krauss-Maffei die ES64P, eine Lokomotive für den schweren Güterzugverkehr. Diese Maschine war die Stammmutter einer ganzen Lokomotivenfamilie die in der Folgezeit mehreren Bahnunternehmen angeboten wurde. Die Buchstaben in der Typenbezeichnung standen für EuroSprinter und die Zahl gab die Dauerleistung wieder, nämlich 6400 Kilowatt. Die Idee hinter der Entwicklung des EuroSprinters war es, Lokomotiven zu bauen, die flexibel an die jeweiligen Anforderungen der Betreiber angepasst werden können. Der Prototyp ES64P erzielte bei einer Testfahrt 1993 eine Höchstgeschwindigkeit von 310 km/h, was damals ein Weltrekord für Drehstromloks war.

Der EuroSprinter bei der DB AG Als die Deutsche Bahn AG Nachfolger für die Baureihe 150 suchte, entschied man sich für den EuroSprinter. Die Anforderungen für die neue Baureihe beinhalteten jedoch eine Höchstgeschwindigkeit

Der **EuroSprinter ES64F4** ist für den grenzüberschreitenden Verkehr ausgestattet. Er ist in vier Stromsystemen einsetzbar.

STROM UND SCHIENE | *Der Siegeszug der elektrischen Traktion*

Von der Deutschen Bahn AG wird die **ES64F4** als **Baureihe 189** eingesetzt. Der **EuroSprinter** spielt im europäischen Güterverkehr eine wichtige Rolle.

von lediglich 140 km/h. Dies bedeutete, dass man auf eine weniger anspruchsvoll ausgestattete Version des ES64P zurückgreifen konnte. Beispielsweise entschied man sich für den relativ verschleißarmen und kostengünstigen Tatzlagerantrieb, da bei den vorgesehenen Geschwindigkeiten auf voll abgefederte Fahrmotoren verzichtet werden konnte. Diese Ausführung des EuroSprinters bekam die Bezeichnung ES64F.

Von 1996 bis 2001 gingen 170 Exemplare des EuroSprinters an die Deutsche Bahn AG, wo sie als Baureihe 152 geführt werden. Die 19,58 Meter langen Lokomotiven besitzen eine Dienstmasse von 86,7 Tonnen. Für den Antrieb sind vier Fahrmotoren zuständig. Hergestellt wurden die Fahrzeuge von Krauss-Maffei in München sowie von Siemens Verkehrstechnik, das für die elektrischen Komponenten zuständig war.

Eine Variante des ES64F ist die ES64F4, die sich dadurch auszeichnet, dass sie unter vier Stromsystemen in Kontinentaleuropa fahren kann. Diese Lokomotiven werden deswegen im grenzüberschreitenden Güterverkehr eingesetzt. Sie sind ebenfalls für eine Geschwindigkeit von 140 km/h zugelassen, können aber für eine maximale Geschwindigkeit von 210 km/h umgerüstet werden. Auf Wunsch können die Lokomotiven auch mit den verschiedenen Zugsicherungssystemen der einzelnen Länder ausgestattet werden. Die Deutsche Bahn AG übernahm 100 Exemplare der ES64F4 und führt sie als Baureihe 189. Auch die SBB kauften 18 Stück.

Der Taurus in Österreich Mitte der 1990er-Jahre fassten auch die Österreichischen Bundesbahnen Pläne, ihren in die Jahre gekommenen Fuhrpark zu erneuern. Nach der europaweiten Ausschreibung konnte sich schließlich Siemens als Anbieter durchsetzen. Deren

Zur EuroSprinter-Familie zählt die **ES64U2**, die bei den Österreichischen Bundesbahnen die Bezeichnung **Taurus** erhielt und als **Baureihe 1016** als Universallokomotive eingesetzt wird.

Die **ES64U4** zählt bereits zur dritten **Taurus-**Generation. Die **Mehrsystemlokomotive** wird im grenzüberschreitenden Planverkehr eingesetzt.

STROM UND SCHIENE | *Der Siegeszug der elektrischen Traktion*

Universallokomotive basierte auf dem EuroSprinter und bekam die Typenbezeichnung ES64U2. In Österreich wurden die Lokomotiven unter dem Namen *Taurus* bekannt. Von 2000 bis 2008 lieferten Siemens und Krauss-Maffei 382 Exemplare an die ÖBB aus. 50 Exemplare waren für ein Bahnstromsystem mit 15 000 Volt ausgestattet und erhielten die ÖBB-Baureihenbezeichnung 1016.

282 *Taurus*-Lokomotiven waren zusätzlich für den Betrieb mit 25 000 Volt gerüstet und dadurch auch für Fahrten in Österreichs Nachbarland Ungarn tauglich. Diese Lokomotiven kamen zur Baureihe 1116. Auch die Deutsche Bahn AG übernahm 25 Lokomotiven und bildete damit die Baureihe 182. Zehn Exemplare des *Taurus* gingen schließlich an die ungarische Bahn MÁV, wo sie die Baureihennummer 1047 erhielten.

Die ES64U2 ist für eine Höchstgeschwindigkeit von 230 km/h zugelassen. Da es sich um eine Universallokomotive handelt, kommt sie sowohl vor Güter- als auch vor Personenzügen zum Einsatz. Einige Exemplare werden für den Hochgeschwindigkeitszug railjet verwendet. Die Stundenleistung liegt bei 7000 Kilowatt. Die Länge und das Gewicht gleichen den Werten des ES64F, beim Antrieb hatte man sich jedoch anstelle des Tatzlagerantriebs für einen Kardan-Gummiringfederantrieb entschieden.

Der **railjet** kann bis zu 230 km/h schnell fahren und dient dem **Hochgeschwindigkeitsverkehr** in Österreich sowie über die Landesgrenzen hinaus.

⮕ **Taurus III** Als Baureihe 1216 der ÖBB wird seit 2006 die dritte *Taurus*-Generation mit der Siemens-Typenbezeichnung ES64U4 im Planverkehr eingesetzt. Ein Exemplar dieser Baureihe, das sich damals jedoch noch im Besitz von Siemens befand, erzielte auf der Neubaustrecke von Nürnberg nach Ingolstadt bei einer Testfahrt eine Höchstgeschwindigkeit von 357 km/h und stellte damit einen Weltrekord im Bereich der konventionellen Elektrolokomotiven auf. Die *Taurus*-III-Lokomotiven sind in Österreich für eine maximale Geschwindigkeit von 230 km/h zugelassen. Sie können eine Stundenleistung von 6400 Kilowatt und eine Dauerleistung von 6000 Kilowatt vorweisen. Das besondere Merkmal an den Triebmaschinen der Baureihe 1216 ist jedoch deren Mehrsystemfähigkeit. Sie können unter insgesamt vier Stromsystemen arbeiten und dadurch auf den elektrifizierten Schienen eines Großteils der europäischen Länder fahren.

Von den ÖBB abgesehen wird die ES64U4 auch von der nationalen polnischen Bahn PKP, von der slowenischen Eisenbahngesellschaft SŽ sowie von mehreren privaten Eisenbahngesellschaften eingesetzt.

Als **Baureihe 1116** kommt die **ES64U2** bei den Österreichischen Bundesbahnen im grenzüberschreitenden Verkehr zum Einsatz. Die **Hochgeschwindigkeitslokomotive** kann in 15-Kilovolt- und 25-Kilovolt-Bahnstromsystemen fahren.

STROM UND SCHIENE | *Der Siegeszug der elektrischen Traktion*

Elektroloks in Russland

Angesichts der großen Fläche und der langen Wege spielte in Russland die Eisenbahn seit Langem eine wichtige Rolle. 2006 befanden sich Gleisstrecken von ungefähr 87 200 Kilometer Länge in Betrieb. Dazu kommen noch zahlreiche Industriestrecken, die für den öffentlichen Personenverkehr nicht zugänglich sind. Ungefähr 40 300 Kilometer waren bis 2006 elektrifiziert. Damit besitzt Russland ein längeres elektrifiziertes Streckennetz als jedes andere Land. Die weltweit bekannteste Strecke in Russland ist sicherlich die 9288 Kilometer lange Transsibirische Eisenbahn, die von Moskau bis nach Wladiwostok an der Pazifikküste führt. Die Elektrifizierung begann bereits in den 1950er-Jahren und wurde 2002 zum Abschluss gebracht.

Der Einsatz von Elektrolokomotiven begann in Russland relativ spät, nämlich zur Zeit der Sowjetunion. 1932 bekam die sowjetische Staatseisenbahn acht Lokomotiven von dem amerikanischen Hersteller General Electric geliefert. Sie kamen jedoch nicht in Russland zum Einsatz, sondern in der Sowjetrepublik Georgien, aus der der damalige Diktator Joseph Stalin stammte. Die Sowjets erhielten von General Electric außerdem die Pläne zum Nachbau der Lokomotiven.

Lange Zeit setzte man in der **Sowjetunion** auf den Dampfantrieb. Die ersten **Elektrolokomotiven** wurden erst in den 1930er-Jahren gebaut.

Aus sowjetischer Produktion Pläne für den Bau einer Elektrolokomotive bestanden seit 1929. Im November 1932 konnte der Prototyp der ersten sowjetischen Elektrolokomotive vorgestellt werden. Die Maschine erhielt die Bezeichnung ВЛ114 (WL114), wobei die Buchstaben für „Wladimir Lenin" standen. Später wurde die Baureihenbezeichnung in ВЛ19 (WL19) geändert. Die Zahl in der Typenbezeichnung gab die Achslast von 19 Tonnen wieder. Ebenfalls im November 1932 stellten die sowjetischen Eisenbahnkonstrukteure auch eine zweite, schwere Lokomotive vor. Die WL19 war jedoch in Hinsicht auf die Anzahl der gefertigten Exemplare die bedeutend erfolgreichere. Bis 1938 verließen 145 Exemplare das Lokomotivenwerk in Kolomna.

Als Nachfolgemodell rollte 1938 die ВЛ 22 (WL22) aus dem Kolomna-Werk. Diese Lok mit der Achsformel Co'Co' besaß eine Dienstmasse von 132 Tonnen und konnte eine Stundenleistung von 2010 Kilowatt erbringen.

Bis 1941 waren in der Sowjetunion 1865 Streckenkilometer elektrifiziert worden. Der Ausbruch des Zweiten Weltkriegs brachte dieses Projekt zunächst zum Stillstand. Auch von der WL22 wurden keine Exemplare mehr gebaut. Erst 1946 wurde die Serienproduktion wieder aufgenommen, diesmal mit einem stärkeren Motor, mit dem

Zwei Exemplare der **WL8** stehen am Bahnhof. Die 180 Tonnen wiegenden, bis zu 100 km/h schnellen breitspurigen **Elektrolokomotiven** sind hauptsächlich im Güterverkehr tätig. »

Von 1961 bis 1977 wurden in den Lokomotivfabriken von Tiflis und Nowotscherkassk 1902 Exemplare der **WL10** produziert.

eine Stundenleistung von 2400 Kilowatt möglich war. Für die Produktion war diesmal die in der südrussischen Stadt Nowotscherkassk gelegene Lokomotivenfabrik zuständig. Bis 1958 stellte das Werk 1542 Exemplare der nun ВЛ22М (WL22M) genannten Lokomotive her. Das Einsatzgebiet der Lok waren sowohl der Personen- als auch der Güterverkehr, allerdings mit unterschiedlichen Übersetzungen und dadurch auch verschiedenen Höchstgeschwindigkeiten.

Massenproduktion Nach dem Zweiten Weltkrieg stand die Sowjetunion zunächst vor der Aufgabe, die zerstörte Infrastruktur wieder aufzubauen. Mitte der 1950er-Jahre ent-

STROM UND SCHIENE | *Der Siegeszug der elektrischen Traktion*

Russland kann heute ein weites **elektrifiziertes Streckennetz** vorweisen. Die Elektroloks wurden seit den 1950er-Jahren in großer Zahl produziert.

schloss man sich jedoch, die immer noch weit verbreiteten Dampflokomotiven durch die Elektro- und Dieseltraktion zu ersetzen. In dieser Zeit begann die Massenproduktion von mehreren Elektrolokbaureihen.

1956 ging die Baureihe Н8 (N8), die ab 1963 als ВЛ8 (WL8) bezeichnet wurde, in Serienproduktion. Ausgeliefert wurden die Maschinen von den Lokomotivfabriken in Nowotscherkassk und Tiflis. Die Lokkästen kamen aus Lugansk. Die Lokomotiven mit der Achsformel Bo'Bo'+Bo'Bo' waren mit acht Fahrmotoren ausgestattet. Sie erbrachten eine Stundenleistung von 4200 Kilowatt. Die Höchstgeschwindigkeit lag zunächst bei 80 km/h. Erst 1973 gelang es, die Geschwindigkeit auf 100 km/h zu erhöhen. Insgesamt wurden von der WL8 1723 Stück hergestellt.

Die meistgebaute Elektrolok Zu den am meisten gebauten Lokomotiven gehört auch die ВЛ60 (WL60). Von diesem Modell stellten die sowjetischen Lokomotivenfabriken in dem Zweitraum von 1957 bis 1968 insgesamt 2612 Exemplare her. Eine noch höhere Produktionszahl erreichte die ВЛ80 (WL80), von der in Nowotscherkassk 4917 Stück hergestellt wurden. Allerdings erstreckte sich die Produktion über einen Zeitraum von 33 Jahren, nämlich von 1961 bis 1994. Damit ist die WL80 die am längsten produzierte Elektrolok der Sowjetunion. Von der Lokomotive mit der Achsfolge Bo'Bo'+Bo'Bo' wurden verschiedene Varianten hergestellt. Die Leistung konnte 4880 oder 6400 Kilowatt betragen. Die Höchstgeschwindigkeit lag bei 110 km/h. Außer der staatlichen russischen Eisenbahn übernahmen nach der Auflösung der Sowjetunion die Bahnen von Weißrussland, der Ukraine, Kasachstan und Usbekistan die WL80.

Das Ende der Sowjetunion brachte zunächst einen starken Rückgang des Schienenverkehrs mit sich. Der Güterverkehr erholt sich seitdem nach und nach. Investitionen in neue Triebwagen und in den Bau von Schnell- und Hochgeschwindigkeitsstrecken haben eine Modernisierung des Personenverkehrs zum Ziel.

Zu den neueren in Russland eingesetzten Lokomotiven gehört die **TschS7**, die von dem tschechischen Hersteller Škoda von 1983 bis 2000 gebaut wurde.

Die meistgebaute Elektrolokomotive der Sowjetunion ist die **WL80**. Die Lok kam unter anderem oft bei der **Transsibirischen Eisenbahn** zum Einsatz.

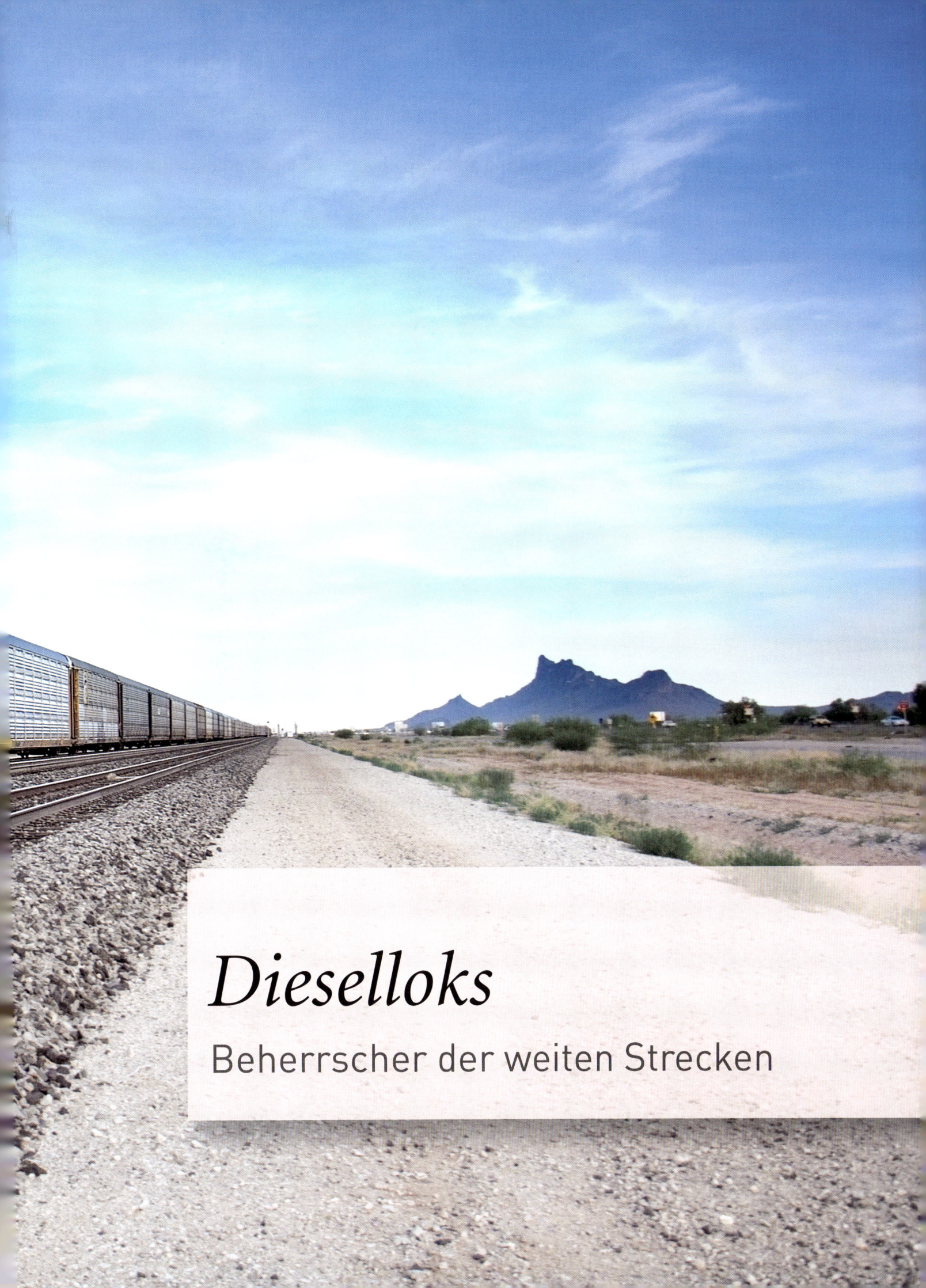

Dieselloks

Beherrscher der weiten Strecken

DIESELLOKS | Frühe Erfolge der Dieseltraktion

Frühe Erfolge der Dieseltraktion

Dampflokomotiven waren umständlich in der Handhabung und mussten oft gereinigt werden – eine besonders unangenehme Arbeit. Die Elektrolok war wegen des teuer zu bauenden Fahrdrahts oft nicht lukrativ. In diese Bresche sprang die Diesellok, die sich als ideale Zugmaschine für lange Strecken und Nebenbahnen erwies.

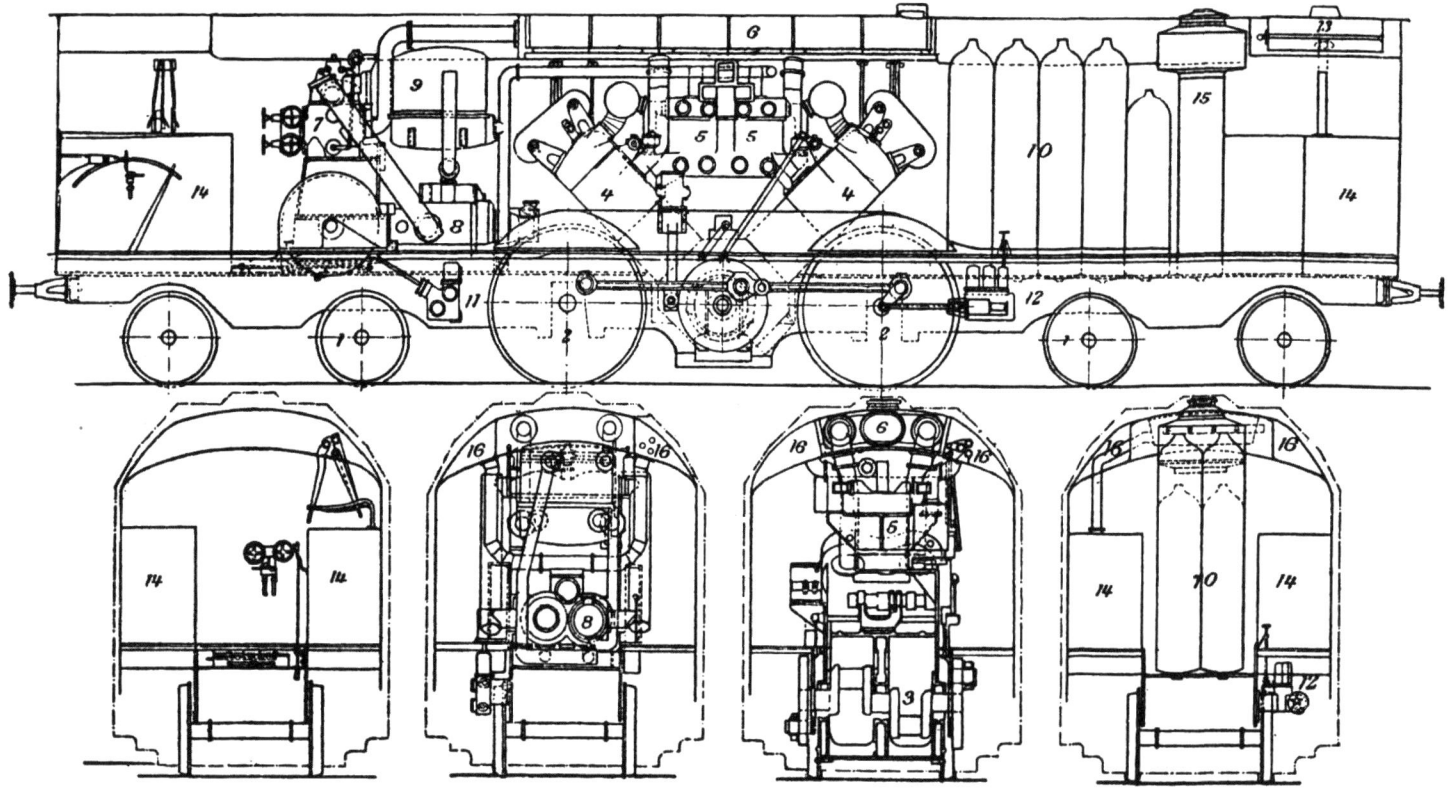

Konstruktionsskizze der **Sulzer-Klose-Thermolok**. Rudolf Diesel war direkt am Bau der ersten Großdiesellok der Welt beteiligt. Angetrieben wurde das mittlere Radpaar.

Mit der Erfindung seines Motors brachte Rudolf Diesel eine neue Dimension in den Verkehr. Doch es sollte noch lange dauern, bis sich die Diesellok weltweit durchsetzte. Die ersten Modelle zeigten die Probleme, eine geeignete Kraftübertragung zu finden. Letztlich führten vor allem zwei Wege zum Ziel.

Rudolf Diesel und die ersten Dieselloks

Amerika – unendliche Weiten. Die Bahngesellschaften setzten schon früh **Dieselloks** ein. Dieses **Lokpaar der Union Pacific** zieht einen langen Güterzug durch die Wüste Arizonas. «

1889 hatte Gottlieb Daimler seinen Motor erstmals in ein Schienenfahrzeug eingebaut und an eine Firma verkauft. 1892 baute die Keßlersche Maschinenfabrik Esslingen eine kleine Industrielok, bei der sie ebenfalls einen Daimler-Motor verwendete. Stärkeren Nachhall kann man bei der ersten Lok von Deutz aus dem gleichen Jahr feststellen. Deutz entwickelte sich in der Folge zu einem der wichtigsten Hersteller von Klein- und Rangierloks mit Motor. Doch zunächst gelang es nur, kleinere Lokomotiven zu bauen.

Rudolf Diesel

Ingenieur und Sozialreformer Als seine bedeutendste Leistung empfand Rudolf Diesel (1858–1913) die Lösung der sozialen Frage, die er mit seinem Werk „Solidarismus" erreicht haben wollte. Vorbild seiner Staatsutopie waren die Bienen. Weltberühmt wurde er allerdings durch seinen 1897 entwickelten Verbrennungsmotor mit Selbstzündung, der nach ihm benannt werden sollte. Dieser rationeller als eine Dampfmaschine arbeitende Motor revolutionierte die Kraftversorgung der Industrie und die Antriebstechnik vor allem im Nutzfahrzeugsektor.

Als Rudolf Diesel die ersten Erfolge mit seinem Motor feierte, war er daran interessiert, ihn vielseitig einzusetzen. Denn Diesel hatte Zeit seines Lebens immer wieder Probleme mit seinen Finanzen. Bereits 1903 war ein Schiff mit Dieselmotor gebaut worden. Er dachte nun daran, eine große Lokomotive mit Dieselmotor zu bauen, die den Dampflok im Streckendienst den Rang ablaufen sollte. Zu diesem Zweck tat er sich 1906 mit der schweizerischen Firma Sulzer aus Winterthur und dem Eisenbahningenieur Adolf Klose zusammen, um sein Projekt umzusetzen. Der Motor wurde bei Sulzer gebaut, das Fahrwerk und der Lokaufbau entstanden bei Borsig, denn die erste Lok wurde im Auftrag der Preußischen Staatsbahnen produziert. 1912 wurde diese erste Großdiesellok der Welt fertig. Sie hatte die Achsfolge 2B2 und wurde mit Stangenantrieb versehen. Der V-Motor war ein Zweitakter ohne Getriebe, der über eine Blindwelle direkt auf die Treibachsen wirkte. Gestartet wurde der Motor mit Druckluft. Der Ausbruch des Ersten Weltkriegs verhinderte weitere Entwicklungsschritte dieser Lok.

In den USA wurde ab 1912 der dieselelektrische Antrieb entwickelt, wovon gleich die Rede sein wird. In Deutschland hingegen wurde der dieselhydraulische Antrieb in den 1920er-Jahren bei Linke-Hofmann in Breslau vorangebracht, allerdings war dieser zunächst nur für kleine Fahrzeuge weit genug entwickelt. Um 1925 befassten sich MAN und die Maschinenfabrik Esslingen mit der Konstruktion einer Diesellok, bei der der Motor für das wie bei einer Dampflok aufgebaute Fahrwerk Luftdruck erzeugen sollte, der dann wie der Dampf in die Zylinder gepresst wurde. Die ersten Erfolge gaben in Deutschland den Befürwortern der Dieseltraktion neuen Auftrieb. Vor allem der Ingenieur Franz Kruckenberg wurde zu einem wichtigen Faktor. Er verband mit seinem Schienenzeppelin zwei Ideen: die Traktion

Der erste **Dieselmotor** von 1893/95 steht heute im MAN-Museum Augsburg. Bei der Vorläuferfirma hat Diesel das Ungetüm konstruiert.

 DIESELLOKS | *Frühe Erfolge der Dieseltraktion*

Gasturbinenlok

Eine Alternative? 1933 wurde in Schweden die erste Gasturbinenlok hergestellt. 1941 entstand in der Schweiz die Am 4/6 1101, die ebenfalls mit einer Gasturbine arbeitete. In vielen Ländern wurden nach dem Zweiten Weltkrieg solche Maschinen gebaut, allerdings stellte man fest, dass die Kosten der schnell verschleißenden Antriebstechnik zu hoch waren. In Deutschland waren die bekanntesten Schienenfahrzeuge dieser Art die umgebauten TEE-Triebköpfe der Baureihe 602. Am erfolgreichsten waren die Gasturbinenloks der Union Pacific.

mit einem Verbrennungsmotor und die Stromlinienform. Der Schienenzeppelin war extrem leicht gebaut – viele Konstruktionsprinzipien waren in der Tat vom Luftschiffbau übernommen worden. Der Motor trieb einen Druckpropeller am Heck an und brachte das Fahrzeug auf eine neue Weltrekordgeschwindigkeit von 230 km/h.

Bei Lokomotiven kamen die Deutschen zunächst nicht weiter. Dieseltriebwagen hingegen wurden schon früh sowohl auf Neben- als auch auf Hauptstrecken eingesetzt. Vor allem im Fernverkehr waren die schnellen Triebzüge beliebt. Mit der zunehmenden Elektrifizierung spielten sie, abgesehen von den Nebenstrecken, noch beim grenzüberschreitenden Verkehr eine wichtige Rolle. Heute findet man sie vor allem im Regionalverkehr.

Die **V 140 001** von 1935/36 war die erste Diesellokomotive der Welt mit hydraulischer Kraftübertragung.

Der **Fliegende Hamburger** verkehrte zwischen der Hansestadt und der Reichshauptstadt Berlin in weniger als zweieinhalb Stunden.

Fliegende Hamburger

Die Zeit des schnellen Personenverkehrs sollte in Deutschland ein stromlinienförmig gestalteter und in Leichtbauweise konstruierter Triebwagen einleiten. Das zweiteilige Schienenfahrzeug war 1932 von der Waggon- und Maschinenbau AG (WUMAG) in Görlitz hergestellt und im Windkanal erprobt worden. Die Betriebsnummer bei der Deutschen Reichsbahn-Gesellschaft lautete 877 a/b. Leichter konnte man sich aber den Namen *Fliegender Hamburger* merken. Diese Bezeichnung hatte der Triebzug bekommen, da es seine Aufgabe sein sollte, die Fahrzeit zwischen Hamburg und Berlin zu verkürzen. Tatsächlich schaffte es der 877 a/b am 19. Dezember 1932, die 286 Kilometer lange Strecke zwischen dem Lehrter Bahnhof in

Berlin und dem Hamburger Hauptbahnhof trotz des winterlichen Wetters und einiger Geschwindigkeitsbeschränkungen in 142 Minuten zurückzulegen. Dies war ein Rekord.

Als Energiequellen dienten 302 Kilowatt leistende Zwölfzylinder-Dieselmotoren von Maybach, von denen sich jeweils einer in jedem der beiden Wagen befand. Sie waren an Gleichstromgeneratoren angeschlossen, um den Strom für den elektrischen Antrieb zu liefern. Der Triebzug war 41,92 Meter lang und hatte eine Leermasse von 77,4 Tonnen. Er war für eine Höchstgeschwindigkeit von 160 km/h zugelassen.

Der **SVT 877** in der Nähe von Nauen. Seine Form wurde im Windkanal konstruiert.
Als **Fliegender Hamburger** wurde dieser Dieselschnelltriebwagen berühmt.

Mit den **Dieselschnelltriebwagen** bot die Reichsbahn die weltweit schnellste Städteverbindung an. Da hielt auch keine Elektrolok mit.

Diesen **VT 50** lieferte die Waggonfabrik Uerdingen 1955 an die Hersfelder Kreisbahn – es war ein **Schienenbus** auf Grundlage des VT 98.9.

Die Schnelltriebzüge der Baureihe 137 Der erfolgreiche Einsatz des *Fliegenden Hamburgers* veranlasste die Deutsche Reichsbahn-Gesellschaft, mehr Schnelltriebwagen zu bestellen. Am Bau waren die Firmen WUMAG, AEG und die Siemens-Schuckert-Werke beteiligt. In den Jahren 1935 und 1936 produzierten diese Unternehmen 13 zweiteilige Triebzüge, die als „Bauart Hamburg" bezeichnet wurden. In jedem der Wagen arbeitete, wie schon beim *Fliegenden*

Hamburger, ein 302 Kilowatt starker Dieselmotor von Maybach. Zu den Unterschieden zum Vorbild gehörten die etwas andere Kopfform sowie die veränderte Sitzplatzanordnung. Außerdem maßen die Triebzüge mit einer Länge von 44,76 Metern etwas mehr.

Die neuen Triebzüge kamen bei der Deutschen Reichsbahn-Gesellschaft zur Baureihe SVT 137. Sie fuhren von Berlin aus andere deutsche Großstädte an, darunter Stuttgart, München, Frankfurt und Köln. Auf ihren Fahrten erreichten sie Höchstgeschwindigkeiten von 132,2 km/h. Damit galten sie zu ihrer Zeit als die schnellsten in Serie gebauten Züge der Welt.

Neue Varianten Aus den Linke-Hofmann-Werken in Breslau kamen zur gleichen Zeit vier dreiteilige Triebzüge. Sie kamen ebenfalls zur Baureihe SVT 137, wurden aber als „Bauart Leipzig" bezeichnet. Zwei der Exemplare waren mit einem dieselelektrischen Antrieb ausgestattet, während die beiden anderen einen dieselhydraulischen hatten. Jeder der Züge besaß zwei Zwölfzylinder-Dieselmotoren mit einer Leistung von jeweils 442 Kilowatt. 1936 bis 1938 baute Linke-Hofmann gemeinsam mit AEG und den Siemens-Schuckert-Werken außerdem 14 dreiteilige Triebzüge,

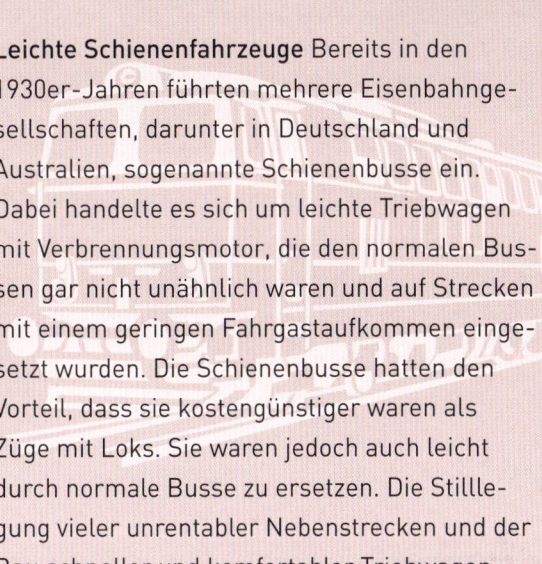

Schienenbusse

Leichte Schienenfahrzeuge Bereits in den 1930er-Jahren führten mehrere Eisenbahngesellschaften, darunter in Deutschland und Australien, sogenannte Schienenbusse ein. Dabei handelte es sich um leichte Triebwagen mit Verbrennungsmotor, die den normalen Bussen gar nicht unähnlich waren und auf Strecken mit einem geringen Fahrgastaufkommen eingesetzt wurden. Die Schienenbusse hatten den Vorteil, dass sie kostengünstiger waren als Züge mit Loks. Sie waren jedoch auch leicht durch normale Busse zu ersetzen. Die Stilllegung vieler unrentabler Nebenstrecken und der Bau schneller und komfortabler Triebwagen führten dazu, dass die Schienenbusse zum größten Teil verschwanden.

Die Farben Violett und Crème waren eigentlich dem *Rheingold* vorbehalten. Doch der **SVT 137** bekam ebenfalls diese Luxuszuglackierung.

DIESELLOKS | *Frühe Erfolge der Dieseltraktion*

die als „Bauart Köln" bezeichnet wurden. Sie besaßen die gleiche Motorisierung wie die Bauart Leipzig, sollten aber mehr Komfort bieten, indem die Wagen anstelle der Fahrgastgroßräume mit geschlossenen Abteilen ausgestattet waren. Außerdem verfügten diese Züge über einen Speisewagen.

Ebenfalls zur Baureihe 137 zählte der vierteilige Triebzug der Bauart Berlin, von dem 1938 von MAN und BBC zwei Exemplare hergestellt wurden. Mit einer Länge von 87,45 Metern bot diese Ausführung bedeutend mehr Platz als die anderen Bauarten. Einer der technischen Hauptunterschiede war der langsam laufende Dieselmotor, der sich in einem Maschinenwagen befand und von dort aus die Elektromotoren in den Endwagen mit Strom versorgte.

VT 137 für den Regionalverkehr Nicht für den Verkehr zwischen den Großstädten, sondern für den schnellen Regionalverkehr waren die dieselelektrischen Triebwagen gedacht, von denen die Linke-Hofmann-Werke 1933 und 1934 eine Vorserie von drei Exemplaren auslieferten. Die Deutsche Reichsbahn-Gesellschaft reihte sie in die Baureihe VT 137 ein. Als Energiegenerator diente ein 221 Kilowatt starker Motor von MWM. Die Höchstgeschwindigkeit lag bei 90 km/h. 1935 und 1936 wurden neun weitere Triebwagen ausgeliefert, dieses Mal mit einem verbesserten Motor,

Der **Stromlinien-Dieseltriebwagen** des *Zephyr* der Chicago, Burlington & Quincy Railroad. Er verkehrte ab 1934 zwischen Chicago und Denver.

Electro-Motive baute ab 1949 die **Diesellokreihe F7** mit einem 1100 kW starken V16-Motor. Sie zog die berühmtesten Schnellzüge der USA.

Bugatti ist eigentlich für seine Rennwagen bekannt. Doch er war auch für diesen **Verbrennungstriebwagen** der SNCF verantwortlich. Der Kraftstoff war allerdings ein Benzingemisch.

jedoch mit der gleichen Leistung. Nach dem Zweiten Weltkrieg wurden alle zwölf Fahrzeuge von der Deutschen Bundesbahn als Baureihe VT 50 übernommen. Die Ausmusterung erfolgte in den 1950er-Jahren.

Ein Bugatti auf der Schiene

In Frankreich hatte man die ersten Triebwagen der Reichsbahn mit Verbrennungsmotoren zur Kenntnis genommen. Besonders die Compagnie des chemins de fer de l'État, ein Zusammenschluss mehrerer Eisenbahngesellschaften in staatlicher Hand, interessierte sich für so einen Triebwagen. Der Auftrag dafür ging an eine Firma, die in der Bahnindustrie ein unbeschriebenes Blatt war, die aber große Erfahrungen mit hohen Geschwindigkeiten auf der Straße hatte: Bugatti. Ettore Bugatti war gerade mit seinem Mega-Auto Typ 41 *Royale* grandios gescheitert, sodass ihm der Auftrag sehr recht kam. Als Motor für den Triebwagen stand ihm der 12,8 Liter große Achtzylinder des Typs 41 zur Verfügung. Vier dieser gewaltigen Aggregate wurden eingebaut. Das Design des XB 1000 genannten Triebwagens war von der Stromlinienform bestimmt. Um höhere Geschwindigkeiten zu erreichen, war die Karosserie möglichst leicht gehalten. Das gelang bestens, denn bei den ersten Fahrversuchen 1933 erreichte er bereits 172 km/h. Später wurden sogar 186 und 192 km/h erzielt. Die État ließ 88 Triebfahrzeuge bauen. Sie waren sehr schnell, doch ihre Achillesferse war ausgerechnet der Motor, denn dessen Kraftstoffverbrauch war sehr hoch. Hinzu kam, dass er mit einem Benzingemisch und nicht mit dem billigen Diesel betrieben wurde. Deshalb kam in den 1950er-Jahren das Aus.

DIESELLOKS | Dieselloks in Nordamerika

Dieselloks in Nordamerika

Die Vorteile der Dieseltraktion wurden überall sehr schnell erkannt. Die ersten jedoch, die es schafften, die neuen Lokomotiven flächendeckend einzusetzen, waren wieder einmal die Amerikaner. Für die langen Strecken im Mittelwesten und von Küste zu Küste waren die Dieselloks ideal und billiger. Schon bald waren die Dampfloks abgemeldet.

Dies ist eine **F9 der ersten Generation** vor dem Rio Grande Zephyr. **EMD** baute diese 1300 kW starken Loks ab 1953 als Nachfolger der F7. Hier sieht man sie zweiteilig. Vorn eine A-Unit mit Kabine, hinten eine B-Unit nur mit Motor. »

Eine **EMD FP7** der Verde Canyon Railroad in Arizona: Diese Baureihe wurde zwischen 1949 und 1953 für den Passagier- und Güterzugverkehr gebaut.

Die Vereinigten Staaten im Dieselfieber

Die entscheidende Kraft für die Durchsetzung der Dieseltraktion war einmal mehr „das Land der unbegrenzten Möglichkeiten". 1914 gelang dem Schweizer Hermann Lemp, der mit 19 Jahren in die Vereinigten Staaten ausgewandert war, der Durchbruch. Er kannte Rudolf Diesel und hatte die Entwicklung der Thermolok interessiert verfolgt. Bei seinem Arbeitgeber General Electric erfand er eine Technik, die es ermöglichte, den mechanischen Antrieb – die Achillesferse der Sulzer-Klose-Lok – durch eine elektrische Kraftübertragung zu ersetzen. Der Dieselmotor

DIESELLOKS | Dieselloks in Nordamerika

Nummer 4599 der Kansas City Southern Railway ist eine **AC4400CW** von **General Electric**. Die 3300 kW starke Lok wurde ab 1993 in einer Stückzahl von 2598 gebaut.

wirkte also nicht wie bei der ersten Diesellok als direkte Antriebsquelle auf die Räder, sondern auf ein System, das ähnlich wie bei der Elektrolok für den Antrieb der Räder sorgte – der Dieselmotor schuf also die Energie eines Generators. Es sollte aber noch bis in die 1920er-Jahre dauern, bis erfolgreiche Tests auf Schienen laufen konnten.

General Electric knüpfte Kontakte mit ALCO, dem Dampflokgiganten aus dem gleichen Ort, und mit Ingersoll-Rand, dem Hersteller von Dieselmotoren. Gemeinsam wurde eine dieselelektrische Lok konstruiert. In den folgenden Jahren entwickelte sich der Lokbau in zwei Richtungen. Einerseits wurden große und schwere Dieselloks für den anspruchsvollen Überlanddienst entwickelt, im Nah- und Regional-Personenverkehr sowie im Rangierdienst sollten kleinere Maschinen Verwendung finden. Während sich General Electric in den ersten Jahren vor allem mit Rangierloks befasste, trat eine andere Firma auf, die sich zum Marktführer aufschwingen sollte: Electro-Motive (EMD). Von dieser Firma, die seit der Weltwirtschaftskrise zu General Motors gehörte, stammten die ersten der berühmten amerikanischen Diesel-Schienenfahrzeuge.

Stromlinien-Dieselzüge und die Legende FT Einer der Pioniere der Dieseltraktion war die Union Pacific, deren ausgedehntes Netz im Südwesten der Vereinigten Staaten in teils schwierigem Gelände lag. Der *Little Zip*, später *City of Salina*, ein 1933 eingeführter Expresszug mit Dieseltraktion, brachte es auf eine Durchschnittsleistung von 145 km/h. Die Zugmaschine war allerdings keine Lokomotive, sondern ein Triebkopf von EMD. Er trug die Bezeichnung M-10000; abgebildet ist er auf Seite 215. Damit war die Konkurrenz des Autos nicht mehr zu fürchten. Der erste Schnellzug jedoch war der *Zephyr* der Chicago, Burlington & Quincy Railroad, der zwischen Chicago und Denver sogar eine Durchschnittsgeschwindigkeit von 164 km/h erreichte. Seine Stromlinienverkleidung stammte vom legendären Karosseriebauer Budd, der aus der Autobranche kam. Sie bestand aus rostfreiem, poliertem Edelstahl, weshalb der Zug silbern leuchtete und bei den Passagieren Erstaunen hervorrief. In Deutschland ist der Name Budd von Ambi-Budd bekannt, einem Zusammenschluss der amerikanischen Firma mit einem deutschen Karosseriebauer. 1937 produzierte EMD die ersten sogenannten E-Units, das waren dieselelektrische Lokomotiven, die vor Personenzügen zum Einsatz kamen. Doch der wichtigere Erwerbszweig der meisten

Mitte der 1950er stellte **EMD** die stromlinienförmige **LWT 12** vor. Nur drei dieser B1-Loks wurden gebaut. Sie führten den Aerotrain, der New York mit Pittsburgh verband.

1976 war die Geburtsstunde dieser **EMD**-Diesellokbaureihe **GP15-1**. Die vierachsige Lok wurde vor allem als Streckenrangierlok eingesetzt. Dieses Exemplar gehört den Locomotive Leasing Partners (LLPX).

Bahngesellschaften war der Frachtverkehr. Dafür baute EMD ab 1939 die inzwischen legendären FT-Units. Sie hatten zwei zweiachsige Drehgestelle der klassischen Bauform Bo'Bo' und starke 16-Zylinder-Motoren. Diese Loktypen waren mit selbsttragenden Karosserien konstruiert worden. Sie gruben den gigantischen Dampflokomotiven, die in den Jahren zuvor reüssiert hatten, ein frühes Grab. Die zuverlässigen, zugkraftstarken und billigen FT-Modelle bewährten sich im planmäßigen Dienst hervorragend und die Bahngesellschaften wechselten immer mehr zu solchen Maschinen. Viele Dampfloks wurden schon nach wenigen Arbeitsjahren abgestellt. Neben der bei Weitem leichteren Wartung der Diesellocks war auch ein geringerer Personalbedarf auf den neuen Loks ausschlaggebend für den Sinneswandel.

Die großen Baureihen der Electro-Motive Division

Diese Modelle wurden in verschiedenen Generationen bis Anfang der 1960er-Jahre produziert. EMD sicherte sich in dieser Zeit den Titel des größten Lokomotivenbauers der Welt. Baldwin, ALCO und Lima hingegen, die das erfolgreiche Dreigestirn der Dampfloktechnik bildeten, verglühten. Die schweren und kräftigen Diesellocks beherrschten seitdem die Schienenstränge der Vereinigten Staaten. 1949 begann EMD mit der Auslieferung der neuen Baureihe GP, die als streckentaugliche Rangierlok klassifiziert werden kann. Sie

übernahm Fahrten im regionalen Bereich, konnte aber auch im Güterbahnhof Dienst tun. Das Kürzel „GP" stand für „General Purpose" und meinte eine vielseitige Einsatzform.

Auf der Grundlage der GP-Modelle entstanden bei EMD in den 1950er-Jahren die Loks der SD-Serie, die äußerst erfolgreich wurden. Bei ihnen war man wieder zur Rahmenbauweise zurückgekehrt und hatte dreiachsige Drehgestelle vorgesehen. Das Ergebnis war eine Lokomotive, die im schnelleren Personenzugverkehr einsetzbar war, aber auch Gütertransporte sicher beherrschte und dank der geringeren Achslast Strecken befahren konnte, für die die GP-Loks zu schwer waren. Besonders dank einer enormen Steigerung der Motorleistung in den 1960er-Jahren gewannen die SD-Loks Marktanteile. Die SD-Generation der 1990er-Jahre konnte sogar fast 4500 Kilowatt vorweisen. Zum Vergleich: Die erste SD-Lok hatte noch 1100 Kilowatt. Zu den beliebtesten Modellen zählten die SD40-2, die zwischen 1972 und 1989 in 3957 Exemplaren gebaut wurde. Damit gehört sie zu den meistgebauten Loktypen der Welt. Besonders die Union Pacific stattete ihren Fuhrpark mit SD40-2 aus.

Diese Lok von **EMD,** eine **FP45,** wurde 1967 gebaut. Zunächst fuhr sie im Reiseverkehr, fünf Jahre später wechselte sie ins Frachtgeschäft. Nur 14 Einheiten wurden hergestellt.

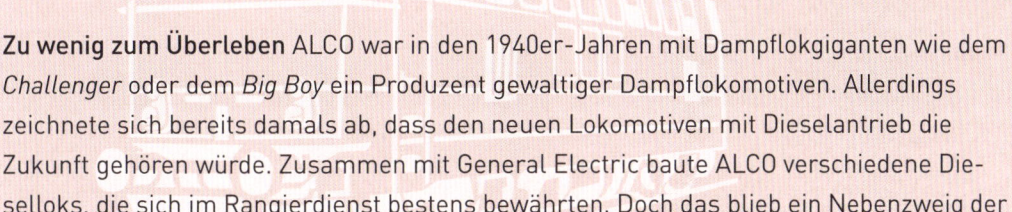

Diese **SD60M** von **Electro-Motive** aus der Zeit um 1990 gehört der Burlington Northern and Santa Fe Railway. Ihr Kennzeichen ist die spezielle Sicherheitskabine.

ALCO-Dieselloks

Zu wenig zum Überleben ALCO war in den 1940er-Jahren mit Dampflokgiganten wie dem *Challenger* oder dem *Big Boy* ein Produzent gewaltiger Dampflokomotiven. Allerdings zeichnete sich bereits damals ab, dass den neuen Lokomotiven mit Dieselantrieb die Zukunft gehören würde. Zusammen mit General Electric baute ALCO verschiedene Dieselloks, die sich im Rangierdienst bestens bewährten. Doch das blieb ein Nebenzweig der Produktion und dem Konzern aus Schenectady gelang der Sprung in die neue Zeit nicht.

Die beiden Protagonisten Die Electro-Motive Division war nicht nur in den Vereinigten Staaten sehr präsent, sie verkaufte auch weltweit große Mengen von Lokomotiven, darunter Schmalspurloks, die auf den asiatischen und afrikanischen Netzen verkehrten. Bis in die 1980er-Jahre dominierte EMD den Markt der Dieselloks in Amerika nach Belieben. Der Konkurrent General Electric hatte vor allem kleinere Rangier- und Mehrzwecklokomotiven im Programm. Lediglich die U-Serie bot stärkere Loks im Leistungsbereich zwischen 700 und 3700 Kilowatt an. In dieser Reihe gab es

143

DIESELLOKS | *Dieselloks in Nordamerika*

70 Mac war der Spitzname dieser **SD70MAC** von **EMD**. Sie hatte 2980 oder 3210 kW, eine Sicherheitskabine und Wechselstrom-Kraftübertragung. Neben CSX gehörte auch die BNSF zu ihren Käufern.

Modelle mit vier, sechs oder acht Achsen. Allerdings lagen die Produktionsziffern nicht besonders hoch.

1977 wurden dann die ersten Maschinen der Serie Dash-7 vorgestellt, die sich aus mehreren vier- und sechsachsigen Modellen zusammensetzte. Zwischen 1600 und 2700 Kilowatt leisteten diese schweren Güterzugloks. Ihre leistungsgesteigerten Nachfolger waren die Dash-8-Loks, die zwischen 1984 und 1994 verkauft wurden. Dash-9 hieß logischerweise die nächste Baureihe. Bei ihr wurde die Dash 9-44CW mit 3280 Kilowatt die stärkste und meistgebaute Version. Die Buchstaben C und W stehen für die Achsformel C-C und die Bauform mit *Wide Body*. General Electric bot eine Variante dieses Typs in Wechselstromausführung an, bei der die Umwandlung der Motorenergie in Wechselstrom erfolgt und nicht, wie ansonsten in den USA üblich, Gleichstrom. Neben den Güterzugvarianten wurden stets auch solche für den Einsatz vor Personenzügen produziert. 2004 wurde eine neue Baureihe eingeführt, die *Evolution Series*. Sie ersetzte die Dash-9 und ihre Wechselstromvarianten. Sie baut – mit einigen technischen Verbesserungen – auf den Vorgängermodellen auf. Das Design ist eher konservativ, die Maschinen sind aber so erfolgreich, dass auch China sich um eine größere Zahl von *Evolution*-Loks bemühte. Anders als in vielen europäischen Staaten

Die **Devils Gate High Bridge** der Georgetown Loop Railroad in Colorado zählt zu den Highlights der amerikanischen Eisenbahn und wird meist von einer Dampflok befahren, hier aber von einer **Porter DE75T-Diesellok,** Baujahr 1947.

sind die Eisenbahngesellschaften in Amerika weitgehend privat organisiert geblieben, haben sich aber auf einige größere Gesellschaften konzentriert. Sie alle kaufen ihre Lokomotiven bei amerikanischen Herstellern ein. Das war nicht immer so. 1961 zum Beispiel verkaufte Krauss-Maffei an die Rio Grande und an Southern Pacific die damals größten Dieselloks der Welt: Die ML 4000 C'C' mit je zwei Maybach-Motoren.

Doppeldecker für Florida Ein relativ junges Unternehmen der Eisenbahnbranche war Colorado Railcar Manufacturing. Der Hersteller von Triebwagen und Passagierwagen war 1988 von dem Unternehmer Tom Rader unter dem Namen „Rader Railcar" gegründet worden. Die Umbenennung erfolgte 1997. Im Jahr 2008 musste das Unternehmen jedoch den Betrieb wegen Insolvenz einstellen.

Colorado Rail konnte einige interessante Entwicklungen im Eisenbahnbereich vorweisen. Dazu gehört ein zweistöckiger Triebwagen, der 188 Personen einen Sitzplatz bietet. Das Schienenfahrzeug wird von zwei 450 kW starken Motoren des Herstellers Detroit Diesel angetrieben. Der zweistöckige Triebwagen ist für den Einsatz im Pendelverkehr konzipiert. Falls die Sitzplätze nicht ausreichen, kann ein nichtmotorisierter Wagen angehängt werden. Dabei stehen ein einstöckiger Wagen mit 102 Sitzplätzen und ein zweistöckiger für 218 Personen zur Auswahl. Die South Florida Regional Transportation Authority zeigte sich an dem Angebot von Colorado Rail interessiert und bestellte nach der Erprobung des Prototyps mehrere Exemplare. Sie waren für die Verbindung zwischen den Städten Miami, Fort Lauderdale und West Palm Beach vorgesehen und konnten vor der Pleite noch rechtzeitig ausgeliefert werden.

Heute befinden sich die Doppeldecker-Triebwagen im Angebot der US Railcar Company, die das von Colorado Rail entwickelte Rollmaterial übernahm.

Die **Dash 8-40CW** wurde zwischen 1990 und 1994 von **General Electric** produziert. Die Güterzuglok zeichnete sich durch eine große Sicherheitskabine aus. Mit 3000 kW war sie bis zu 113 Stundenkilometer schnell.

Colorado Rail baute diese **Doppeldecker-Triebwagen**, die sich besonders im Pendler- und Regionalverkehr bewähren sollten. Die ersten Fahrzeuge gingen nach Florida. »

DIESELLOKS | Dieselloks in Nordamerika

Diesel in Kanada

Bereits 1929 setzten die Canadian National Railways (CNR oder CN) erstmals Diesellokomotiven im fahrplanmäßigen Verkehr auf einer Hauptstrecke ein. Diese dieselelektrischen Maschinen der Westinghouse Electric Corporation zeigten aber noch Mängel, weshalb vorerst darauf verzichtet werden musste, die Verdieselung voranzutreiben. Immerhin blieben die beiden Exemplare aber bis 1939 beziehungsweise 1947 im Dienst. Zu einem breiteren Ankauf von Diesellok kam die staatliche Eisenbahngesellschaft erst in der Zeit nach dem Zweiten Weltkrieg. Dabei wurden kanadische Firmen begünstigt. Deshalb stammten die Lokomotiven entweder von den Montreal Locomotive Works (MLW) oder von General Motors Diesel (GMD), einem kanadischen Ableger der General-Motors-Tochter Electro-Motive. Die von GMD gebauten Loks entsprachen weitgehend denen des Mutterkonzerns. MLW wiederum profitierte von einer Verbindung mit ALCO und General Electric.

Die ersten Loks waren F-Units und verschiedene Loktypen von ALCO oder ähnliche Loks der Canadian Locomotive Company. In neuerer Zeit wurden die Fahrzeuge in der Regel von den beiden großen Anbietern bezogen, allerdings den eigenen Anforderungen angepasst. Dazu gehören von EMD die Typen SD70I, SD75I oder SD70M-2, von GE stammen Dash 9-44CW und die neue ES44DC.

Diese Lok ist eine **SD70I**. Dabei handelt es sich um eine speziell für die Canadian National Railway angefertigte Sonderedition mit einer gummigelagerten Fahrerkabine.

Die Canadian Pacific, der große, allerdings private Konkurrent der CN, begann erst während des Zweiten Weltkriegs mit dem Einsatz von Diesellokomotiven. Diese stammten von den Montreal Locomotive Works beziehungsweise von ALCO aus den USA. Die in der Zwischenzeit ausgereiften Konstruktionen bewährten sich so gut, dass auch die CP sich daran machte, ihre Dampflokomotiven zu erset-

Ab 2005 wurde die **ES44AC der Evolution Series von General Electric** ausgeliefert. Dieses Exemplar ist für die Canadian Pacific Railway tätig. Sie kaufte insgesamt 260 dieser sechsachsigen Güterzugloks.

Die CN war der wichtigste Käufer dieser Baureihe **SD75I** von **EMD**. Die 3200 kW starken Sechsachser wurden zwischen 1994 und 1999 gebaut.

zen. 1960 – zur gleichen Zeit wie die CN – war das Ende der Dampflokära bei der Canadian Pacific gekommen. 1984 setzte die CP einen Meilenstein als erste amerikanische Bahngesellschaft, die eine dieselelektrische Lok in Wechselstromausführung einsetzte. 1978 wurde der immer unrentabler gewordene Personenzugverkehr von den beiden großen Gesellschaften abgegeben und an die staatseigene VIA Rail übertragen. Ihr wurden auch die Personenzugloks übergeben, doch der Bestand war überaltert. So beschaffte die VIA bei Bombardier LRC-Loks (Light, Rapid, Comfortable), die es auf Geschwindigkeiten von über 200 km/h brachten, im Plandienst allerdings auf 153 km/h begrenzt blieben. Neuere Maschinen stammen wie die P42DC von GE oder die F40PH-2 und die neuen F59PH von General Motors Diesel.

General Motors Diesel, die EMD-Filiale in Kanada, baute diese **Streckenrangierlok GP9** um 1960. 1992 wurde sie zur GP9RM rekonstruiert und ist immer noch im Dienst.

DIESELLOKS | Diesellokomotiven der großen Europäer

Diesellokomotiven der großen Europäer

In Europa hatte die Diesellok in der Elektrotraktion einen starken Konkurrenten, doch waren die Pfründe zwischen ihnen schnell verteilt, denn für viele Strecken lohnte sich der Ausbau mit Fahrdraht nicht. Auch international wurden wegen der verschiedenen Stromsysteme zuerst Dieselfahrzeuge eingesetzt, zum Beispiel beim TEE.

Die **Baureihe 363** der Deutschen Bahn ist aus der alten **V 60** entstanden. Dabei wurde sie modernisiert und mit einer Funksteuerung versehen.

Die Dieseltraktion in Deutschland

Die dieselhydraulische Lokomotive weist gegenüber der dieselelektrischen große Unterschiede auf. Während bei der dieselelektrischen der Motor eigentlich nur die Kraftzentrale für den elektrischen Antrieb ist, hat der Motor bei der dieselhydraulischen Lok eine direkte Antriebsaufgabe und überträgt die Kraft über ein hydraulisches Getriebe auf die Räder. Besonders in der Bundesrepublik hatte man sich angesichts der herausragenden Entwicklungsleistung von Leuten wie Hermann Föttinger auf dem Gebiet der Strömungsgetriebe dieser Form zugewandt.

In der Zeit vor dem Zweiten Weltkrieg hatten in Deutschland vor allem Dieseltriebwagen von sich reden gemacht. In den 1950er-Jahren beschaffte man nun Lokomotiven. Bei den Rangierloks wurde die V 60 mit 600 PS eingeführt, die im

Die **V 100** war eine hervorragende Universallok, die ab 1958 in Dienst gestellt wurde. Dieses Exemplar gehörte zur ersten Generation **V 100.10** der von MaK produzierten Loks. Später trug sie die **Baureihenbezeichnung 211**.

Lauf der Jahre durch diverse Umbauten zu verschiedenen Baureihenbezeichnungen kam (260, 261, 360 – 365). Sie war nicht nur als Rangierlok bald unersetzlich, sondern konnte auch Arbeiten auf der Strecke verrichten.

Als Mehrzwecklok, die vom Ziehen eines Personenzugs bis zum Dienst als Güterzuglok universal einsetzbar war, gelang der Bundesbahn ein echter Dauerbrenner. Die V 100, eine vierachsige Lokomotive mit einem 810, später 993 Kilowatt starken Motor, entpuppte sich als echtes „Mädchen für alles". Entwickelt wurde die Lok vom Zentralamt München der DB zusammen mit dem Hersteller MaK (Maschinenbau Kiel). Sie sollte die Dampfloks ersetzen, die im Personen- und Güterverkehr noch Dienst taten. Das gelang den bis zu 100 km/h schnellen Maschinen bestens. Viele Dampfloks der Baureihen 50 und 52 wurden von der V 100 in die Rente geschickt.

Kultobjekt V 200 Im höherklassigen Personenverkehr und für mittelschwere Güterzüge ließ sich das 1953 präsentierte Flaggschiff der neuen Dieselflotte einsetzen. Die V 200 mit ihrer spektakulären kurzen Schnauze und ihrem hübschen schwarz-roten Design hatte zwei Dieselmotoren mit jeweils 810 Kilowatt. 1962

Die **V 200** aus dem Jahr 1953 gilt heute als Legende. Sie wurde für den hochwertigen Reisezugdienst ebenso eingesetzt wie für den mittelschweren Frachtverkehr.

Deutz baute 1965 die **Köf 6815**. Sie wurde 1968 umgezeichnet zur **323 335** und 1985 an ein Chemiewerk in Bebra verkauft. Sie ist eine typische Kleinlokomotive der Leistungsgruppe II.

wurde eine stärkere Version beschafft, deren Diesel 993 Kilowatt leisteten, die V 200.1. Mit dieser Lokomotive war der Bundesbahn ein Glücksgriff gelungen, denn sie leistete nicht nur hervorragende Arbeit, sondern sie prägte auch das Bild der DB in den 1950er-Jahren und 1960er-Jahren. Die B'B'-Loks waren bis zu 140 km/h schnell und konnten somit die Aufgaben auch der Schnellzugdampfloks übernehmen.

Die dritte der großen Diesellokserien der Nachkriegszeit in der Bundesrepublik war die V 160, eine leistungsstarke, einmotorige und somit günstig zu produzierende Mehrzwecklok. Ab 1960 wurden diese Maschinen gebaut. Die ersten zehn Vorserienloks hatten eine gerundete Front, was ihnen den Spitznamen *Lollo* einbrachte – eine Anspielung auf das italienische „Busenwunder" Gina Lollobrigida. 1968 kam noch die Baureihe 218 hinzu, die eine Variante der V 160 oder Baureihe 215 darstellt. Diese Modelle übernahmen den Personenzugdienst wie auch den Güterzugverkehr auf Haupt- und Nebenstrecken.

Rangierloks in Ost und West Bereits vor dem Zweiten Weltkrieg wurden von Deutz und anderen Herstellern Motorloks gebaut, die die Bezeichnung *Köf* bekamen. Mit solchen Kleinlokomotiven wurden leichte Rangierarbeiten erledigt oder Einsätze im Werksverkehr von Industriebetrieben gefahren. Die Konstruktion war vor allem auf Zugkraft ausgelegt und nicht auf Geschwindigkeit. In den Nachkriegsjahren wurden diese Fahrzeuge weiterentwickelt. In der DDR wurde ab 1958 die V 15 (Baureihe 101) für diese Aufgaben neu beschafft. Die Zahl 15 stand für die Leistung von 150 PS. Etwas stärker war die V 23 (Baureihe 102.0), die zehn Jahre später eingeführt wurde. Für den schwereren Rangierdienst beschaffte die Deutsche Reichsbahn der DDR ab 1959 die V 60, eine vierfach gekuppelte dieselhydraulische Lok, die auch in die sozialistischen „Bruderstaaten" geliefert wurde.

Eisenbahn-Ostalgie pur: eine Kleinlok, eine Vertreterin der Baureihe 102 und ein ostdeutscher Schienenbus der Baureihe 172 (v. l. n. r) vor der Drehscheibe ihres Betriebswerks.

Die **V 270.07** der EBW-Cargo lief früher bei der Bundesbahn unter **221 134** und war dann lange in Griechenland. Heute gehört sie der RTS.

DIESELLOKS | *Diesellokomotiven der großen Europäer*

Die größte Diesellok, die in der DDR produziert wurde, war die **V 180**, die später als **Baureihe 118** bekannt wurde.

Diese Lok war eine **leistungsgesteigerte Variante der V 100** der DDR, die später die Baureihenbezeichnung 202 erhielt. Hier ist sie in Diensten der **Erzgebirgsbahn**.

Typenvielfalt in der DDR 1959 präsentierte die Reichsbahn für den hochwertigen Passagierdienst die erste V 180, von der es noch mehrere Überarbeitungen geben sollte. Ab 1966 wurden sogar einige Exemplare als sechsachsige Loks gebaut, um die Achslast zu verringern. Dadurch konnte die V 180 auch auf Nebenstrecken eingesetzt werden.

Eine weitere wichtige Lok war die V 100, die wie das westdeutsche Pendant vielfältige Aufgaben im leichten und mittleren Personen- und Frachtverkehr zugeteilt bekam. Sogar als Rangierlok wurde sie eingesetzt. Auch optisch näherte sich die Ost-V-100 ihrer westlichen Schwester stark an. Fast 900 Exemplare der V 100 wurden für die DDR gebaut, viele andere gelangten in den Export. Die Motorleistung betrug je nach Bauvariante zwischen 662 und 1100 Kilowatt.

Im Rat für gegenseitige Wirtschaftshilfe, dem wirtschaftspolitischen Arm des Warschauer Pakts, wurden die Aufgaben der einzelnen Staaten willkürlich verteilt. Die DDR wurde verpflichtet, sich auf kleinere Lokomotiven zu beschränken und bezog ihre Großdiesselloks nunmehr aus der UdSSR und aus Rumänien. Ab 1966 wurde die sowjetische M62 beschafft, eine sechsachsige dieselelektrische Güterzuglok, die wegen des von ihr verursachten großen Lärms als *Taigatrommel* oder *Stalins Rache*

Baureihe 118

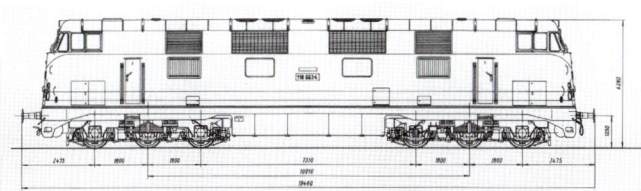

Die **Baureihe 218** war lange Jahre die wichtigste einmotorige Diesellok der DB, wurde aber später immer mehr in den Nebenbahnbereich abgedrängt.

Die V 180 der DDR Bei der Reichsbahn wurde ab 1959 eine vierachsige Diesellok in Dienst gestellt, die im Schnellzug- und Reiseverkehr eingesetzt wurde. Sie bekam abgeleitet von ihrer Motorleistung in PS die Bezeichnung V 180. Verwendet wurden zwei V12-Motoren mit Turbolader und Ladeluftkühlung. Bis zu 120 km/h schnell konnte diese in Babelsberg produzierte dieselhydraulische Lok fahren. Die letzten Exemplare dieser Baureihe absolvierten bis 1995 ihren Dienst.

bekannt wurde. Ein Schalldämpfer sorgte für etwas Abhilfe. Sie wurden als V 200 bezeichnet – nicht zu verwechseln mit der vierachsigen westdeutschen V 200. Trotz gewisser Mängel erwies sich die M62 als zuverlässige und leistungsfähige Lok, die nicht ohne Grund zu einer der meistgebauten Osteuropas werden sollte und in den meisten sozialistischen Staaten eingesetzt wurde.

Doch für anspruchsvollere Aufgaben im Güterverkehr wie auch vor schweren Reisezügen fehlte eine leistungsstarke Lokomotive. Die Sowjetunion stellte mit der gerne als *Ludmilla* bezeichneten sechsachsigen, dieselelektrischen V 300 ein Modell zur Verfügung, das – nach anfänglichen Problemen – recht genau auf die Wünsche der Reichsbahn abgestimmt war. Dabei wurden verschiedene Varianten produziert, je nachdem, ob der Schnellzugverkehr oder der Einsatz als Güterzuglok angestrebt war (Baureihen 130 und 131 für Güterzüge, Baureihe 132 mit elektrischer Zugheizung für Schnellzüge). Eine Weiterentwicklung erfolgte mit den Baureihen 141 und 142, die man als V 400 bezeichnen könnte, denn sie gaben eine Leistung von 4000 PS (2942 Kilowatt) ab.

Als Fehlschlag hingegen erwiesen sich zunächst die *U-Boote* der Baureihe 119. Sie wurden wegen ihrer kreisrunden Fenster an den Fahrzeugseiten so genannt. Dabei handelte es sich um sechsachsige, dieselhydraulische Loks aus rumänischer Fertigung, die sich als überaus anfällig erwiesen und zum Teil bald abgestellt werden mussten. Einige Maschinen konnten sich jedoch nach technischen Korrekturen noch einige Jahre bei der Deutschen Bahn halten.

DIESELLOKS | *Diesellokomotiven der großen Europäer*

Wiedervereint als Deutsche Bahn AG Nach der deutschen Wiedervereinigung wurden die beiden Bahnbetriebe sukzessive zusammengeführt. Die Ostloks erhielten neue Baureihenbezeichnungen und wurden unter dem Dach der DB AG weiterverwendet. Doch der steigende Bedarf an Diesellokomotiven machte es nötig, neue Loks zu beschaffen. Im Personenzugverkehr legte die Bahn jedoch den Schwerpunkt auf Triebwagen, Dieselloks wurden nicht beschafft. Allerdings hatte sich nach der Bahnreform eine Vielzahl privater Anbieter entwickelt, die sich im Güterverkehr etablierten. Sie waren natürlich zum Kauf von Diesellok gezwungen, wollten sie nicht nur auf das Stromnetz beschränkt agieren.

Bei Adtranz in Kassel wurden Ende der 1990er-Jahre zusammen mit General Electric sechsachsige Güterzugloks entwickelt, die auch auf Strecken mit leichterem Oberbau eingesetzt werden konnten. Dafür wurde das Lokgewicht möglichst niedrig gehalten. Der Antrieb war dieselelektrisch, wie man es von dem amerikanischen Hersteller kennt. Allerdings wurde nicht mehr die altbekannte Gleichstromübertragung verwendet, sondern eine mit Drehstrom. Dieser Typ erhielt die Bezeichnung *Blue Tiger* und wurde in mehrere Länder verkauft.

G 6, **DE 18** und **G 12** von **Vossloh** (ehemals MaK) beim Stelldichein. Sie vertreten die fünfte Generation der Diesellok dieses Herstellers zu Beginn des 21. Jahrhunderts.

Der **Eurolight** ist eine dieselelektrische Lok für Strecken mit geringerer Achslast. Er wurde 2006 auf der Innotrans präsentiert. »

Bombardier hat mit seiner TRAXX-Familie ein schlüssiges Konzept entwickelt, das sich auszahlt. Diese **P160** wurde von der niedersächsischen metronom gekauft.

Einer der wichtigsten Hersteller neuer Dieselloks ist Bombardier mit der TRAXX-Familie, die es auch als Elektroloks gibt. Dank des modularen Konstruktionsprinzips war es möglich, die Wünsche der Kunden kostengünstig zu erfüllen. Das Modell P160 DE ist eine vierachsige dieselelektrische Lok, die in Kassel beim übernommenen Adtranz-Werk gebaut wird. Sie kann bis zu 160 km/h schnell fahren.

MaK, ein bedeutender deutscher Hersteller, heißt inzwischen Vossloh. Von dort kommen besonders preiswerte, aber durchaus sehr leistungsfähige dieselhydraulische Güterzugloks, die von mehreren Eisenbahnbetrieben eingesetzt werden. Neu auf dem Markt ist Voith. Der Marktführer in Sachen Strömungsgetriebe baut jetzt auch selbst komplette Lokomotiven. Flaggschiff ist die Maxima 40 CC mit 3600 Kilowatt. Als Streckenrangierlok in der Tradition der V 60 wurde die Gravita-Reihe entwickelt.

Die **Hohenzollerische Landesbahn** in der gleichnamigen Region in Baden-Württemberg besitzt für den Güterzugverkehr diese **V 124**, eine modernisierte MaK G 1300 BB, mit Strömungsgetriebe von **Voith.** »

Voiths sechsachsige **Güterzuglok Maxima 40CC** mit einer Leistung von 3600 kW ist die stärkste einmotorige dieselhydraulische Lok der Welt.

DIESELLOKS | *Diesellokomotiven der großen Europäer*

Dieseltriebwagen machen Karriere In den 1950er-Jahren war das Fliegen noch teuer. Geschäftsreisen ins Ausland wurden zum größten Teil noch mit dem Zug unternommen. Um in diesem Bereich das Angebot zu verbessern, gründeten 1954 mehrere Eisenbahngesellschaften die Trans-Europ-Express-Kommission mit Sitz in Den Haag. Sie sollte die Standards für den grenzüberschreitenden Schnellverkehr festlegen. Die Deutsche Bundesbahn verwendete für die TEE-Züge die Dieseltriebzugreihe VT 11.5. 1957 wurden 19 Triebköpfe dieses Typs hergestellt. Sie besaßen als Energielieferant jeweils einen Zwölfzylinder-Dieselmotor mit 760 oder 810 Kilowatt Leistung.

Der 1957 bei der Bundesbahn eingeführte **Dieseltriebwagen VT 11.5** zog die Züge des Trans Europ Express (TEE), für die er eigens entwickelt wurde.

Vor allem in den 1980er-Jahren ließ die DB in großer Zahl **Triebwagen der Baureihe 628** mit verschiedenen Motoren produzieren, die dem Regionalverkehr ein neues Antlitz gaben.

Der sparsame **Uerdinger Schienenbus** (einmotorig als **VT 95** und zweimotorig als **VT 98**) versorgte ab den 1950er-Jahren viele Nebenstrecken und rettete ihr Bestehen. «

Ab den 1950er-Jahren fuhren auf vielen deutschen Nebenstrecken Schienenbusse im Dienst der regionalen Personenbeförderung. Anfang der 1970er-Jahre zeichnete sich jedoch ab, dass ein Ersatz für diese Fahrzeuge gefunden werden musste. Geplant waren Triebzüge, die anders als die Schienenbusse auch auf Hauptstrecken einsetzbar sein sollten. Außerdem sollten sie höhere Geschwindigkeiten fahren können und größeren Komfort bieten, um eine attraktivere Alternative zum Auto darzustellen. Gemeinsam mit den Unternehmen Duewag und Maschinenbau Kiel (MaK) entwickelte die Deutsche Bundesbahn die einteiligen Triebwagen der Baureihe 627 sowie die zweiteiligen Triebwagen der Baureihe 628. 1974 konnten die ersten Exemplare ausgeliefert werden, nämlich 24 Stück der zweiteiligen Modelle und acht Exemplare der einteiligen Variante.

In Großserie wurde schließlich nur die Baureihe 628 produziert. Es sollte jedoch noch bis 1986 dauern, bis die Triebwagen in größerer Menge zum Einsatz kamen. Über 450 Exemplare der bis zu 120 km/h schnellen Schienenfahrzeuge wurden bis 1996 hergestellt. Sie sind mit Motoren ausgestattet, die eine Leistung von bis zu 485 Kilowatt erbringen können. Um die Jahrtausendwende kam es dann zur Anschaffung größerer Mengen moderner Dieseltriebwagen der *Desiro*- und *Talent*-Familien von Siemens beziehungsweise Bombardier.

DIESELLOKS | *Diesellokomotiven der großen Europäer*

Diese vierachsige dieselelektrische Lok der Baureihe **BB 67400** der SNCF wurde zwischen 1969 und 1975 gebaut. Hier ist die **67573** beim Künstlerort L'Estaque westlich von Marseille unterwegs.

Eine **Draisine** der Firma Billard aus Tours von 1930 (links) und eine **Zuglok** von Crochat aus dem Jahr 1914 (rechts), die ursprünglich zur französischen Eisenbahnartillerie gehörte und dann an die SNCF ging: Frühe Beispiele französischer **Loks mit Verbrennungsmotor**. »

Diese **CC72100** ist eine **CC72000**, die um 2003 einen neuen Motor erhalten hatte. Sie fährt im Dienst der FRET, der Frachtgesellschaft der SNCF. Auffällig ist die ungewöhnliche Fensterfront.

Dieselloks der SNCF

Ähnlich wie in Deutschland hat sich auch die französische Staatsbahn SNCF bei der Beschaffung von Diesellokomotiven zunächst im eigenen Land nach Herstellern umgesehen und außerdem die Zahl der Modelle relativ gering gehalten. Zu den frühen Erfolgsmodellen gehörten die bei Brissonneau et Lotz hergestellte dieselelektrische Baureihe BB63000, die zwischen 355 und 445 Kilowatt leistete und im mittelschweren Verkehr tätig war. Verbesserte Versionen leisteten 607 Kilowatt.

In den 1960er-Jahren wurden viele Dampfloks durch neue Dieselmaschinen ersetzt. Die gleiche Herstellerfirma belieferte die SNCF ab 1969 mit der Baureihe BB 67400, einer vierachsigen Streckenlok für den Mehrzweckeinsatz, die bis zu 140 km/h schnell fahren konnte. Mit der Achsfolge (A1A)'(A1A)' warteten zwei Baureihen aus den 1960er-Jahren auf, die sich lediglich durch ihre

DIESELLOKS | *Diesellokomotiven der großen Europäer*

Die *Eingeschlagene Nase* **CC72121** ist hier in Verneuil-l'Étang im Raum Paris unterwegs. Sie hatte im Sommer 1969 ihre Jungfernfahrt und wurde dreißig Jahre später mit einem neuen **V16-Motor** ausgestattet.

Motoren unterschieden. Bei den sechsachsigen Loks war die jeweils mittlere Achse der beiden Drehgestelle nicht angetrieben. Dadurch konnte eine Senkung des Achsdrucks erreicht werden.

Echte Sechsachser mit angetriebenen Achsen wurden im Dieselsektor für die SNCF nur mit der Baureihe CC72000 bereitgestellt. Wegen ihrer ungewöhnlichen Fensterfront erhielt sie den Spitznamen *Nez cassés* (eingeschlagene oder gebrochene Nasen). Zwischen 1969 und 1974 wurden 92 Exemplare gebaut und dank einer Höchstgeschwindigkeit von 160 km/h im Schnellverkehr eingesetzt. 2002 wurden 30 dieser Loks in die Baureihe CC72100 umgebaut, unter anderem kam ein deutlich stärkerer V16-Motor zum Einbau. Der Reiseverkehr war die Domäne dieser Baureihe, doch wurde sie auch im Güterverkehr eingesetzt.

1975 wurde mit einer BB67400 die letzte Diesellok des 20. Jahrhunderts bei der SNCF in Dienst gestellt. Erst nach 2000 wurden mit MaK-Lokomotiven wieder einige beschafft. Da in Frankreich der Güterverkehr seit Jahren stark abnimmt, sind Lokomotiven für die SNCF nicht so interessant wie Triebwagen. Im Bereich der Rangierloks waren schon sehr früh Motorlokomotiven eingesetzt worden. Mit den Y-Baureihen hatte die SNCF seit 1958 den Bedarf abgedeckt. Die älteren Reihen (Y 7...) waren noch mechanisch angetrieben, die Y8-Typen der Jahre 1977–1995 bekamen einen dieselhydraulischen Antrieb.

Lange Tradition in Großbritannien

Die britische Regierung hatte bereits 1955 einen Modernisierungsplan beschlossen, der das Ende der Dampflokzeit im Vereinigten Königreich einläutete. Vor allem Diesellokssollten die rauchenden Schienenrösser ersetzen. Die Leistungsklasse bis 1000 Horse Power (ca. 750 Kilowatt) wurde besonders mit Loks der Class 17 und Class 20 bestückt, wobei sich vor allem Letztere bewährte und noch heute im Dienst ist. Das waren dieselelektrische Lokomotiven, die aus den großen alten Herstellerbetrieben wie Stephenson, Vulcan oder Beyer, Peacock & Co. stammten. Mit der Class 30 wurden ab 1957 Loks der Achsfolge (A1A)'(A1A)', also mit einer Laufachse in jedem Drehgestell eingeführt. Der Hersteller Brush lieferte sie in 263 Exemplaren. Sie sollte auf Nebenstrecken mit weniger tragfähigem Oberbau eingesetzt werden. Erfolgreich waren sie allerdings erst nach einer 1964 erfolgten Remotorisierung auf 1100 Kilowatt, wodurch sie zur Class 31 wurden. Unter den Lokomotiven der Leistungskategorie bis 2000 Horse Power (ca. 1500 Kilowatt) ragt die Class 37 heraus. Die Co'Co'-Lok im amerikanischen Design wurde ab 1960 in 309 Exemplaren von

Diese Lok gehört zur **Class 47** der British Rail. Die **Sechsachser** wurden ab 1962 für den Passagier- und Güterverkehr eingeführt.

Bei der Verdieselung in Großbritannien wurde ab 1960 auch die **Class 37** gebaut. Wegen ihres besonderen Motorengeräuschs erhielt sie den Spitznamen *Tractor*.

DIESELLOKS | *Diesellokomotiven der großen Europäer*

Diesellok der Queen

Eigener Fuhrpark für die Royals Schon Queen Victoria hatte einen eigenen königlichen Zug. Diese Tradition wurde beibehalten und die Lokomotiven, die den *Royal Train* ziehen durften, waren besonders ausgesuchte Dieselloks. Seit 2004 ist die 67006 *Royal Sovereign* der Class 67 eine von zwei Loks, die diese Ehre haben. Sie besitzen einen weinroten Anstrich und werden allerdings auch zu anderen Aufgaben berufen. Die vierachsige British Rail Class 67 wurde zur Jahrtausendwende gebaut. Sie erreicht bis zu 200 km/h, wurde aber nicht im Passagierverkehr, sondern vor schnellen Postzügen eingesetzt. Inzwischen gibt es andere Aufgaben – zum Beispiel Royals chauffieren.

English Electric zusammen mit Vulcan und Robert Stephenson gebaut. Wegen ihres charakteristischen Motorsounds als *Tractor* bekannt, wurde diese Baureihe als Personenzuglok vor InterCity-Zügen populär, war sich aber auch als Güterzuglok nicht zu schade. In späteren Jahren wurde dieser Einsatzbereich zu ihrer Domäne. Ihr Ende kam mit der Beschaffung der Class 66.

Starke Briten Die gleichen Hersteller hatten bereits ab 1958 die Class 40 produziert, die vor schweren Schnellzügen und Güterzügen an den Start ging. In der Leistungsklasse zwischen 2000 und 3000 Horse Power (ca. 1500 bis 2250 Kilowatt) wurde allerdings die Class 47 mit 512 Exemplaren zum wichtigsten Modell. 1962 präsentiert, befindet sie sich immer noch im Einsatz. Sie hatte einen Dieselmotor von Sulzer, der 2050 Kilowatt leistete. Die Class 47 war eine Universallok, die im Fracht- wie im Passagierdienst gleichermaßen glänzte.

Zur weitaus wichtigsten Lok der letzten Jahre wurde die Class 66, die nicht nur in einer Stückzahl von 446 in Großbritannien beschafft wurde, sondern auch interna-

Die **Class 66** gehört nicht nur in Großbritannien, sondern auch auf dem europäischen Festland zu den erfolgreichsten **Dieselloks** der letzten Jahre.

Europa pur: Die Dieselmotoren der nordirischen Triebwagen der **Class C3000** stammten von **MAN,** das Getriebe von **Voith.** Der Rest kam aus Spanien.

tional zu einem Klassiker geworden ist. Diese sechsachsige Güterzuglokomotive wurde von den Briten bei EMD bestellt. Der Motor war ein V16-Diesel mit Turbolader, wie er auch in den EMD-Loks der Baureihe SD70 Verwendung fand. Die Leistung dieses Aggregats lag bei 2460 Kilowatt. In vielen europäischen Ländern wurde die dort als Serie 66 bekannte Lok von staatlichen und privaten Eisenbahnunternehmen gekauft.

Die Rangierloks wurden im Gegensatz zu den Großdiesellokos der BR zum Teil auch mit dieselhydraulischem oder dieselmechanischem Antrieb gebaut. Die vielleicht erfolgreichste war die Class 03 aus den Jahren ab 1957, ein Dreikuppler mit 152 Kilowatt.

Die nordirische C3000-Klasse 2002 entschloss sich die staatliche Eisenbahngesellschaft Northern Ireland Railways, den Personenverkehr in Nordirland mit neuen Triebzügen zu modernisieren und attraktiver zu gestalten. Es handelte sich um eine der größten Einzelinvestitionen, die von der nordirischen Eisenbahn jemals getätigt wurden. Die Bestellung im Wert von 80 Millionen Pfund ging an das im spanischen Baskenland ansässige Unternehmen CAT (Construcciones y Auxiliar de Ferrocarriles), das sich bereits seit 1917 mit dem Bau von Rollmaterial beschäftigt.

2004 konnten die ersten Exemplare der Dieseltriebzüge als Class C3000 den Dienst antreten. Die 70,74 Meter langen dreiteiligen Züge bieten 201 Sitzplätze sowie Stehplätze für 280 Personen. Ebenso ist Platz für Fahrräder und Rollstühle vorhanden. Eine Klimaanlage sorgt für angenehme Temperaturen. Die Züge sind für eine Maximalgeschwindigkeit von 145 km/h zugelassen. Jeder der drei Wagen besitzt einen Antrieb. Das Turbogetriebe stammt von Voith. Die von MAN gebauten Dieselmotoren liefern insgesamt eine Leistung von 1014 Kilowatt.

DIESELLOKS | *Diesellokomotiven der großen Europäer*

Die **Klasse 333** der spanischen Renfe war eine echte **Universallok,** die vor Expresszügen genauso glänzte wie vor schweren Güterzügen.

Südeuropas Dieselloks

In Spanien war das Eisenbahnsystem schon vor Franco marode und daran besserte sich unter seiner Diktatur kaum etwas. Erst nach der Demokratisierung des Landes und vor allem nach dem Eintritt in die EG fand eine schwungvolle Modernisierung der Schienenwege statt. Weil sich für das Land als weniger dicht besiedelter Flächenstaat eine Elektrifizierung zunächst nur auf den Hauptstrecken lohnte, wurden Dieselloks gebraucht. Diese sind in der Regel für die spanische Breitspur gebaut. Von Macosa, das heute zu Vossloh gehört, wurde Mitte der 1970er-Jahre die Baureihe 333 beschafft, eine sechsachsige Güterzuglok mit einem 2500 Kilowatt starken Motor, der von General Motors stammte. Mit 120 km/h Höchstgeschwindigkeit konnte die Lok auch im Eilzugdienst fahren.

Spanien beschaffte aber auch Maschinen aus dem Ausland, so Mitte der 1980er-Jahre die Baureihe 354 von Krauss-Maffei. Diese vierachsige dieselhydraulische Lok hatte zwei MTU-Motoren, die zusammen 3110 Kilowatt Leistung erzeugten. Diese Lokomotiven wurden vor Talgo-Zügen eingesetzt, die vor allem als Nachtzüge unterwegs waren.

Bella Italia mit geringer Modellvielfalt Das Land auf dem Stiefel hatte – vor allem im Norden – schon früh die

Krauss-Maffei lieferte 1983/84 acht vierachsige Breitspurloks nach Spanien. Sie bildeten die **Baureihe 354**. Jede erhielt einen Beinamen der Jungfrau Maria.

In Apulien wurden **Triebwagen des polnischen Herstellers PESA** eingesetzt, deren Antrieb und Hydraulikgetriebe aus Deutschland stammten.

Elektrifizierung vorangetrieben. Doch viele Strecken mussten mit Dieselfahrzeugen befahren werden. Zwischen 1957 und 1963 wurden deshalb 105 Loks der Baureihe D 342 gebaut, dieselelektrische Vierachser, die über 1000 Kilowatt leisteten. 1974 besorgte die staatliche Eisenbahngesellschaft FS die Baureihe D 345 mit 990 Kilowatt bei Reggiane und bei der Fiat die D 445 mit 1435 Kilowatt. Die D 345 (das D steht für Diesel im Gegensatz zu den Loks mit dem E vor der Ziffer, was die Elektrolok signalisiert) wurden früher für Personen- und Güterzüge eingeteilt, werden aber nur noch im Frachtdienst beschäftigt. Die größere Baureihe, von der die letzten Exemplare erst 1988 ausgeliefert wurden, hat eine weiter entwickelte Technik, Wendezugeinrichtung und Zugheizung, weshalb sie im Personenzugverkehr Dienst tut.

Polnische Triebwagen im italienischen Süden Die Geschichte des Unternehmens PESA Bydgoszcz SA geht bis auf das Jahr 1851 zurück, als die polnische Stadt Bydgoszcz einen Eisenbahnanschluss bekam und gleichzeitig eine Reparaturwerkstatt entstand. Heute produziert die Firma PESA eigene Schienenfahrzeuge. Dazu gehören Triebwagen, Straßenbahnen, Diesel- und Elektrolokomotiven sowie Passagier- und Güterwagen. Die Produkte aus Bydgoszcz werden unter anderem nach Litauen, in die Ukraine und nach Italien exportiert.

Zu den Kunden im Ausland gehören die Ferrovie del Sud Est (FSE), die größte Privatbahn in der süditalienischen Region Apulien. Die FSE betreiben ein regionales Netzwerk aus Bahn- und Busverbindungen. 2008 stellten sie die ersten von PESA gelieferten, dreiteiligen Dieseltriebwagen vom Typ ATR220 in Dienst. Die Züge besitzen einen dieselmechanischen Antrieb und sind mit zwei MAN-Motoren, die jeweils 382 Kilowatt leisten, ausgerüstet. Sie können eine Höchstgeschwindigkeit von 120 km/h erreichen. Die Länge beträgt 55,67 Meter. In den Wagen finden bis zu 150 Personen einen Sitzplatz. Außerdem können 150 weitere Fahrgäste stehend mitfahren. Schließlich ist auch noch Platz für vier Fahrräder.

Diese Lok gehört zur italienischen **Baureihe D 345**, die seit den 1970er-Jahren Personenzüge zieht, aber auch als Güterzuglok Verwendung findet.

DIESELLOKS | *Dieselokomotiven der großen Europäer*

Bunte Vielfalt in den kleineren Staaten

In der Schweiz verkehren wegen des perfekt ausgebauten Stromnetzes kaum Diesellokomotiven. Sogar die Rangierfahrzeuge sind in der Regel Elektroloks. Dennoch sind in dem Land, das die erste Großdiesellok der Welt gebaut hat, auch Dieselloks zuhause – vor allem im Strecken-Rangierdienst, auf Anschlussgleisen und im grenzüberschreitenden regionalen Güterverkehr nach Italien in Chiasso oder nach Frankreich in Basel, denn dort gibt es andere Stromsysteme. Als wichtigste Lok fungiert die in 73 Exemplaren bei MaK, später Vossloh beschaffte vierachsige G 1700-2 BB mit der Baureihenbezeichnung Am 843, die eine Leistung von 1500 Kilowatt aufweist. Ihr Caterpillar-Motor wurde auf Schweizer Wunsch besonders ausgerüstet und mit einem speziellen Mikropartikelfilter ausgestattet. So gilt die Am 843 als eine der schadstoffärmsten Dieselloks Europas. Die dieselhydraulische Lok verfügt über ein Turbowendegetriebe und eine hochelastische Kupplung von Voith.

Die **Schweiz** benötigt dank ihrer fast kompletten Elektrifizierung nur sehr wenige Dieselloks. Dazu gehört diese **G 1700-2 BB**.

Dieselloks in Österreich In der anderen Alpenrepublik finden Dieselloks ein sehr viel größeres Revier, denn eine ganze Reihe weniger bedeutender Strecken wurde nicht elektrifiziert. Viele davon werden nur noch von Güterzügen befahren. In den 1950er-Jahren wurden verschiedene Lokomotiven vor allem nach amerikanischem Vorbild gekauft. Dazu gehörte auch die Baureihe 2050, bei der es sich um einen in Lizenz von Henschel gebauten Typ handelte, der

Der **Herkules** der Österreichischen Bundesbahnen ist der Dieselverwandte des **Taurus**, eine dieselelektrische Lok mit 2000 kW Leistung.

von General Motors Diesel konstruiert worden war. Die vierachsige Lok hatte eine elektrische Kraftübertragung und war bis zu 100 km/h schnell.

Die Jenbacher Werke in Tirol bauten zwischen 1964 und 1977 vierachsige Lokomotiven mit hydraulischer Kraftübertragung, die als Baureihe 2043 geführt wurden. Diese leichten Maschinen waren als Mehrzweckloks im Nebenbahnverkehr eingeplant worden. In Floridsdorf und Simmering wurden zur selben Zeit praktisch baugleiche Modelle montiert, die als Baureihe 2143 bezeichnet wurden. Sie alle hatten ein Strömungsgetriebe von Voith und einen Zwölf-Zylinder-Motor.

Besonders wichtig im Rangierdienst wurden die Anfang des Jahrtausends beschafften G 800 BB von Vossloh, die als Baureihe 2070 bei der ÖBB eingereiht wurden. Die dieselhydraulischen, vierachsigen Loks haben 738 Kilowatt Leistung und fahren bis zu 100 km/h schnell. Liebevoll wird die Baureihe auch als *Hektor* bezeichnet.

Im Streckendienst wurden gleichzeitig Schwesterloks des *Taurus* der Eurorunner-Reihe von Siemens in Dienst gestellt. Sie hörten auf den Namen *Herkules* und bekamen die Baureihenbezeichnung 2016. Diese bis zu 140 km/h schnellen Fahrzeuge mit 2000 Kilowatt Leistung, die sie aus einem hochmodernen Motor von MTU mit Common-Rail-Technik beziehen, wurden auch von verschiedenen Privatbahnen gekauft.

Die **österreichische Baureihe 2143** aus den Jahren ab 1964 wurde sehr leicht konstruiert, denn sie war für nichtelektrifizierte Nebenstrecken vorgesehen.

Belgien und die Niederlande In Belgien existiert ein hervorragend ausgebautes elektrisches Netz. Diesellokomotiven werden vor allem im Rangierdienst benötigt. Doch in den 1960er-Jahren war man noch nicht so weit. Deshalb wurden mit den Baureihen 51 und 55 sechsachsige dieselelektrische Lokomotiven beschafft, die alte Dampflokomotiven im Streckendienst ablösten. Hinzu kamen die vierachsigen Loks der Baureihe 62. Die heute als Strecken-Rangierfahrzeuge benötigten Maschinen werden von der Baureihe 77 getragen. Dabei handelt es sich um vierachsige dieselhydraulische Lokomotiven von MaK/Vossloh, die aus der Produktfamilie der G 1200 stammen.

In den Niederlanden wurde die Ablösung der Dampflok schon recht früh

Nummer 7798 der Belgischen Staatsbahn (SNCB/NMBS) gehört zur **Baureihe 77**. Der erste der von Siemens und MaK gebauten Vierachser wurde 1999 ausgeliefert.

betrieben. Zu diesem Zweck bestellte die staatliche Bahngesellschaft NS 1955 dieselelektrische Vierachser der Baureihe 2200, die 106 km/h schnell waren und deshalb im Personenzugdienst eingesetzt werden konnten, vor allem später aber im Güterzugverkehr wichtig waren. Mit der zunehmenden Elektrifizierung wurde das Einsatzgebiet der Diesellok aber

DIESELLOKS | *Diesellokomotiven der großen Europäer*

Diese **Di 4** ist der einzige Dieselloktyp, den Norwegen noch einsetzt. Sie wurde von **Henschel und BBC** 1980 gebaut.

immer kleiner. Im grenzüberschreitenden Frachtverkehr gewannen sie wieder an Boden. Von privaten Anbietern werden die Vossloh-Typen G 2000 BB und G 1206, aber auch Class 66 eingesetzt.

Skandinavien als Wiege der Diesellok Eines der ersten Länder, in dem die Dieseltraktion erfolgreich eingesetzt wurde, war Schweden. Dort waren dieselelektrische Triebwagen bereits vor dem Ersten Weltkrieg unterwegs. Zu den bekanntesten schwedischen Dieselloks, die in vielen Staaten Europas fuhren, gehörte die vielen als NoHAB-Lokomotive bekannte AA16, bei der es sich aber nicht um eine Eigenentwicklung, sondern um Lizenzbauten des erfolgreichen EMD-Typs F7 in den Jahren ab 1954 handelte. Die Fertigung erfolgte bei der schwedischen Firma NoHAB (Nydqvist och Holm AB). Doch Schweden gelang es sehr früh, das gesamte Streckennetz zu elektrifizieren, weshalb die Dieselloks an Norwegen abgegeben werden konnten.

Dort wurde 1942 mit einer dieselelektrischen Krupp-Lok das Dieselzeitalter eingeläutet. Vom gleichen Hersteller kamen ab 1954 die Rangierloks der Serie Di 2. Im selben Jahr wurden auch die sogenannten NoHAB-Loks aus Schweden eingekauft. Sie bildeten die Baureihe Di 3. Als Di 4 wurden 1980 fünf sechsachsige Henschel-Loks beschafft, die noch im Dienst sind und Personenzüge durch den Norden des Landes ziehen. Weil die Norges Statsbaner (NSB) jedoch auf Elektrotraktion und Dieseltriebwagen setzt, sind diese heute die letzten im Dienst verbliebenen Strecken-Dieselloks Norwegens.

Finnland begann in den 1950er-Jahren wie viele andere europäische Staaten mit der Modernisierung seiner Eisenbahn. Dabei wurde die Diesellok zunächst zum wesentlichen Faktor. Inzwischen ist die Elektrifizierung jedoch schon weit fortgeschritten. Drei Baureihen (Dv12, Dr 14 und Dr 16) werden heute noch im Dienst gehalten. Die Dv12 aus den Jahren 1964 bis 1984 ist in vieler Hinsicht mit der westdeutschen V 100 ver-

Die **finnische VR-Baureihe Dv12** hatte die bundesdeutsche V 100 zum Vorbild. Sie wurde im Land selbst gebaut und gehört zu den letzten Dieselloks Finnlands.

wandt. Finnland konnte diese 192 Maschinen bei Valmet und Locomo im eigenen Land herstellen. Die Dr 16 wurde zu ihrem Nachfolger, ohne sie jedoch ganz aus dem Dienst verdrängen zu können.

Dm12 für finnische Temperaturen Der traditionsreiche tschechische Eisenbahnhersteller Škoda Vagonka produziert seit 2001 in einem modernisierten Werk in der osttschechischen Stadt Ostrava. Schienenfahrzeuge werden nicht nur für die inländischen Eisenbahngesellschaften gebaut, sondern auch in andere Länder exportiert. Dazu gehört der Dieseltriebwagen Dm12, von dem ab Ende 2004 genau 16 Exemplare an die finnische Staatsbahn geliefert wurden. Die Triebwagen basieren auf der Baureihe 842, die bereits für die tschechische Eisenbahn hergestellt worden war. Sie sind speziell für das skandinavische Klima mit Temperaturen zwischen minus 40 Grad und plus 35 Grad Celsius konzipiert. Einsatzgebiet ist der Regionalverkehr. Ihr Vorteil ist, dass sie sich kostengünstiger als Loks einsetzen lassen. Dadurch lässt sich der Betrieb auch auf Strecken mit geringem Fahrgastaufkommen aufrechterhalten. Als Antrieb fungieren für jeden Triebzug zwei unterflur eingebaute Dieselmotoren mit jeweils 301 Kilowatt Leistung. Die zugelassene Höchstgeschwindigkeit liegt bei 120 km/h. Jede Dm12-Einheit ist mit 63 Sitzplätzen ausgestattet und bietet zusätzlich 60 Stehplätze.

Der **Dieseltriebwagen Dm12** wurde von **Škoda Vagonka** für die finnische Staatsbahn gebaut und an das kalte Klima angepasst.

Osteuropa setzt auf Dieselloks

Im Gefolge der sowjetischen Verkehrspolitik und aus Gründen der Effizienz begann der Wechsel zur Dieseltraktion in den ehemaligen Staaten des Warschauer Pakts recht vielversprechend. Ein paar Fabrikate wurden in großen Mengen hergestellt, es gibt aber auch interessante Sonderwege. Doch dann stoppte die Entwicklung.

2200 Kilowatt stark war die **ТЭП60 (TEP60)**. Im Reiseverkehr schaffte sie Geschwindigkeiten von bis zu 160 km/h. Ihr Einsatzgebiet lag im Westen des Landes. »

Die **M62**, in vielen Versionen gebaut, war anfangs für **Ungarn** bestimmt, doch viele andere Länder bekamen diese sechsachsige dieselelektrische Lok ebenfalls geliefert.

Dieselloks nach Plan in der Sowjetunion

Die Sowjetunion verfügte über genügend Kraftstoffvorräte, weshalb ein Umsteigen auf die Diesellok dort sehr offensiv betrieben wurde. Erster Beleg dafür war die Lomonossow-Lok, die 1924 bei Hohenzollern in Düsseldorf nach russischen Plänen gebaut wurde. Sie war ein dieselelektrisches Schienenfahrzeug, bei dem der Motor einen Generator antrieb, welcher die Kraft auf die fünf Achsen übertrug. Doch dieser Antrieb war recht teuer, weshalb die Erbauer der frühen Dieselloks in Europa zum direkten Antrieb über Kuppelstangen zurückkehrten.

Dieselloks im Personenverkehr Während des Zweiten Weltkriegs empfing die Sowjetunion aus den USA neben einer größeren Stückzahl Dampfloks auch einige dieselelektrische Lokomotiven. In Charkow wurden ab 1948 zweiteilige Güterzugloks gebaut, die die Bezeichnung ТЭ2 (TE2) trugen. Über 500 wurden gebaut,

2940 Kilowatt leistete die **ТЭП70 (TEP70)**, die 1973 bei der Eisenbahn der **Sowjetunion** Einzug gehalten hatte. Sie wurde bis 2006 produziert.

doch sie waren sehr schwer und langsam. Noch dazu war der 1000 PS (736 Kilowatt) starke Motor zu schwach. Aus diesem Grund wurden ab 1956 die ТЭ3 (TE3) produziert, die doppelt so stark waren. Die Produktionsziffer belief sich auf 6809 Exemplare. Aus diesem Typ wurde im gleichen Jahr die Personenzuglok ТЭ7 (TE7) abgeleitet. Vor allem die Getriebeübersetzung war eine andere. Allerdings erfüllten sich die Hoffnungen auf bis zu 140 km/h nicht, gerade einmal 100 km/h waren möglich.

Aus diesem Grund wurde die ТЭП60 (TEP60) eingeführt, die einen 3000 PS (2200 Kilowatt) starken Motor besaß und bei den ersten Tests bis zu 160 km/h schnell fuhr. Die 1241 bis 1985 gebauten Exemplare wurden vor allem auf den großen Hauptstrecken im Westen des Reiches eingesetzt, so im Baltikum, dem Westen Russlands und der Ukraine. Auch die Strecke Moskau – Leningrad bediente sie eine Zeitlang. Ab 1973 wurde mit der ТЭП70 (TEP70) eine auf 4000 PS (2940 Kilowatt) verstärkte Nachfolgerin eingeführt, die sogar bis 2006 noch produziert wurde. Allerdings betrug die Stückzahl lediglich 767. Ein Pro-

Die **2ТЭ10М (2TE10M)** war eine Doppellokomotive auf Basis der TE10 mit gesteigerten Leistungsdaten. 1981 lief das erste Exemplar aus der Fertigungshalle.

blem waren die noch fehlenden Schnellfahrstrecken im Land. Zum Teil wurden aber auch die schnellsten Strecken elektrifiziert. Neben der stärkeren Leistung hatten die Erbauer in Kolomna vor allem eine bessere und modernisierte Fahrerkabine entworfen.

Schwere Loks für schwere Güter Zwei Jahre nach der TE3 begann die Produktion der ТЭ10 (TE10), einer 3000 PS (2200 Kilowatt) starken Güterzuglokomotive. Dieses Modell bildete die Grundlage für eine vielfältige Fahrzeugfamilie, die bis 1996 hergestellt wurde. In der Sowjetunion war es nicht ungewöhnlich, Doppellokomotiven aus einem Typ zu entwickeln. Für den Export wurden diese allerdings in der Regel nicht vorgesehen. 1960 wurden die ersten Doppellokomotiven gebaut, die die Bezeichnung 2TE10 bekamen. Von diesem Modell wurden ab 1961 vom Typ 2TE10L stolze 3192 Exemplare gebaut, ab 1975 vom 2TE10W genau 1898, zwischen 1981 und 1990 kamen 2444 Exemplare der 2TE10M hinzu und ab 1989 vom Typ 2TE10U über 500 weitere. Daneben gab es auch Dreifachloks und sogar Vierfachlokomotiven für die Baikal-Amur-Magistrale. Aus Lugansk kam ab 1964 die sechsachsige dieselelektrische Güterzuglok des Typs M62, die ursprünglich für Ungarn entwickelt wurde, das „abtrünnig" war und Diesellokomotiven aus Schweden gekauft hatte. Sie besaß einen Zwölf-Zylinder-Motor mit 1470 Kilowatt Leistung. Viele Bauteile stammten aus der TE3 und der TE10. Ab 1970 wurden auch für die russischen Breitspurstrecken Lokomotiven vom Typ M62 produziert. Wieder geschah eine Verdopplung, ja sogar eine Verdreifachung der Lok, woraus eine verbesserte Zugleistung resultierte.

1971 begann die Fertigungsgeschichte der 4500 Kilowatt starken zwölfachsigen Doppellokomotive 2ТЭ116 (2TE116), die schwere Güterzüge ziehen sollte. In modernisierter Form wird diese Baureihe immer noch produziert. 2006 kam mit dem Typ 2ТЭ25К (2TE25K) eine Nachfolgerin auf die Schiene, ebenfalls eine zweiteilige Diesellok, die sogar 5000 Kilowatt Leistung erbringt. Allerdings ist die gebaute Stückzahl noch nicht besonders hoch. Die bis zu 110 km/h schnellen Loks zeichnen sich insbesondere durch einen im Vergleich zu ihren Vorgängerinnen äußerst mäßigen Kraftstoffverbrauch aus. Auch ist die Lok modular gebaut, das heißt, viele

Die **ТЭ7 (TE7),** auf Grundlage der Güterzuglok **ТЭ3 (TE3)** entstanden, erfüllte die Erwartungen derjenigen nicht, die in ihr eine hervorragende Schnellzuglok sahen.

DIESELLOKS | Osteuropa setzt auf Dieselloks

Schmalspurloks

Die kleinen Brüder Neben der dominierenden russischen Breitspur gab es in den Regionen des größten Landes der Erde eine Vielzahl von Schmalspurstrecken. Auch dort sollten die Dampfloks abgelöst werden. Weil es sich dabei meist um wenig frequentierte Strecken handelte, ging man auf die Dieseltraktion über. In der Regel wurden dabei vierachsige Modelle gebaut. Die 750-Millimeter-Loks stammten von der Maschinenfabrik in Kambarka an der Wolga. Das Baujahr der gezeigten Ty2 ist 1955. Daneben gab es auch eine kleinere Zahl von Fahrzeugen in Kapspur auf der Insel Sachalin, die in der Diesellokfabrik Ljudinowo hergestellt wurden.

Bauteile können bei mehreren Loktypen verwendet und die Leistungsparameter je nach Bedarf durch verschiedene Komponenten angepasst werden.

Zwischen Strecke und Güterbahnhof Auf dem Sektor der Rangierloks und der Maschinen, die im Nahbereich eingesetzt wurden, produzierte die Sowjetunion ab 1958 den Typ ТЭМ1 (TEM1), der viele Bauteile der Streckenloks TE2 und TE3 verwendete. 1960 kam die stärkere ТЭМ2 (TEM2) hinzu, die über 6000 mal gebaut wurde. Drei Jahre später folgte die ЧМЭ3 (TschME3), ein Import aus der Tschechoslowakei, von der noch die Rede sein wird. Mit der TEM3 folgte 1979 eine modernisierte Version der TEM2. Die drei TEM-Modelle können um die 100 km/h erreichen, womit sie auch bei Überführungsfahrten oder anderen regionalen Arbeiten gute Dienste leisteten. Der Hersteller, das Maschinenbauwerk in Brjansk, lieferte neben der Standardkonfiguration auch verschiedene Varianten aus, etwa eine Reihe mit Tropenausrüstung. Die TEM2 wurde auch nach Polen geliefert, allerdings in Normalspur, und dort als Baureihe SM48 bezeichnet.

Mit der **ТЭМ3 (TEM3)** wurde 1979 eine Streckenrangierlok eingeführt, die eine technisch modernisierte Version der **ТЭМ2 (TEM2)** war. Sie wurde sowohl im Verschub als auch beim regionalen Weitertransport von Güterwagen eingesetzt.

Über 6000 Exemplare wurden von dieser schweren Rangierlok ab 1960 gebaut. Die **ТЭМ2 (TEM2)** gehörte zu den wichtigsten Dieselloks im Nahbereich. Optisch erinnert der 1200 PS starke Sechsachser an US-amerikanische Modelle.

Zusätzlich zu den Lokomotiven für den eigenen Bedarf produzierte die Sowjetunion in ihren verschiedenen Werken auch Exportmodelle, die vor allem in andere sozialistische Staaten verkauft wurden.

Neben den Lokomotiven wurden bereits seit den 1960er-Jahren auch Dieseltriebwagen beschafft. Die wichtigsten waren knapp 700 Stück der Bauarten Д (D) und Д1(D1), die in Ungarn bei Ganz-MÁVAG hergestellt wurden. Letztere standen sogar bis 1989 auf den Produktionslisten. Zwischen 1984 und 1989 stellten die von Vagonka Studénka in der Tschechoslowakei produzierten Vierachser АЧ2 (ATsch2) mit dieselhydraulischer Kraftübertragung mit über 3100 Exemplaren den Löwenanteil der Dieseltriebwagen auf dem Gebiet der UdSSR.

Dieseltriebwagen bezog die Sowjetunion aus der Tschechoslowakei und Ungarn. Dieser **Д1, (D1)** wurde in Ungarn bei dem alten Staatsbetrieb **MÁVAG** produziert.

Die **ST44** der polnischen Staatsbahn PKP wurde aus der sowjetischen M62 abgeleitet. Sie war seit ihrer Einführung im Jahr 1966 die wichtigste Zugmaschine im schweren Güterverkehr.

Von Polen bis Rumänien: Dieselantrieb wird genutzt

Polen hatte aufgrund seiner Geschichte eine Vielzahl verschiedenster Loktypen im Dienst. Hinzu kam die großflächige Zerstörung der Infrastruktur im Zweiten Weltkrieg, weshalb die erste Maxime der Wiederaufbau bleiben musste. Doch gegen Ende der 1950er-Jahre konnte man langsam daran denken, die altersschwachen Dampfloks aus der Zeit vor dem Ersten Weltkrieg durch moderne Dieselloks zu ersetzen.

Aus Ungarn von Ganz-MÁVAG bekam die staatliche Eisenbahngesellschaft PKP eine Reihe von Dieseltriebwagen für den regionalen Personen- und Pendelverkehr. Dazu gehörten vor allem die Baureihen SN52 und mit 250 Exemplaren die SN61. Außerdem wurden von dort vierachsige Dieselloks der Baureihen SM40 und SM41

Der doppelte orangefarbene Winkel an der Lokfront gab der **Baureihe SM42** den Spitznamen *Zebra*. Anders als hier abgebildet transportierte sie früher Güter.

geliefert. Zum wichtigsten Lokomotivenproduzenten Polens selbst wurde die Firma Fablok in Chrzanów, die neben Dampflokomotiven für die Dieseltraktion Rangierloks wie die Baureihe SM03, aber auch bedeutende Streckenloks herstellte. Eine äußerst wichtige Streckenrangierlok war die ab 1965 in 1157 Exemplaren produzierte SM42, die erste größere Diesellok Polens. Diese dieselelektrische Lok konnte bis zu 90 km/h schnell fahren. Sie bewährte sich so gut, dass einige Exemplare für den Personenzugverkehr umgebaut wurden. Diese wurden dann als Baureihe SP42 klassifiziert.

Als Güterzugloks beschaffte die PKP ab 1965 als Baureihe ST43 aus Rumänien 422 Sechsachser, die dort als Baureihe 60 bedeutsam waren. Außerdem wurden in der Sowjetunion 1182 auf die polnischen Verhältnisse abgestimmte Exemplare der M62 bestellt. Neben der anderen Spurweite unterschied sich die polnische, als ST44 bezeichnete Variante, vor allem durch ihre veränderten Scheinwerfer von der M62. Dieser Typ wurden zur Diesellok mit der größten Stückzahl in Polen.

Als Streckenrangierlok wurden ab 1976 bei Fablok 168 Exemplare der dieselelektrisch angetriebenen Baureihe SM31 produziert. Sie war eine Nachfolgerin der Baureihe SM42.

1976 löste die **Baureihe SM31** die SM42 ab. Ihre Aufgabe lag vor allem im Rangierdienst und im regionalen Gütertransport.

DIESELLOKS | *Osteuropa setzt auf Dieselloks*

Gleichzeitig kamen aus der UdSSR gleichartige Maschinen des Typs ТЭМ2 nach Polen, die als Baureihe SM48 in den Fuhrpark aufgenommen wurden.

In neuerer Zeit wurde wie bei den anderen Nationen für den Personenverkehr eine Reihe von Dieseltriebwagen beschafft. Zum Teil konnte man auch aus älteren Beständen Deutschlands Dieseltriebwagen übernehmen.

Zwischen Böhmerwald und Waldkarpaten Das Eisenbahnnetz der ehemaligen Tschechoslowakei, die sich in die beiden Staaten Tschechien und Slowakei aufgespalten hat, gehört zu den dichtesten der Welt. Auch die Lokindustrie war schon lange Jahre hervorragend aufgestellt. 1963 kam aus der UdSSR ein Auftrag zum Bau einer leistungsstarken Streckenrangierlok, der mit dem Bau der ЧМЭ3 (TschME3) ausgeführt wurde. Immer mehr Exemplare wurden daraufhin bestellt. So kam es, dass dieser tschechische Dieselloktyp zum meistgebauten der Welt wurde: Die Sowjets kauften im Lauf der Jahre 7459 Maschinen. Doch auch die einheimische Eisenbahn sollte von dieser gelungenen Konstruktion profitieren. So wurde ebenfalls ab 1963 eine normalspurige Version gebaut und als Baureihe T 669.0 eingereiht. Die sehr amerikanisch aussehenden Loks wurden wie in der Sowjetunion im schweren Rangierdienst und im Personennahverkehr eingesetzt. Im Gegenzug erhielt die Tschechoslowakei aus der Sowjetunion 599 sechsachsige Loks der Reihe M62, die als Baureihe T 679.1 (später 781) verzeichnet wurde.

Eine ungewöhnliche Baureihe war die T 478.3 (heute 753), die ab 1970 zum Einsatz kam. Das lag nicht etwa an der dieselelektrischen Kraftübertragung oder der Bo'Bo'-Achsfolge, auch die Leistung von etwas über 1300 Kilowatt bewegte sich durchaus im normalen Bereich. Seltsam mutete aber die Stirnseite dieser Lok an. Die Fensterfront ragte

Aus guten Gründen bekam die **Baureihe T 478.3** der tschechoslowakischen Staatsbahn ČSD den Spitznamen *Taucherbrille*. Diese Loks wurden auf Hauptstrecken eingesetzt.

etwas über die Karosserie hinaus, war eckig und sah aus wie eine Taucherbrille.

Im weit verzweigten Nebenbahnverkehr wurden gern Dieseltriebwagen verwendet. Ab 1975 standen die Fahrzeuge der Baureihe M 152.0 (später 810) zur Verfügung, die in fast 700 Exemplaren gebaut wurden. Diese auch in Ungarn als *Bzmot* eingesetzten zweiachsigen Triebwagen hatten einen Sechs-Zylinder-Motor, der 155 Kilowatt leistete. Die M 152.0 wurden später in niederflurige Fahrzeuge umgebaut und modernisiert, wodurch sie zur Baureihe 814 mutierten. Die problematische Finanzsituation erlaubte nach dem Zusammenbruch des Ostblocks nur einen mäßigen Ausbau des Fuhrparks, der allerdings vorwiegend bei den Elektrofahrzeugen erfolgte.

An der Donau und durch die Puszta Um den Übergang vom Dampflokbetrieb zur Dieseltraktion zu schaffen, kaufte Ungarn bei der schwedischen NoHAB 20 Exemplare des in Europa als NoHAB-Lok bekannt gewordenen Lizenznachbaus der amerikanischen F7. Weil sich die Maschinen gut bewährten, wollte man eigentlich noch mehr haben, doch die Sowjets bestanden darauf, ihre eigenen Modelle an den

Solche zweiachsigen Dieseltriebwagen mit Sechs-Zylinder-Motor der **Baureihe M 152.0** prägten ab 1975 den Personenverkehr auf den vielen Nebenstrecken der Tschechoslowakei.

Die meistgebaute Diesellok der Welt war die **TSCH MS 3**, die aus der Tschechoslowakei kam, aber vor allem in die Sowjetunion exportiert wurde. Sie fuhr auch in vielen anderen Ostblockstaaten.

DIESELLOKS | Osteuropa setzt auf Dieselloks

Mann zu bringen. Deshalb beschaffte die Staatsbahn MÁV ab 1965 die M62 aus Lugansk, die in den anderen RGW-Ländern gleichfalls eingesetzt wurde. Sie diente vor allem als Güterzuglok, musste aber auch im Personenverkehr arbeiten – dafür bekam sie einen Heizwagen mit. 1970 wurden zwei 2000 Kilowatt starke M63, die in Budapest bei Ganz gebaut wurden, in Dienst gestellt. 1975 folgten acht weitere. Sie sollten schwere Güterzüge, aber auch Expresszüge ziehen.

Für mittlere bis leichtere Aufgaben wurden Modelle wie die vierachsige M40 gebaut, die auch ins Ausland verkauft werden konnten. Das große Angebot an Rangierloks stammte meist aus heimischer Produktion. Nach der Grenzöffnung 1989 erneuerte sich die Verbindung zu Österreich und es kam zu einer engen Zusammenarbeit. Daraus resultierte auch der Kauf von zehn Dieseltriebwagen des Bombardier-Typs *Talent*, die von dem ÖBB-Modell der Reihe 4124 abgeleitet wurden. Außerdem wurden 23 Desiro-Triebzüge von Siemens gekauft.

In Siebenbürgen und der Walachei 1937 bauten Henschel, BBC und Sulzer für die rumänische Staatsbahn Căile Ferate

Ungarn kaufte einige schwedische **NoHAB-Loks**, doch das war bei den Sowjets nicht gern gesehen, denn sie waren der Nachbau einer US-amerikanischen Diesellok.

Man sieht es schon am Design: Die rumänische **Klasse 60** war eine schweizer Konstruktion. Die meisten Exemplare wurden allerdings in **Rumänien** gefertigt. Sie bewährte sich prächtig.

Române (CFR) die damals stärkste Diesellok der Welt, die auf der Strecke Bukarest – Kronstadt eingesetzt wurde. Die als DE 241.001/002 geführte dieselelektrische Doppellokomotive leistete 3236 kW. 1959 wurde wieder ein Auftrag in die Schweiz vergeben. Die CFR wünschte eine vielseitige sechsachsige Diesellok mit 1400 Kilowatt Leistung, die den Eisenbahnverkehr in Rumänien tragen sollte. Das Ergebnis war die Baureihe 60 oder 060 DA, die nach sechs Exemplaren aus der Schweiz bis 1993 noch 2490-mal in Lizenz in Craiova gefertigt werden sollte. Grundlage für die Lok war eine Ae 6/6, die für die SBB gebaut worden war. Allerdings war sie auf Dieselbetrieb umgestellt worden. Auch andere Staaten wie Polen oder China bezogen diesen Typ. Er wurde zu einer der besten Diesellok seiner Zeit. Die für die DDR in Rumänien gebaute Baureihe 119 wurde hingegen nicht für das eigene Streckennetz gefertigt.

In den Jahren nach dem Ende der Ceauçescu-Diktatur, die für das Eisenbahnwesen eine Zeit des Verfalls war, begann man damit, das Streckennetz langsam zu modernisieren. Dazu gehörten auch neue Fahrzeuge. Ab 2002 wurden 120 Dieseltriebwagen des Siemens-Typs „Desiro" beschafft, mit denen vor allem der regionale Verkehr um Bukarest modernisiert werden konnte. Sie wurden als Baureihe 96 einsortiert und tragen den Beinamen *Blauer Pfeil*. Zwar fahren sie nur bis zu 120 km/h, doch in Rumänien ist das sehr schnell.

Gepäcktriebwagen

Motorisierte Gepäckträger Manche Triebzüge führen neben Passagieren auch Gepäck und Stückgut mit. Triebwagen, die keinen Fahrgastraum haben, sondern nur für den Materialtransport dienen, werden als Gepäcktriebwagen bezeichnet. Ein Beispiel dafür ist die MDmot-Baureihe, die von der ungarischen Staatsbahn MÁV 1970 eingeführt wurde. Die dieselhydraulischen Gepäcktriebwagen wurden mit vier- und sechsteiligen Garnituren eingesetzt. Bei den anderen Zugteilen handelte es sich um einen Steuerwagen und Zwischenwagen für die Personenbeförderung.

DIESELLOKS | *Der Dieselmotor erobert die Welt*

Der Dieselmotor erobert die Welt

Flächenstaaten mit weniger dichter Besiedlung folgten dem Beispiel der USA und ersetzten ihre Dampflokomotiven durch Dieselloks. Zwar dominieren weltweit heute die großen Hersteller, doch Sonderwünsche und geografische Anforderungen machen die einzelnen Fahrzeuge zu unverwechselbaren Maschinen mit ganz eigenem Flair.

Bei **Tülomsaş** in der Türkei wurde diese Lok der **Baureihe DE24000** der türkischen Staatsbahn gebaut. Entwickelt wurde sie 1970 in Frankreich.

In den Ländern des Islam

Die Entwicklung der Eisenbahn in der Türkei und den Gebieten des ehemaligen Osmanischen Reichs wurde geprägt von deutschen, französischen und englischen Ingenieuren. Die verwendeten Dampfloks stammten aus den gleichen Ländern, aber später auch aus den USA. Doch die Staatsbahn der Türkei setzte ihren Ehrgeiz daran, eine eigene Lokindustrie aufzubauen. In Eskişehir entstand aus einer ehemaligen Lokomotivwerkstatt eine Fertigungsstätte, in der ab 1968 eigene Dieselloks produziert wurden. Meist wurde aus Deutschland oder Frankreich eine Nachbaulizenz erworben. So erklärt es sich, dass in der Türkei dieselhydraulische (Kürzel DH am Anfang der Typbezeichnung) und dieselelektrische (DE) Loks eingesetzt werden. Nach ihrer Umwandlung in eine AG 1986 stellte die TÜLOMSAŞ (Türkiye Lokomotif ve Motor Sanayii A.Ş.) acht Jahre später die erste selbst konstruierte Diesellok vor, eine Streckenrangierlok, die die Bezeichnung DH 7000 trägt. Eine der wichtigsten Baureihen ist die DE 24000, eine bis zu 120 km/h schnelle, sechsachsige Mehrzwecklok, die ab 1970 in Eskişehir gebaut wurde.

Triebzüge im Iran Die iranische Staatsbahn setzt seit den 1970er-Jahren Triebwagen ein. Zu den neueren Klassen zählen die Triebzüge vom Typ DH4-1. 2001 hatte die Siemens AG Österreich von der iranischen Eisenbahngesellschaft eine Bestellung für 20 vierteilige Dieseltriebwagen erhalten. Die mit dem Beinamen *Paradis* versehenen Triebzüge sollten auf der 926 Kilometer langen Strecke zwischen Teheran und Maschhad die Reisezeit von zwölf auf neun Stunden verkürzen und für mehr Komfort sorgen.

Die **Siemens AG Österreich** entwickelte 2001 für die iranische Eisenbahn den **Dieseltriebwagen des Typs DH4-1**. Er wurde – sicherlich etwas überschwenglich – *Paradis* genannt.

Exportmodelle

Indonesien fährt amerikanisch In vielen Ländern, die sich keine eigene Lokomotivenproduktion leisten können, wird auf die Maschinen der großen, weltweit operierenden Firmen zurückgegriffen. So stammt diese indonesische Lok aus den Vereinigten Staaten von General Electric. Sie hat die Kapspurweite von 1067 Millimetern und eine größere Fahrerkabine, was sie von dem Standardmodell unterscheidet. Die U20C gehört zur Universal-Serie von GE und ist eigentlich als Streckenrangierlok konzipiert, doch in Indonesien zieht sie sogar Eilzüge im Personenverkehr.

Dynamisch und modern wirkt der **südkoreanische Dieseltriebwagen**, der im Iran als Intercity vorgesehen ist. Die Antriebstechnik stammt von den bewährten Zulieferern **Voith** und **MAN.**

Die ersten DH4-1-Züge wurden 2006 in Dienst gestellt. Sie setzen sich aus vier Triebwagen mit Sitzplätzen für 252 Personen zusammen. Die Höchstgeschwindigkeit liegt bei 160 km/h.

2004 erteilte die iranische Staatsbahn dem koreanischen Unternehmen Hyundai Rotem einen Auftrag über die Lieferung von Intercity-Triebzügen, mit denen ebenfalls der Personenverkehr verbessert werden soll. Die vierteiligen Züge sind 105,6 Meter lang und können eine Höchstgeschwindigkeit von 135 km/h erreichen. Die von MAN gelieferten Motoren können eine Leistung von 588 Kilowatt vorweisen. Von Voith stammt das Turbogetriebe.

Dieselbetrieb im Mahgreb Die vom Islam geprägten Staaten im Nordwesten Afrikas stehen auch nach der Kolonialzeit mit Frankreich in engem Verhältnis. So wundert es nicht, wenn man dort auf viele französische Diesellokomotiven stößt. Das größte Netz hat Marokko, das sich zusammen mit Spanien sogar bereits überlegt, eine Tunnelverbindung unter der Straße von Gibraltar zu schaffen. Zu den eingesetzten Diesellokomotiven gehören neben einigen amerikanischen vor allem französische Modelle, die teilweise auch gebraucht gekauft wurden. Dazu zählte zum Beispiel die Baureihe CC 72000, eine sechsachsige Alsthom-Lok, die bis zu 160 km/h erreicht und im Personen- und Schnellzugverkehr eingesetzt wird.

Marokko ist der wahrscheinlich modernste Eisenbahnstaat der muslimischen Welt. Dieser Sechsachser fuhr, wie man an der Lackierung noch erkennen kann, vor Kurzem als **72085** für die FRET der SNCF.

Südafrika

Das Land der Kapspur Im größten afrikanischen Eisenbahnnetz mit der Spurweite 1067 Millimeter findet man eine Vielzahl interessanter Eisenbahntypen. Da etwa vier Fünftel des Netzes elektrifiziert sind, gelten die Dieselloks als nicht so wichtig wie die Elektroloks. Die Dampfloks wurden erst ab 1970 langsam ersetzt. Dieselloks wurden in der Regel von den beiden US-amerikanischen Giganten EMD und GE gekauft. Dieses Modell ist eine GT18MC von Electro-Motive, welche die Südafrikanische Eisenbahn SAR in die Klasse 35-200 eingeordnet hat. Ein Teil der 151 Exemplare wurde in der südafrikanischen Filiale von General Motors gebaut. Sie wurden vor allem auf Nebenstrecken eingesetzt.

Sri Lanka importierte Lokomotiven aus verschiedenen Ländern. Die **Class M6** wurde 1979 bei **Henschel Thyssen** in Kassel gebaut. Ihre V12-Motoren stammten von **General Motors.**

Von der privaten Bahngesellschaft **Ferrocarril de Antofagasta a Bolivia** im Norden **Chiles** wurde diese sechsachsige dieselelektrische **GR12U** im Frühjahr 1961 von der Electro-Motive Division gekauft und in Betrieb genommen. Sie fährt in der dortigen Meterspur und ist hier mit einer Schwesterlok im Einsatz. Schwefelsäure wird ins Gebirge transportiert, um Kupfer zu gewinnen. Aus Bolivien werden Bodenschätze ans Meer transportiert. Das Geschäft lohnt sich, sodass die FCAB gebrauchte Loks ähnlicher Bauart in Australien zukauft.

Diese **GT22CW** der Electro-Motive Division in Breitspur wurde von den Ferrocarriles Argentinos ab 1972 eingesetzt. Insgesamt waren es 79 Exemplare dieser Lok, einige wurden in Argentinien in Lizenz gebaut.

Diesel auf der Südhalbkugel

Auf der ganzen Welt sind heute dieselbetriebene Eisenbahnfahrzeuge anzutreffen. Die gegenüber der Dampflok massiv niedrigeren Kosten – noch dazu, wenn man die Wartung mitrechnet – und die größere Flexibilität gegenüber der Elektrolok lassen sie zum Favoriten vieler Eisenbahnbetriebe auf der ganzen Welt werden. Vielfach stammen die Maschinen aus den USA.

Diese dieselelektrische Lok wurde 1953 von **English Electric** für die brasilianische Rede Ferroviária do Nordeste gebaut. **No. 710** wird im Eisenbahnmuseum von Recife ausgestellt.

DIESELLOKS | *Der Dieselmotor erobert die Welt*

Japan und China – zwei Welten

Kawasaki, Mitsubishi, Hitachi oder Toshiba – sicher bringen nicht viele Menschen diese Firmen mit der Eisenbahn in Verbindung. Und doch gehören sie zu den wichtigsten Herstellern von Lokomotiven im Land der „aufgehenden Sonne". Nur etwa 7000 Kilometer des nationalen Streckennetzes – ausnahmslos Kapspur – sind noch nicht elektrifiziert. Daher ist die Zahl der Dieselloks beschränkt. Besonders interessant ist allerdings die auf der Insel Hokkaido eingesetzte Baureihe DF 200, die die in Europa – abgesehen von Italien oder der Gotthardlokomotive Re 6/6 – ungewöhnlich wirkende Achsanordnung Bo'Bo'Bo' aufweist. In Japan gehört diese Achsfolge zu den gebräuchlichsten.

China hingegen, ein Land, das sogar noch Ende des letzten Jahrhunderts Dampflokomotiven gebaut hatte, entwickelt sich zu einem Dieselgiganten. Die ersten Diesellokomotiven wurden Ende der 1950er-Jahre importiert. Dieselelektrische Modelle stammten aus Ungarn und Rumänien, später auch aus Frankreich und den USA, dieselhydraulische Typen von Henschel. Doch die Chinesen lernten, bauten bald eigene Lokomotiven an verschiedenen Standorten. Die Dongfeng-Reihen, abgekürzt DF, wurden ab 1964 zum Teil in großen Mengen produziert. Die DF4 in Varianten von der Schnellzuglok bis zur Güterzuglok war die meistgebaute. Auch die DF7 und die DF11 wurden in größeren Stückzahlen gebaut. Seit 2008 wurde die *Harmonie*-Generation in Dienst gestellt. Mit dem Kürzel HXN werden verschiedene

Diese japanische **Güterzuglok-Baureihe DF200** mit der Achsfolge Bo'Bo'Bo' wird seit 1992 von **Kawasaki** gebaut. Sie gehört der Frachtgesellschaft JF Freight.

Loks bezeichnet. Die HXN5 zum Beispiel ist eine ES59ACi der *Evolution Series* von General Electric.

Neigetechnik aus China Die chinesische Eisenbahn erlebt ebenso wie die gesamte Wirtschaft des Landes eine schnelle Entwicklung. Für Schlagzeilen sorgen vor allem die Hochgeschwindigkeitszüge oder die Lhasa-Bahn, aber nicht überall lohnt sich der Streckenneubau. Ein in der nordostchinesischen Stadt Tangshan ansässiges Unternehmen, dessen englische Firmenbezeichnung „Tangshan Railway Vehicle Co. Ltd." lautet, entwickelte deshalb einen dieselhydraulischen Triebzug mit Neigetechnik. Die Neigung, die in der Kurve bis zu acht Grad betragen kann, erlaubt eine Geschwindigkeitssteigerung von 20 bis 30 Prozent im Vergleich zu herkömmlichen Zügen. Der Tangshan-Zug fährt meist vierteilig, wobei jeder Triebwagen mit einem 559 Kilowatt starken Motor ausgestattet ist. In dieser Konfiguration können 288 Personen einen Sitzplatz finden. Optional kann noch ein angehängter Wagen mitgeführt werden. In diesem Fall stehen Sitzplätze für 358 Fahrgäste zur Verfügung. Die Höchstgeschwindigkeit verringert sich jedoch mit dem zusätzlichen Wagen von 160 auf 140 km/h. Das hydraulische Getriebe der Züge wird von der Firma Voith geliefert. Trotz steigender Rohölpreise hat die Dieseltraktion auch in den kommenden Jahren dank ihrer Flexibilität glänzende Aussichten.

Auch die Volksrepublik **China** ersetzt immer mehr Dampfloks durch Diesellokomotiven. Hier im Bild ist ein Exemplar der **Baureihe Dongfeng 11**, eine Schnellzuglok, die zwischen 1992 und 2005 in 459 Exemplaren gebaut wurde.

Der chinesische **Tangshan-Zug** mit Neigetechnik und dieselhydraulischem Antrieb soll ein weiterer Schritt in Richtung moderne Eisenbahn auch abseits der Hauptstrecken sein.

Personenbeförderung
Von schnell bis regional

Personenzugloks und Triebwagen

Neben dem Gütertransport war der Personenverkehr von Anfang an ein Hauptzweck der Eisenbahn. Dabei ging es nicht immer nur darum, möglichst große Entfernungen zu überwinden, sondern oft nur um Fahrten innerhalb einer bestimmten Region oder einer Stadt. Selbst im Tourismus spielte die Eisenbahn bald eine wichtige Rolle.

Die **Harzer Schmalspurbahnen** setzen heute noch die Einheitslok 99 7222 regelmäßig ein. Die 1930 gebaute Lok fuhr früher in Thüringen.

Bahnhöfe sind Zentren des Personenverkehrs. Der **Bahnhof Bern** dient täglich mehr als 150 000 Reisenden als Verkehrsknotenpunkt. «

Die Beförderung von Personen gehörte von Anfang an zu den wichtigsten Aufgaben der Eisenbahn. Bereits zu Beginn der Dampflokzeit entwickelte man zu diesem Zweck spezielle Maschinen. Von den Güterzuglokomotiven unterschieden sie sich vor allem durch einen größeren Treibraddurchmesser, durch den sie eine höhere Geschwindigkeit erreichten.

Einheitszugloks für den Reiseverkehr

Als die Deutsche Reichsbahn-Gesellschaft eine einheitliche Bezeichnung für die Baureihen einführte, bekamen die Personenlokbaureihen mit Schlepptender die Nummern 20 bis 39 sowie die Personenzug-Tenderlokomotiven die Nummern 60 bis 79 zugewiesen.

Ein Drache aus Kassel

Die erste Henschel-Lokomotive *Drache* hieß die erste von Henschel & Sohn gebaute Dampflokomotive. An der Entwicklung der Personenzuglok beteiligt war der aus England angeheuerte Ingenieur James Brook. Als 1848 die Auslieferung an die Friedrich-Wilhelms-Nordbahn erfolgte, waren fast 100 Pferde nötig, um die 22 Tonnen schwere Maschine auf einem Wagen zu den Gleisen zu ziehen. Der Transport nahm acht Tage in Anspruch. Am 29. Juli 1848 konnte der *Drache* seine erste Fahrt absolvieren. Die Lok erreichte eine Höchstgeschwindigkeit von 45 km/h.

Von den Preußischen Staatseisenbahnen hatte die DRG unter anderem auch die P 8 übernommen. Als Baureihe 38.10–40 kam sie sowohl für den Personen- als auch für den Güterverkehr zum Einsatz. Auch die P 10 erfüllte als Baureihe 39 wichtige Aufgaben im Personenverkehr. Bei den Einheitslokomotiven führte die DRG 1928 die Baureihe 24 ein. Diese Lokomotiven, die von mehreren Unternehmen produziert wurden, besaßen eine Dienstmasse von 57,4 Tonnen. Damit waren sie ungefähr halb so schwer wie die ehemalige P 10. Die 24er-Loks waren deshalb vor allem

Die vielseitige **preußische P 8**, die später zur **Baureihe 38** kam, fand unter anderem im Schnellzugdienst Verwendung.

PERSONENBEFÖRDERUNG | *Personenzugloks und Triebwagen*

Zu den Tenderlokomotiven für den Personenverkehr zählte die **Baureihe 64** der Deutschen Reichsbahn-Gesellschaft, die von 1928 bis 1940 gebaut wurde.

Diese **Schmalspurlokomotive** fährt heute in der Tschechischen Republik. Gebaut wurde sie in den 1950er-Jahren von Fablok für die polnische Staatsbahn als **Baureihe Px48**.

für den Einsatz auf Neben- und den leichten Dienst auf Hauptstrecken vorgesehen. 95 Exemplare dieses Loktyps wurden bis 1939 hergestellt.

An einer Ablösung für die Baureihe 38, die ehemalige P 8, wurde ebenfalls gearbeitet. Die Schichau-Werke stellten 1941 die beiden ersten Baumusterlokomotiven der neuen Baureihe 23 her. Es war geplant, bis zu 800 Exemplare in Dienst zu stellen, was jedoch der Krieg vereitelte.

Eine größere Bedeutung gewannen die Loks der Baureihe 64, bei denen es sich um Tenderlokomotiven handelte, die ansonsten baugleich mit der Baureihe 24 waren. Von 1928 bis 1940 wurden 520 Stück von diesem Loktyp hergestellt. An der Produktion waren fast alle deutschen Lokomotivenhersteller beteiligt. Die Höchstgeschwindigkeit der Loks lag bei 90 km/h. Die Maschinen wurden vor allem im ebenen Gelände und auf kurzen Nebenbahnstrecken eingesetzt.

Personenzugloks aus Mitteleuropa

Die nach dem Ersten Weltkrieg gegründete Tschechoslowakei bekam 1918 mit der ČSD (Československé státní dráhy) eine eigene Staatsbahn. Die privaten Eisenbahnbetreiber wurden 1920 zum größten Teil verstaatlicht. Auf den Schienen liefen zunächst die Lokomotiven der kaiserlich-königlichen Staatsbahnen (kkStB), der

Nur zwei Exemplare wurden von der **ČSD-Baureihe 464** hergestellt. Die einzige überlebende Lokomotive zieht heute Museumszüge.

Böhmischen Nordbahn-Gesellschaft (BNB) und anderer Eisenbahngesellschaften. Nach der Selbstständigkeit begann die Produktion eigener Maschinen.

Zu den Dampflokomotiven, die aus tschechoslowakischer Produktion stammten und im Personenverkehr tätig waren, gehörte die Baureihe 464.0, die ab 1933 in Dienst gestellt wurde. Von den Unternehmen ČKD in Prag und Škoda in Pilsen wurden bis 1940 76 Exemplare hergestellt. Die Loks mit der Achsfolge 2'D2' erreichten eine Höchstgeschwindigkeit von 90 km/h. Der Kesseldruck lag bei 13 bar.

Eine Weiterentwicklung der Maschinen war die Baureihe 464.1, von der ČKD 1940 jedoch nur zwei Exemplare herstellen konnte. Die neue Version zeichnete sich unter anderem durch einen auf 18 bar erhöhten Kesseldruck aus.

Nach dem Ersten Weltkrieg baute **Polen** baute ein eigenes Eisenbahnnetz auf. Lange Zeit wurde auf Dampftraktion gesetzt. Die Lokomotiven von **Fablok** spielten dabei eine wichtige Rolle.

Personenzugloks in Polen

Polen erlangte 1918 die Unabhängigkeit. Da das Land vorher unter Russland, Österreich-Ungarn und dem Deutschen Reich aufgeteilt war, wurden auch drei Streckennetze übernommen. Der neuen polnischen Staatsbahn PKP (Polskie Koleje Państwowe) fiel die Aufgabe zu, ein einheitliches Netz zu schaffen. Zu den Lokomotiven, die für den Personenverkehr zuständig waren, gehörte die preußische P 8, von der Polen 190 Stück erhalten hatte.

1920 kam ein Vertrag der PKP mit dem Unternehmen Fablok aus dem südpolnischen Chrzanów über die Lieferung von 1200 Lokomotiven zum Abschluss. Zu den Personenzugloks, die aus Chrzanów kamen, gehörte die ab 1923 gebaute Ok22. Die Maschine mit der Achsfolge 1'C war bei Hanomag in Hannover entwickelt worden. Sie basierte technisch auf der P 8, hatte jedoch einen stärkeren Kessel. Abgesehen von den ersten fünf in Hannover produzierten Exemplaren wurden 185 weitere Loks bei Fablok gefertigt.

Ebenfalls von Fablok wurde ab 1932 die Pt31 gebaut. Dabei handelte es sich um eine Schlepptenderlokomotive mit der Achsfolge 1'D1', die eine Höchstgeschwindigkeit von 110 km/h erreichte. Ihre indizierte Leistung lag bei 1472 Kilowatt, einem etwa doppelt so hohen Wert wie bei der Ok22. 110 Stück der Pt31 verließen das Werk bis 1940. Zu den bekanntesten Dampflokomotiven für den Personenverkehr aus der Zeit nach dem Zweiten Weltkrieg gehörte die Ol49, von der Fablok von 1951 bis 1954 insgesamt 112 Exemplare produzierte. Die Zugmaschine hatte die Achsfolge 1'C1'.

Die **Ok22-31** ist eine der beiden noch existierenden Lokomotiven der Baureihe Ok22. Die Dienstmasse der **Schlepptenderlok** liegt bei 133 Tonnen.

PERSONENBEFÖRDERUNG | *Personenzugloks und Triebwagen*

Die Klasse AB

Neuseelands starke Lok Neuseeland nimmt keinen der wichtigsten Plätze in der Eisenbahngeschichte ein, besaß jedoch bereits 1880 eine Regierungsbehörde, das New Zealand Railways Department (NZR), die für den Eisenbahnbetrieb auf den Inseln zuständig war. Lokomotiven wurden nicht nur importiert, sondern auch selbst hergestellt. Die bedeutendste davon war die Klasse AB, von der 58 Exemplare in Neuseeland und 83 in Schottland gebaut wurden. Die AB soll die erste Dampflokomotive gewesen sein, die pro 100 Pfund (ca. 45,4 kg) Gewicht eine Pferdestärke an Leistung erbringen konnte.

Personenverkehr im englischsprachigen Raum

Die Jubilee- und Manor-Klassen in Großbritannien

Zahlreiche verschiedene Lokomotiven für den Personenverkehr kamen bei den „Großen Vier" in Großbritannien zum Einsatz. Zu den leistungsfähigen Loks der London, Midland and Scottish Railway (LMS) gehörte die Jubilee-Klasse. Die Drei-Zylinder-Maschinen kamen erstmals 1935 in den regulären Dienst. Von LMS und der Firma North British Loco wurden insgesamt 191 Stück hergestellt. Die Leistung entsprach anfangs jedoch nicht den Erwartungen. Als Grund dafür machte man den Überhitzer aus. Nachdem man den passenden Typ eingebaut hatte, war dieser Makel behoben. Auch andere Änderungen wurden im Lauf der Zeit vorgenommen. Insgesamt wurden zehn Kesselversionen verwendet. Auch unterschiedliche Drehgestelle und Tender fanden Verwendung. Die letzte Lok der Jubilee-Klasse ging 1967 in den Ruhestand.

Als „Manor-Klasse" oder „7800-Klasse" wurde eine Lok der Great Western Railway (GWR) bezeichnet. Auch bei diesem Modell konnten anfängliche Probleme durch technische Verbesserungen beseitigt werden. Die ersten 20 Exemplare der Lok wurden von der GWR in den Jahren 1938 und 1939 gebaut. British Railways, die seit 1948 existierende große nationale Eisenbahngesellschaft, ließ 1950 weitere zehn Exemplare der Lok herstellen.

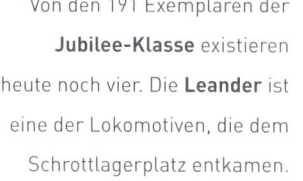

Von den 191 Exemplaren der **Jubilee-Klasse** existieren heute noch vier. Die **Leander** ist eine der Lokomotiven, die dem Schrottlagerplatz entkamen.

Die **7800er-Klasse** wurde ursprünglich für die **Great Western Railway** gebaut, mit Ausnahme von zehn Exemplaren, die für **British Railways** hergestellt wurden.

An Attraktivität gewannen die Züge in letzter Zeit nicht nur durch ihre Technik und ihren Komfort, sondern auch durch ihr Äußeres, wie dieser **Meridian.**

Von **First Hull Trains** wurden die Züge der **Klasse 222** als „Pioneer" bezeichnet und mit einer anderen Farbgebung versehen.

Moderne Triebwagen in England Zu den modernsten Zügen, die sich in Großbritannien im Personenverkehr im Einsatz befinden, gehören die Dieseltriebwagen der Klasse 222. Diese Modelle sind mit den anderen Klassen der von Bombardier gebauten Voyager-Familie verwandt. Die Züge fahren vier-, fünf- oder neunteilig, wobei jeder Wagen mit einem 560 Kilowatt starken Dieselmotor ausgestattet ist.

Bei Bombardier begann 2003 der Bau der Klasse-222-Triebwagen, wobei man Verbesserungen anhand der Erfahrungen von den etwas älteren Baureihen 220 und 221 einfließen lassen konnte. Zu den Weiterentwicklungen gehörte die Verlegung verschiedener Bauteile unter den Boden, sodass mehr Platz für die Passagiere vorhanden war. 2004 kamen die ersten Exemplare unter der Bezeichnung *Meridian* bei der Eisenbahngesellschaft Midland Mainline zum Einsatz. Im folgenden Jahr übernahm auch First Hull Trains mehrere Wagen der Klasse 222 und nannte sie *Pioneer*. 2007 kamen die *Pioneers* jedoch zu East Midlands Trains (EMT), der Nachfolgegesellschaft der Midland Mainline, wo sie ebenfalls *Meridian* genannt werden.

Die *Meridian*-Züge fahren vor allem auf den Strecken London – Nottingham, London – Sheffield und London – Derby. Sie erreichen eine Höchstgeschwindigkeit von 200 km/h. Vierteilige Züge sind 93,7 Meter lang und bieten bis zu 174 Personen einen Sitzplatz. Die neunteiligen Züge sind 208,7 Meter lang und haben 478 Sitzplätze.

PERSONENBEFÖRDERUNG | *Personenzugloks und Triebwagen*

Die Eisenbahn war lange Zeit das wichtigste Verkehrsmittel in den USA. Diese von **ALCO** gebaute Lokomotive zieht Passagierwagen von **Pullman.**

Diese Lokomotive vom Typ **Hudson** der Canadian **Pacific Railway** wurde 1930 von den Montreal Locomotive Works gebaut. »

In den Rocky Mountains wurden oft **Schmalspurstrecken** gebaut, um die Bergwerkssiedlungen zu versorgen. Heute sind die Strecken oft touristische Attraktionen.

Das goldene Zeitalter der nordamerikanischen Eisenbahn Die Bedeutung der Eisenbahn für die Erschließung des amerikanischen Kontinents, die Wirtschaft und das Leben der Menschen kann gar nicht hoch genug eingeschätzt werden. Bereits Ende des 19. Jahrhunderts waren die Züge das wichtigste Massenverkehrsmittel. Sie dienten nicht nur dem Zweck, lange Strecken zu überwinden, sondern zunehmend auch dazu, die wachsenden Vororte mit den Zentren der Großstädte zu verbinden. Bis 1910 waren fast alle Eisenbahngleise durch die belastbareren Stahlschienen ersetzt und wenige Jahre später erreichte das amerikanische Schienennetz seine größte Ausdehnung. Trotz der wachsenden Konkurrenz durch das Automobil und die Wirtschaftskrise der 1930er-Jahre wird die erste Hälfte des 20. Jahrhunderts als die „Goldene Zeit" der Eisenbahn in Nordamerika bezeichnet.

Eine bedeutende Rolle spielte die ab 1927 von ALCO produzierte Loktype mit der Achsfolge 4-6-4, die auch als *Hudson* bezeichnet wurde. Die New York Central Railroad stellt 275 Stück in Dienst. Auch die Canadian Pacific Railway nahm von 1929 bis 1940 64 *Hudsons* als Baureihe H1 in den Fuhrpark mit auf, um die Fahrzeiten auf den transkontinentalen Strecken zu verringern. Die kanadischen Versionen wurden jedoch von den Montreal Locomotive Works gebaut. Einige stromlinienförmige Ausführungen kamen ab 1937 auf die Gleise. Diese schnelleren Loks bekamen die Bezeichnung *Royal Hudson*.

PERSONENBEFÖRDERUNG | *Personenzugloks und Triebwagen*

In der **Sowjetunion** wurde wenig Wert auf den Individualverkehr gelegt – umso wichtiger war die Bahn. Die Loks der **Su-Klasse** zogen viele der Personenzüge.

Ins Innere Asiens

Die S-Klasse vor und nach der russischen Revolution

Die Standardklassen für den Personenverkehr in Russland besaßen die Achsanordnung 2-6-2 (russisch: 1-3-1). Sie wurden zur S-Klasse gezählt. Die Loks waren an der typischen spitzen „Nase" zu erkennen. Von 1910 bis 1919 wurden 678 Exemplare dieser Lok hergestellt. Sie besaßen zwei Zylinder und erreichten eine Höchstgeschwindigkeit von 115 km/h.

In den 1920er-Jahren erfuhr der Lokomotivenbau in der Sowjetunion eine intensive Förderung. Die S-Klasse hatte sich bewährt und wurde nun in einer überarbeiteten Version als Klasse Cy (Su) hergestellt. Im Zeitraum von 1924 bis 1951 verließen 2683 Lokomotiven dieser Klasse die Werke von Kolomna, Brjansk, Sormowo und Charkow. Von den Vorgängern konnte man sie durch die stumpfe Nase unterscheiden. Die Su-Klasse war im Vergleich zu den Vorgängern länger und schwerer. Die Leistung konnte von 883 auf bis zu 1151 Kilowatt gesteigert werden.

Mit dem Zug zum Dach der Welt

Die westlichen Regionen Chinas mit den östlichen Bevölkerungs- und Wirtschaftszentren zu verbinden, war seit Langem ein Bestreben der Regierung in Peking. Seit der Annexion Tibets durch China 1951 träumte man davon, eine Schienenverbindung bis nach Lhasa, der tibetischen Hauptstadt, zu bauen. Bereits 1955 schickte Mao Tse-tung eine Expertengruppe auf das Hochland von Tibet, um die Machbarkeit einer solchen Strecke erkunden zu lassen. Doch die enormen Herausforderungen führten dazu, dass das Projekt verschoben wurde. Erst 1977, drei Jahre nach Maos Tod, konnte eine 814 Kilometer lange Strecke zwischen Xining, der Hauptstadt der nordöstlich von Tibet gelegenen Provinz Qinghai, und der 2810 Meter hoch gelegenen Stadt Golmud in Betrieb genommen werden. Es sollte jedoch noch bis 1984 dauern, bis der reguläre Verkehr begann.

Eine noch größere Herausforderung stellte der Bau der Strecke von Golmud nach Lhasa dar. 2001 begannen die Bauarbeiten. Die letzten Abschnitte der Lhasa-Bahn, auch Tibet-Bahn, Qinghai-Tibet-Bahn oder Qingzang-Bahn genannt, konnten 2006 fertig gestellt werden. Unzählige Brücken mussten gebaut werden. Über 80 Prozent der 1142 Kilometer langen Strecke verlaufen auf einer Höhe von mehr als 4000 Metern über der Meeresoberfläche. Der höchste Punkt der Strecke ist der Tanggula-Pass an der Grenze zwischen Qinghai und Tibet mit einer Höhe von 5231 Metern. Dort befindet sich auch der höchste Bahnhof der Welt. Die Gleise sind zum Teil auf Permafrostboden verlegt, was eine zusätzliche Herausforderung darstellt, da beim Tauen der Oberfläche die Trasse einsinken könnte. Es musste eine spezielle Abdeckung entwickelt werden, um dies zu verhindern.

Die Bauer der **Qinghai-Tibet-Bahn** standen zahlreichen Herausforderungen gegenüber. Wegen des schwierigen Terrains mussten unzählige Brücken gebaut werden.

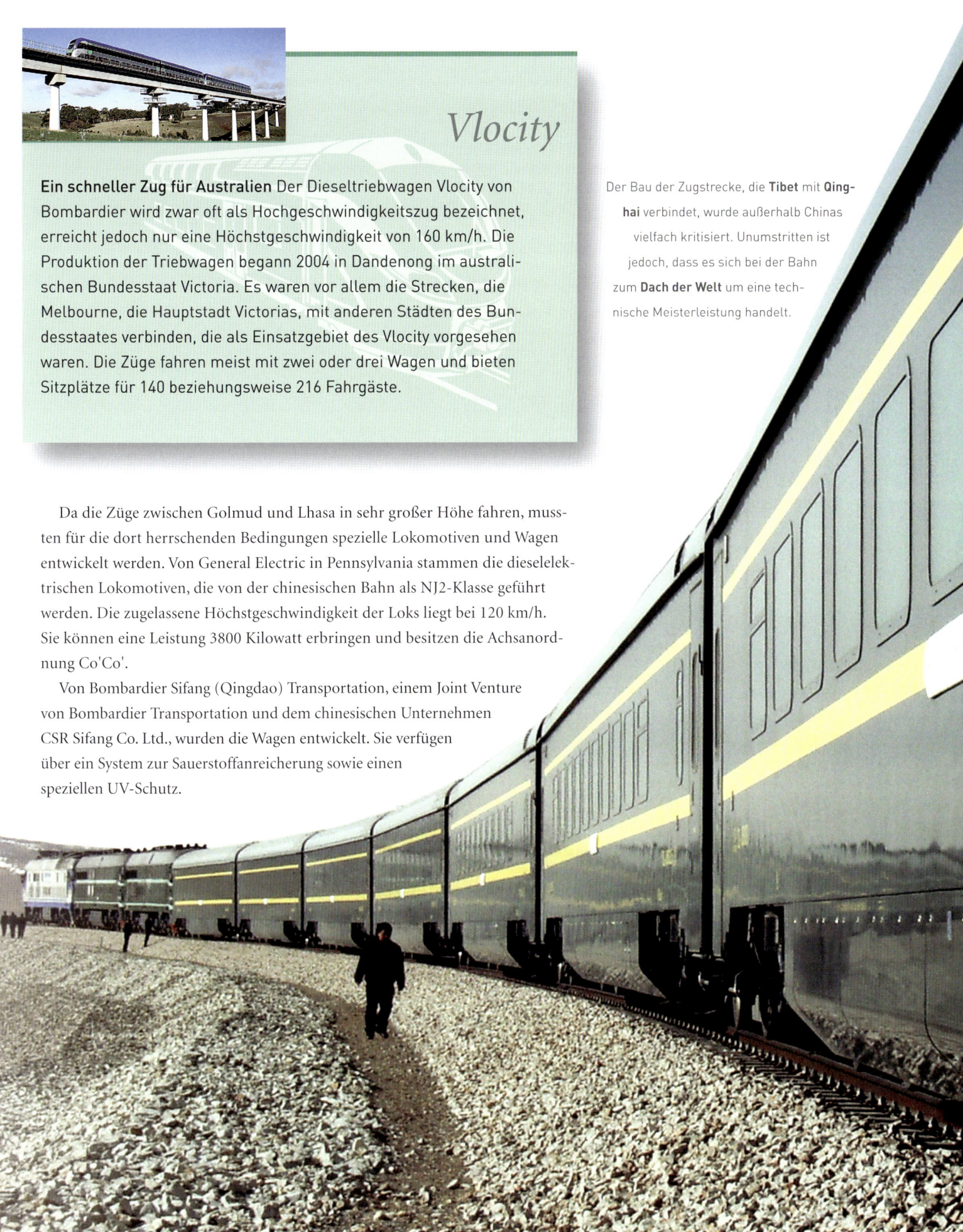

Vlocity

Ein schneller Zug für Australien Der Dieseltriebwagen Vlocity von Bombardier wird zwar oft als Hochgeschwindigkeitszug bezeichnet, erreicht jedoch nur eine Höchstgeschwindigkeit von 160 km/h. Die Produktion der Triebwagen begann 2004 in Dandenong im australischen Bundesstaat Victoria. Es waren vor allem die Strecken, die Melbourne, die Hauptstadt Victorias, mit anderen Städten des Bundesstaates verbinden, die als Einsatzgebiet des Vlocity vorgesehen waren. Die Züge fahren meist mit zwei oder drei Wagen und bieten Sitzplätze für 140 beziehungsweise 216 Fahrgäste.

Der Bau der Zugstrecke, die **Tibet** mit **Qinghai** verbindet, wurde außerhalb Chinas vielfach kritisiert. Unumstritten ist jedoch, dass es sich bei der Bahn zum **Dach der Welt** um eine technische Meisterleistung handelt.

Da die Züge zwischen Golmud und Lhasa in sehr großer Höhe fahren, mussten für die dort herrschenden Bedingungen spezielle Lokomotiven und Wagen entwickelt werden. Von General Electric in Pennsylvania stammen die dieselelektrischen Lokomotiven, die von der chinesischen Bahn als NJ2-Klasse geführt werden. Die zugelassene Höchstgeschwindigkeit der Loks liegt bei 120 km/h. Sie können eine Leistung 3800 Kilowatt erbringen und besitzen die Achsanordnung Co'Co'.

Von Bombardier Sifang (Qingdao) Transportation, einem Joint Venture von Bombardier Transportation und dem chinesischen Unternehmen CSR Sifang Co. Ltd., wurden die Wagen entwickelt. Sie verfügen über ein System zur Sauerstoffanreicherung sowie einen speziellen UV-Schutz.

PERSONENBEFÖRDERUNG | *Schnellverkehr*

Schnellverkehr

Die Eisenbahn ermöglichte das Reisen mit einer Geschwindigkeit, die man vorher mit anderen Verkehrsmitteln nicht gekannt hatte. Eine Reise, die vorher mit der Kutsche oder dem Schiff Tage in Anspruch genommen hatte, konnte nun in Stunden unternommen werden. Die Geschwindigkeit konnte nicht hoch genug sein.

Deutsch-englischer Wettlauf um den Rekord

Die **Baureihe 01** der Deutschen Reichsbahn-Gesellschaft war für den schweren Schnellzugdienst konzipiert. Die Loks erreichten eine Höchstgeschwindigkeit von 130 km/h.

Die schnellen Bayern Den Fahrgästen eine möglichst hohe Reisegeschwindigkeit bieten zu können, lag im Interesse aller Eisenbahngesellschaften. Sie arbeiteten deshalb daran, schnellere Loks zu bauen und die Strecken für höhere Geschwindigkeiten tauglich zu machen. Ein Beispiel dafür waren die Königlich Bayerischen Staatseisenbahnen, die im Deutschen Reich das zweitgrößte Streckennetz unterhielten.

Speziell für Versuchsfahrten erteilte die Staatseisenbahn beim Münchener Lokomotivenhersteller Maffei den Auftrag für die Konstruktion einer Schnellzuglok. 1906 wurde die S 2/6 ausgeliefert. Beim Design hatten die Konstrukteure Wert auf einen möglichst geringen Luftwiderstand gelegt. Die Lok mit der Achs-

Hohe Geschwindigkeiten erzielten die **stromlinienverkleideten** Lokomotiven der **Baureihe 03.10**.

Über eine **Stromlinienverkleidung** verfügten auch die Lokomotiven der **Baureihe 05**, von denen allerdings nur drei Exemplare hergestellt wurden.

folge 2'B2' besaß vier Zylinder und erzielte eine indizierte Leistung von ungefähr 1620 Kilowatt. Auf der Strecke von München nach Augsburg erreichte sie eine Höchstgeschwindigkeit von 154,2 km/h und war damit die schnellste Lok in Deutschland.

Die S 2/6 blieb ein Einzelstück. 1908 stellten die Königlich Bayerischen Staatseisenbahnen jedoch die S 3/6 in Dienst. Hergestellt wurde diese Schnellzuglok ebenfalls von Maffei, jedoch war man bei der Geschwindigkeit bescheidener. Die Höchstgeschwindigkeit wurde mit 120 km/h angegeben. Die indizierte Leistung lag bei 1300 Kilowatt. Bis 1931 stellte Maffei 159 Exemplare der Lok her.

Einheitsloks im Schnellverkehr 1920 erfolgte die Vereinigung der deutschen Länderbahnen zur Deutschen Reichsbahn, aus der 1924 die Deutsche Reichsbahn-

Die bayerische **S 3/6** war eine bedeutende frühe **Schnellzuglokomotive.** Sie wurde über einen Zeitraum von 23 Jahren gebaut. Die Ausmusterung der letzten Exemplare erfolgte im Jahr 1969.

PERSONENBEFÖRDERUNG | *Schnellverkehr*

Gesellschaft (DRG) wurde. Bei den neu eingeführten Typenbezeichnungen standen die Baureihen 01 bis 19 für Schnellzuglokomotiven. Aus der bayerischen S 3/6 wurden bei der DRG die Baureihen 18.4 und 18.5. Eine andere Schnellzuglok, die von einer Landesbahn übernommen wurde, war die sächsische XX HV, bei der es sich um eine Tenderlokomotive mit der Achsformel 1'D1' handelte. Bei der Deutschen Reichsbahn-Gesellschaft wurde sie als Baureihe 19 mit der Nummerierung 19 001 bis 19 023 geführt.

Eine bedeutende Rolle unter den Schnellzuglokomotiven spielte die Baureihe 01. Die Schlepptenderlokomotive wurde ab 1925 als Nachfolgerin der Baureihe 17, bei der es sich um die ehemalige preußische S 10 handelte, in Dienst gestellt. Insgesamt wurden 231 Exemplare der Lok in den Werkstätten der Firmen AEG, Borsig, Henschel, Hohenzollern, Krupp und BMAG hergestellt. Die Höchstgeschwindigkeit belief sich anfangs auf 120 km/h. Im Zuge der technischen Verbesserungen erfolgte auch eine Erhöhung der maximalen Geschwindigkeit auf 130 km/h. Die Maschinen mit der Achsfolge 2'C1' konnten eine indizierte Leistung von 1648 Kilowatt vorweisen. Zu sehen waren sie zunächst vor allem auf norddeutschen Strecken. Später wurde ihr Einsatzgebiet ausgeweitet. Nach dem Zweiten Weltkrieg kamen die Loks der Baureihe 01 sowohl bei der Deutschen Bundesbahn als auch bei der Reichsbahn der DDR zum Einsatz. Im Westen Deutschlands erfolgte ihre endgültige Ausmusterung 1973. Im Osten liefen sie noch bis Anfang der 1980er-Jahre.

Als **Henschel-Wegmann-Zug** wurde diese **stromlinienverkleidete** Zuggarnitur bezeichnet. Sie verkehrte von 1936 bis 1939 ohne Halt zwischen Berlin und Dresden.

Leicht und schnell Ebenfalls für den Schnellverkehr waren die Loks der Baureihe 03 bestimmt. Sie waren um fast zehn Tonnen leichter als die 01er-Loks und konnten daher auf mehr Strecken eingesetzt werden. Die Höchstgeschwindigkeit betrug anfangs ebenfalls 120 km/h. Später konnte sie auf 130 km/h erhöht werden. Die Firmen Borsig, Krupp, Henschel, und BMAG stellten von 1930 bis 1938 von dieser Maschine 298 Exemplare her.

Von der Baureihe 05 wurden nur drei Exemplare produziert. Sie erregten jedoch Aufsehen, weil die 1935 von Borsig gebaute Lok mit der Nummer 05 002 auf einer Fahrt mit 200,4 km/h einen Geschwindigkeitsrekord aufstellte. Die Loks waren rot

Die Lokomotiven der Baureihe 10 gehörten zu den Neubauloks der Deutschen Bundesbahn. Die **Schnellzugdampfloks** wurden 1957 hergestellt und bereits 1968 wieder ausgemustert.

Zwei historische **Schnellzuglokomotiven** stehen Seite an Seite im Lokschuppen. Bei der **19 017** handelt es sich um das einzige noch erhaltene Exemplar dieser Baureihe.

lackiert und besaßen eine Stromlinienverkleidung. Nach dem Zweiten Weltkrieg kamen die Maschinen zur Deutschen Bundesbahn, 1958 wurden sie ausgemustert.

Nigel Gresley und die Schnellzugloks Nigel Gresley war zweifellos einer der bedeutendsten Lokomotivenkonstrukteure in Großbritannien. Zu den Früchten seiner Arbeit gehörten die Schnellzugloks, die er in den 1920er- und 1930er-Jahren für die London and North Eastern Railway (LNER), das zweitgrößte Eisenbahnunternehmen des Landes, entwickelte. Die Baureihe A1 wurde bereits ab 1922 hergestellt, damals noch für die Great Northern Railway, die im folgenden Jahr Teil der LNER wurde. Bei diesem Typ handelte es sich um die erste in Großbritannien in Serie gebaute Lokomotive mit der Achsfolge 4-6-2 (2'C1'), die in den USA bereits seit Anfang des Jahrhunderts eingesetzt wurde und allgemein als *Pacific* bekannt war.

Die A1 stand ursprünglich in Konkurrenz zu der von einem anderen Konstrukteur gebauten A2, die ebenfalls eine *Pacific* war. Allerdings erwies sich Gresleys Lok bei mehreren Tests als überlegen. Bis 1925 wurden von der A1 in dem Doncaster-Werk der LNER und von der North British Locomotive Company 52 Exemplare hergestellt. Die Loks kamen im schnellen Fernverkehr zum Einsatz. Das bekannteste Exemplar der Reihe war die 4472, die den Namen *Flying Scotsman* trug und dafür bekannt wurde, dass es die Geschwindigkeitsmarke von 100 Meilen pro Stunde (161 km/h) überschritt.

Die **Britannia-Klasse** oder auch **Standard-Klasse 7** der British Railways war eine der wenigen britischen **Pacifics**. Sie wurde in den 1950er-Jahren für den gemischten Verkehr eingeführt.

Die von 1945 bis 1951 gebauten Loks der **Battle-of-Britain-Klasse** trugen wegen ihres geringen Gewichts auch die Bezeichnung **Light Pacific.** «

Schneller und sparsamer Allerdings zeigte sich auch, dass die A1-Maschinen viel Kohle verbrauchten. Deshalb wurden Änderungen an der Konstruktion vorgenommen. Das erste Exemplar dieser neuen Version, als A3 bezeichnet, erschien 1928. Bis 1935 wurden 27 Exemplare dieser Variante hergestellt. Die ursprünglichen A1-Loks wurden im Lauf der Zeit ebenfalls umgebaut und zur A3-Reihe gezählt.

Da die LNER für die Strecke zwischen London und Newcastle eine Schnellzugverbindung einrichten wollte, konstruierte Gresley eine neue Lokomotive, die jedoch technisch auf der A3 aufbaute. Die als A4 bezeichnete Maschine zeichnete sich durch ein größeres Gewicht, einen höheren Kesseldruck und eine Leistung von fast 2000 Kilowatt aus. Die Stromlinienverkleidung ermöglichte eine besonders hohe Geschwindigkeit. Geschichte schrieb die Lokomotive mit der Nummer 4468, die den Beinamen *Mallard* besaß, weil sie einen Geschwindigkeitsrekord von 203 km/h aufstellte – allerdings auf einer etwas abschüssigen Strecke.

Pullman

Komfort des Reisens Die Geschäftsidee kam George Pullman, als er eine unbequeme Nacht auf seinem Platz im Reisezug verbrachte. Er wollte den Passagieren die Möglichkeit geben, sich zum Schlafen hinzulegen. 1862 gründete er deshalb ein Unternehmen mit dem Ziel der Produktion von Luxusschlafwagen. In den Pullman-Wagen gab es nicht nur Schlafplätze, sondern auch gepolsterte Sitze und sogar eine Bibliothek sowie einen Kartentisch. In Europa wurden darüber hinaus auch Speisewagen von Pullman betrieben.

Diese Lokomotive der **A4-Klasse** bekam den Namen des berühmten Lokomotivenkonstrukteurs **Sir Nigel Gresley.** Sie stand von 1937 bis 1966 im planmäßigen Dienst.

PERSONENBEFÖRDERUNG | Schnellverkehr

Personenverkehr in Ost und West

Schnelle Großloks in den USA Bedeutend längere Strecken als in Europa hatten oft die Reisenden in den amerikanischen Zügen zurückzulegen. Der Bedarf an schnell fahrenden Lokomotiven war deshalb besonders hoch. Die Pennsylvania Railroad hatte 1939 mit der S1-Klasse die einzige Lokomotive mit der Achsformel 6-4-4-6 auf die Gleise gebracht. Allerdings blieb die Lok eine Einzelfertigung. Weniger groß und schwer, dafür aber serienmäßig gebaut, war die 1942 eingeführte Baureihe T1. Diese Lok besaß die Achsanordnung 4-4-4-4, war 37,43 Meter lang und wog 227,8 Tonnen. Die Maximalleistung lag bei 4100 Kilowatt. Insgesamt wurden 52 Exemplare der stromlinienförmigen Riesenlok in den zum Unternehmen gehörenden Altoona-Werken sowie von den Baldwin Locomotive Works hergestellt. Zum Einsatz kamen die Loks auf den Schnellverkehrsstrecken zwischen Harrisburg, Pittsburgh, Chicago und Saint Louis. Die planmäßige Höchstgeschwindigkeit lag bei 193 km/h (120 Meilen pro Stunde). Nach dem Bericht eines Monteurs soll jedoch auch eine Geschwindigkeit von 225 km/h

Die **611** ist die einzige überlebende Lokomotive der **J-Klasse** der Norfolk and Western Railway. Die J-Klasse wurde entwickelt, um schnelle Personenzugloks auf den Hauptstrecken zur Verfügung zu stellen.

(140 mph) erreicht worden sein. Auch mehrere andere Eisenbahngesellschaften führten leistungsstarke Lokomotiven für hohe Geschwindigkeiten ein. Ein Beispiel dafür ist die Norfolk and Western Railway, die mit der J-Klasse ihre Züge auf eine Höchstgeschwindigkeit von 177 km/h bringen konnte.

Mit der DDR-Reichsbahn über die Grenzen Im internationalen Verkehr war die Reichsbahn der DDR bemüht, sich von ihrer besten Seite zu zeigen. Als Gegenstück der Baureihe VT 11.5 der Deutschen Bundesbahn, die für den grenzüberschreitenden Verkehr des Trans-Europ-Express (TEE) eingesetzt wurde, gab die Reichsbahn die Entwicklung eines dieselhydraulischen Schnelltriebzugs in Auftrag. Die Aufgabe wurde von dem Staatsbetrieb Waggonbau Görlitz übernommen. 1963 stand der Prototyp für die Testfahrten bereit. Als Antrieb dienten zwei Dieselmotoren mit jeweils 900 PS (662 kW) Leistung. Die Baureihenbezeichnung VT 18.16 leitet sich von diesen Daten ab. VT steht für „Verbrennungstriebwagen", die Zahl 18 bezieht sich auf die Gesamtleistung von 1800 PS und die Zahl 16 deutet auf die zugelassene Höchstgeschwindigkeit von 160 km/h.

Die Serienfertigung des VT 18.16 begann 1965. Allerdings bekam der Triebwagen zwei stärkere Motoren,

Der dieselhydraulische **VT 18.16** war ein prestigeträchtiger **Schnelltriebzug** der DDR für den grenzüberschreitenden Verkehr.

Die Dampflokomotiven konnten eine enorme Größe erreichen, was hier die **Räder einer Schnellzuglok** der Pennsylvania Railroad veranschaulichen.

die jeweils 1000 PS (736 kW) leisteten. Bis 1968 stellte der VEB Waggonbau Görlitz sieben weitere Triebzüge her. Zusätzlich wurden sechs Mittelwagen produziert, sodass die Garnituren bei Bedarf sechsteilig fahren konnten. Bei dieser Ausstattung lag die Höchstgeschwindigkeit nur bei 140 km/h.

Die VT-18.16-Züge kamen auf Strecken nach Dänemark, Österreich und in die Tschechoslowakei zum Einsatz. Im internationalen Verkehr waren es jedoch in der Regel keine normalen DDR-Bürger, die den komfortablen Zug benutzen konnten, sondern vor allem Diplomaten, West-Berliner und Bürger skandinavischer Staaten. *Vindobona* hieß der Zug, der über Prag nach Wien fuhr. Anfang der 1980er-Jahre fanden Fahrten nach Karlsbad in der Tschechoslowakei statt, weswegen die Züge den Namen *Karlex* oder *Karola* bekamen. Innerhalb der Grenzen der DDR fuh-

Die Lokomotiven der **T1-Klasse** der **Pennsylvania Railroad** waren stromlinienförmige Giganten. Die Treibräder hatten einen Durchmesser von 2032 Millimetern.

Union Pacific M-10000

Ein Publikumsmagnet mit V12-Motor Wo der M-10000 von Union Pacific auftauchte, zog er Menschenmassen an. Als der Schnelltriebwagen 1934 eine 21 000 Kilometer lange Vorzeigefahrt durch die Vereinigten Staaten durchführte, kamen fast eine Million Personen, um das stromlinienverkleidete Schienenfahrzeug zu bestaunen. Zu den Besonderheiten des M-10000 gehörte der 450 Kilowatt starke V12-Motor, der für den Antrieb sorgte. Trotz des großen Interesses, das der Triebwagen erregte, blieb er ein Einzelstück. Nachfolger waren der M-10001 und der M-10002 mit dieselelektrischem Antrieb und einer höheren Leistung. Die Stromlinienzüge dieser Art sollten in erster Linie für Publicity sorgen. Sie trugen aber auch dazu bei, der Dieseltraktion zum Durchbruch zu verhelfen.

PERSONENBEFÖRDERUNG | Schnellverkehr

Am Cockpit dieses Triebzuges vom **Typ ER200** befindet sich die Abkürzung **RVR**, die für die Rigaer Waggonbaufabrik steht.

Die **P36** gehört zu den bekanntesten dampfgetriebenen Schnellzuglokomotiven der Sowjetunion. Nach der Ausmusterung wurden einige restauriert. Sie transportieren heute Eisenbahnliebhaber. »

ren die Züge zwischen Berlin und Leipzig sowie zwischen Magdeburg und Bautzen.

1970 erfolgte die Umbenennung der Züge in Baureihe 175. Anfang der 1990er-Jahre war noch ein Zug der 175er einsatzfähig. Er bekam nach dem Zusammenschluss mit der Deutschen Bundesbahn die Baureihennummer 675. Die Ausmusterung dieses Exemplars erfolgte 2003.

Eine sowjetische Prestigelok

Ein weiteres Land, in dem große Entfernungen überwunden werden mussten, war die Sowjetunion. Eine Express-Lokomotive aus sowjetischer Produktion war die П36 (P36), von der in den Jahren 1950 bis 1956 251 Exemplare hergestellt wurden. Produktionsort war die russische Stadt Kolomna, wo sich heute das Werk für die Produktion von Dieselloks befindet. Die Maschine mit der Achsformel 2'D2' (4-8-4) wog ohne den Tender 133 Tonnen. Die Rostfläche hatte eine Größe von 6,75 Quadratmetern und der Kesselüberdruck lag bei 15 bar. Die Höchstgeschwindigkeit betrug 125 km/h, was für sowjetische Verhältnisse schnell genug war, um die Lok auf den Prestigestrecken zwischen Moskau und Leningrad, in der Ukraine, in Weißrussland sowie auf der Transsibirischen Eisenbahn einzusetzen.

Moskau – Leningrad mit 200 km/h

Anfang der 1970er-Jahre beschloss die Leitung der sowjetischen Staatsbahn, einen Hochgeschwindigkeitszug für die Strecke von Moskau nach Leningrad (das heutige Sankt Petersburg) zu entwickeln. Der Triebzug sollte eine Höchstgeschwindigkeit von 200 km/h erreichen können und damit eine Verkürzung der Fahrzeit um 20 Prozent ermöglichen.

Die Fertigung des Triebzugs fiel der Rigaer Waggonbaufabrik in der lettischen Hauptstadt zu. Das Werk konnte das erste Exemplar bereits 1974 ausliefern. Bei einer Testfahrt erreichte der Zug sogar eine Höchstgeschwindigkeit von 236 km/h. Die Baureihe bekam die Bezeichnung ЭP200 (ER200), wobei der erste Buchstabe für „elektrisch" steht und der zweite den Produktionsort, nämlich Riga, bezeichnet. Die Zahl steht für die planmäßige Maximalgeschwindigkeit.

Es sollte jedoch noch zehn Jahre dauern, bis der erste ER200 auf der vorgesehenen Strecke zum planmäßigen Einsatz kam. Zwei weitere Garnituren wurden 1992 gebaut und traten ihren Plandienst vier Jahre später an. Anfang des neuen Jahrtausends plante die russische Staatsbahn eine Nachfolgebaureihe mit der Bezeichnung ЭP250, die jedoch nie zum Einsatz kam. Für eine Hochgeschwindigkeitsalternative sorgte stattdessen der von Siemens vertriebene Velaro RUS *Sapsan*.

Der Triebzug **ER200** fuhr auf der Strecke **Moskau – Sankt Petersburg** mit bis zu 200 km/h. Im Februar 2009 trat ein Zug dieser Klasse zum letzten Mal die planmäßige Fahrt an.

Mit Neigetechnik durch die Schweizer Alpen

Neue Technik für die Kurvenfahrt Ende der 1980er-Jahre verabschiedeten die Schweizerischen Bundesbahnen (SBB) ein Konzept zur Qualitätssteigerung des Schienenverkehrs. Ziel war es, auf die Konkurrenz durch das Auto mit schnelleren und attraktiveren Zügen zu antworten. Der Neubau von Strecken sollte jedoch nur dort durchgeführt werden, wo eine entsprechende Kapazitätssteigerung zu erwarten war. Um auf den älteren, kurvenreichen Strecken trotzdem höhere Geschwindigkeiten erzielen zu können, musste man eine andere Lösung finden. Die Antwort war die Einführung der Neigetechnik. 1996 bestellten die SBB bei einem Konsortium aus Adtranz, FIAT-SIG und SWG eine Serie von 24 Neigezügen. Die Auslieferung der Triebzüge begann 1999. Ihre Baureihenbezeichnung lautet RABDe 500. Bekannter wurden die Züge jedoch unter den Namen Intercity-Neigezug, IC-Neigezug oder einfach ICN. Sie können eine Stundenleistung von 5200 Kilowatt erbringen und eine Höchstgeschwindigkeit von 200 km/h erreichen. Der Neigeantrieb funktioniert elektromechanisch und kann eine Neigung von bis zu acht Grad bewerkstelligen.

Eine zweite Serie des RABDe 500 bestellten die SBB 2001 von Bombardier und Alstom, sodass sich die Gesamtzahl der Züge auf 44 beläuft.

Die Triebzüge der Klasse **RABDe 500** bieten bis zu 477 Personen einen Sitzplatz. Mit den modernen Hochgeschwindigkeitszügen war es den **SBB** möglich, die Fahrzeiten bedeutend zu verkürzen. »

Der X2000

Die Neigetechnik in Schweden Die Neigetechnik stellte für die Eisenbahn eine wichtige Entwicklung dar, denn sie ermöglichte es, mit höheren Geschwindigkeiten zu fahren, ohne einen kostspieligen Streckenneubau unternehmen zu müssen. Die schwedischen Staatsbahnen entschieden sich Ende der 1980er-Jahre, Neigezüge auf einigen der Hauptstrecken einzusetzen. Die ersten der damals von ABB gebauten Triebzüge vom Typ X2000 kamen 1990 auf der Strecke Stockholm – Göteborg zum Einsatz. Sie waren für eine Höchstgeschwindigkeit von 210 km/h konzipiert, wurden aber lediglich für bis zu 200 km/h zugelassen.

Mit der **Neigetechnik** kann der **Intercity** der **SBB** auch auf kurvenreichen Strecken schnell fahren. Auf einen kostspieligen Streckenneubau kann dadurch verzichtet werden.

PERSONENBEFÖRDERUNG | *Regionalverkehr im Wandel*

Regionalverkehr im Wandel

Die leistungsstarken und schnellen Lokomotiven der Hauptstrecken sorgen oft für Aufsehen und Schlagzeilen. Aber neben diesen Stars der Eisenbahn spielten seit jeher auch andere, weniger spektakuläre Züge eine wichtige Rolle. Es waren die regionalen Züge, die kleine Orte mit den Städten verbanden oder das Rückgrat der Infrastruktur in ländlichen Gebieten darstellten.

Regional und lokal

Zu den frühen Lokomotiven, die auf dem Gebiet des Deutschen Reiches für Regional- und Lokalbahnen zum Einsatz kamen, gehörte die D XI. Die Königlich Bayerischen Staatsbahnen beschafften in den Jahren 1895 bis 1912 139 Exemplare dieses Typs von den Herstellern Krauss und Maffei. Die 40,2 Tonnen schweren Nassdampf-Lokomotiven erreichten eine Höchstgeschwindigkeit von 45 km/h. Sie besaßen die Achsfolge C1'. Nach der Gründung der Deutschen Reichsbahn-Gesellschaft wurden die bestehenden D-XI-Loks übernommen und den Baureihen 98.4 und 98.5 zugeordnet.

Die bayerische **D XI** kam nach der Gründung der Deutschen Reichsbahn-Gesellschaft zur **Baureihe 98.** Nach dem Zweiten Weltkrieg übernahm die Deutsche Bundesbahn 56 Stück der Lokalbahnlokomotive.

Der Schmalspur-Molli Auf eine lange Geschichte kann eine Lokalbahn an der Mecklenburgischen Ostseeküste verweisen. Bereits 1886 begann der Bau einer Strecke zwischen der Stadt Bad Doberan und dem etwas über sechs Kilometer entfernten Seebad Heiligendamm. Die Betreibergesellschaft nannte sich Doberan-Heiligendammer-Eisenbahn. 1890 erfolgte die Übernahme der Bahn, die den Kosenamen *Molli* erhalten sollte, durch das Großherzogtum Schwerin. 1910 wurde die Strecke bis zum Ostseebad Arendsee, dem heutigen Kühlungsborn, verlängert. Die Länge der Gleise belief sich nun auf 15,4 Kilometer. Neben Personen wurden auf der Bahn auch Güter transportiert.

In den 1950er-Jahren diente die Strecke außerdem zur Ausbildung von Eisenbahnern. 1969 erfolgte jedoch wegen mangelnder Auslastung die Einstellung des Güterverkehrs. Aber schon wenige Jahre später entschloss man sich – damals noch in der DDR-Zeit – die Bahn dem Tourismus zu widmen. 1995 gründeten mehrere Kommunen die „Mecklenburgische Bäderbahn Molli GmbH & Co. KG", die für den Betrieb des *Molli* verantwortlich sein sollte.

Bei der **Durchfahrt durch Bad Doberan** fährt der **Molli** durch enge Straßen und teilweise sogar auf Gleisen, die in der Straße eingebettet sind.

Die *Molli*-Bahn hat eine Spurbreite von 900 Millimetern. Seit 1910 verrichteten mecklenburgische Lokomotiven der Gattung T 7, der späteren Baureihe 99.3, den Dienst. Zur Reichsbahnzeit kamen auch Schmalspurlokomotiven der Baureihen 99.31 und 99.32 zum Einsatz. 2009 wurde sogar speziell für den *Molli* eine Lok der Baureihe 99.32 nach historischen Plänen neu gefertigt.

Der Rasende Roland Eine weitere bekannte Lokalbahn, die bereits Ende des 19. Jahrhunderts gegründet wurde und heute noch betrieben wird, befindet sich auf der Ostseeinsel Rügen. In der ersten Hälfte des 20. Jahrhunderts hatte die Rügensche Kleinbahn-Aktiengesellschaft ungefähr 100 Kilometer Schienen in Betrieb. Die 1960er-Jahre brachten jedoch auch in diesem Fall Streckenstilllegungen mit sich. Die heute noch vorhandenen 24,1 Kilometer im östlichen Teil

Drei der Lokomotiven der **Baureihe 99.32,** die heute noch für die **Mecklenburgische Bäderbahn Molli** fahren, wurden bereits 1932 gebaut.

Der **Rasende Roland** fährt auf einer 750 Millimeter breiten Spur im östlichen Teil der Insel Rügen. Der Zug bietet **Eisenbahnromantik** in einer wunderschönen Urlaubsregion.

Obwohl der **Rasende Roland** Teil des öffentlichen Personennahverkehrs ist, sind es kaum eilige Pendler, die den Zug benutzen, sondern hauptsächlich Touristen.

der Insel sind das Revier des *Rasenden Roland,* wie der Zug im Volksmund heißt. Der Name ist jedoch durchaus beschönigend, denn die Höchstgeschwindigkeit, die auf der Schmalspurstrecke erreicht wird, beträgt 30 km/h. Als Lokomotiven kamen sehr unterschiedliche Modell zum Einsatz, die alle die Schmalspurbaureihenbezeichnung 99 tragen.

Regionalverkehr rund um den Globus

Mit der Regionalbahn durch den Peak District Das einst große Netz von Regionalbahnen in Großbritannien begann in den 1960er-Jahren schnell zu schwinden. Die Konkurrenz durch den Pkw- und Lkw-Verkehr machte dem Eisenbahn-

Dank privater Initiativen kann durch einen Teil des **Peak District,** eine der reizvollsten Landschaften Großbritanniens, wieder mit dem Zug gefahren werden. »

Die Sauschwänzlebahn

Kurvenreich über Berg und Tal Im Süden Baden-Württembergs, nahe an der Grenze zur Schweiz, verläuft eine Eisenbahnstrecke, die wegen ihrer kurvenreichen Trassenführung, zu der ein Kehrtunnel gehört, den Spitznamen *Sauschwänzlebahn* bekam. Ein anderer Name ist Wutachtalbahn, da ein Teil der Strecke im Tal der Wutach verläuft. Militärische Überlegungen führten 1880 zum Bau der Strecke. Falls es zu einem Krieg mit Frankreich kommen sollte, wollte man die Truppen möglichst schnell ins südliche Elsass transportieren können. Eine zivile Nutzung war jedoch auf die Dauer nicht rentabel. Heute fährt eine Museumsbahn auf einem Teil der Strecke Ausflügler durch die reizvolle Landschaft.

Train à vapeur

Der Dampfzug der Cevennen Es dauerte lange und war ein schwieriges Unterfangen, die 14 Kilometer lange Strecke zwischen den südfranzösischen Ortschaften Anduze und Saint-Jean-de-Gard, beide im Département Gard, zu bauen. Die ersten Pläne für die Eisenbahnlinie im Tal des Flusses Gardon wurden bereits 1879 entworfen. Aber es sollte noch 30 Jahre dauern, bis 1909 die Eröffnungsfeierlichkeiten stattfinden konnten. Zuvor mussten mehrere Brücken gebaut, Stützmauern errichtet und Tunnel gegraben werden. Als die Strecke schließlich befahrbar war, diente sie bis 1971 mit unterschiedlicher Auslastung dem Personen- und Gütertransport. Der Abbau der Schienen konnte durch die Gründung der Museumsbahn Train à vapeur des Cévennes (Dampfzug der Cevennen) verhindert werden.

Oft ist es den **Eisenbahnfreunden** zu verdanken, dass alte Dampflokomotiven auch heute noch rauchen dürfen und unrentable Strecken vor dem Abbau bewahrt werden.

betrieb, der damals in den Händen der staatlichen British Railways lag, zu schaffen. Die Regierung wollte durch die Aufgabe unrentabler Strecken die Kosten senken. Diese Massenstilllegung wurde nach dem Vorsitzenden der Transportkommission „Beeching Axe" benannt. Eine der geschlossenen Eisenbahnlinien, die eine Verbindung zwischen Manchester und Derby herstellte, verlief durch den Peak District, ein Hochlandgebiet in Zentralengland. 1975 machte sich eine Gruppe von Eisenbahnfreunden daran, Lokomotiven und Wagen zu restaurieren und Teile der Strecke für den Tourismus wieder in Betrieb zu nehmen. Seit 1991 wird die Strecke zwischen den Orten Matlock und Darley Dale wieder befahren.

Die geschichtsträchtige Strasburg Rail Road Ein Beispiel für die zahlreichen Regionalbahnen, die in den Vereinigten Staaten bestanden, ist die Strasburg Rail Road in Pennsylvania. Strasburg ist eine Kleinstadt im Bezirk Lancaster County, knapp 100 Kilometer westlich der Großstadt Philadelphia. Die Strasburg Rail Road wurde bereits 1832 gegründet und ist damit die älteste noch in Betrieb befindliche Eisenbahn. Der Zweck der Bahn war es, die Ortschaften in Lancaster County mit Philadelphia zu verbinden. Wann die ersten Züge rollten, ist nicht bekannt. Der älteste Fahrplan, den man besitzt, stammt aus dem Jahr 1851. Ein besonderes Ereignis in der Geschichte der Bahn war der 22. Februar 1862, als der zum Präsidenten gewählte Abraham Lincoln in dem Ort Leaman Place einen Halt einlegte und eine Rede hielt.

Wie viele andere regionale Eisenbahnen konnte auch die Strasburg Rail Road in den 1950er-Jahren im Wettbewerb mit den anderen Verkehrsmitteln nicht mehr mithalten. Das Ende des kommerziellen Betriebs war die Folge. Einige Eisenbahnfreunde übernahmen jedoch eine etwas mehr als sieben Kilometer lange Strecke und bauten sie zu einer Touristenattraktion aus. Mehrere Dampflokomotiven, die im Zeitraum von 1906 bis 1920 entstanden sind, halten den Betrieb aufrecht.

Die Lokomotive mit der Nummer 90 der **Strasburg Rail Road** wurde 1924 von Baldwin in Philadelphia gebaut. Ursprünglich war sie bei der **Great Western Railway** in Colorado im Einsatz.

Der Gläserne Zug

Ausflugsfahrten mit Panoramasicht Die Baureihenbezeichnung für den elektrischen Triebwagen war ET 91. Bekannter wurde das Schienenfahrzeug jedoch als *Gläserner Zug*. Der Grund für diese Benennung war die großzügige Verglasung, die eine ungehinderte Aussicht nach allen Seiten ermöglichte. Bekannt wurde der *Gläserne Zug* durch die Ausflugsfahrten, die vor allem von München aus in die bayerischen Alpen stattfanden. Die beiden Exemplare des ET 91 wurden 1935 und 1936 hergestellt. 1943 wurde der ET 91 01 jedoch bei einem Bombenangriff zerstört. Der zweite Triebwagen ging nach dem Krieg als 491 001 in den Besitz der Deutschen Bundesbahn über. Bei einem tragischen Unglück wurde auch dieses Exemplar 1995 in Garmisch-Partenkirchen zerstört. Die Überreste stehen heute im Bahnpark Augsburg.

Die **Strasburg Rail Road** ist heute eine der beliebtesten Museumsbahnen in den USA. Ein Grund dafür sind sicherlich die relativ vielen Dampflokomotiven der Bahn. «

Im Tal der Zuckermühlen Auf Kuba scheint die Zeit in vielerlei Hinsicht stehengeblieben zu sein. Dies freut die meisten Bürger kaum, macht das Land aber zu einem Paradies für Oldtimer-Freunde. Amerikanische Autos aus der prärevolutionären Ära befinden sich immer noch im täglichen Gebrauch. Auch bei der Eisenbahn standen noch lange Dampflokomotiven im Plandienst.

Eine besondere Rolle für die kubanische Wirtschaft spielt der Zuckerrohranbau. Schon früh wurden deshalb auf der Insel Eisenbahnstrecken in Normal- und Schmalspur errichtet, um das Erntegut zu den Zuckermühlen zu transportieren. Über 7700 Kilometer messen die Schienen der Zuckerbahnen. Zwar bemühte sich die kubanische Regierung, zunehmend auf Dieseltraktion umzusteigen, aber angesichts der Devisenknappheit mussten bis zum Jahr 2005 Dampflokomotiven ihren Dienst verrichten. Manche der Dampfloks werden für Notfälle bereitgehalten, andere bieten Touristen die Gelegenheit, auf einer Fahrt das ländliche Kuba kennenzulernen.

Zu den Dampflokomotiven, die heute noch im Einsatz sind, gehört die 1432, die sich im Besitz des staatlichen Zuckerunternehmens MINAZ befindet und 1919 von Baldwin gebaut wurde. Sie fährt – wenn sie nicht gerade zur Reparatur in der Werkstatt steht – im Valle de los Ingenios (Tal der Zuckermühlen), das sich östlich der Stadt Trinidad erstreckt.

Neben den Badestränden gehören alte Automobile und Dampflokomotiven, die immer wieder repariert und zusammengeflickt werden, zu den touristischen Attraktionen **Kubas**.

PERSONENBEFÖRDERUNG | *Regionalverkehr im Wandel*

Unterwegs im Nahverkehr

Pendeln mit der Schnellbahn S-Bahnen, Vorortzüge, Pendelzüge oder Nahverkehrszüge sind Bezeichnungen für ein Angebot, das vor allem dem Zweck dient, die großen Städte mit dem Umland zu verbinden. Sie spielen eine bedeutende wirtschaftliche Rolle, da sie es vielen Personen ermöglichen, täglich zwischen der Arbeitsstätte und ihrem Wohnsitz zu verkehren. Ähnlich wie das Auto trugen die Vorortzüge aber auch zum Wachstum der Vorstädte bei.

Die europäischen Großstadtgebiete verfügen normalerweise über ein relativ dichtes Netz von Nahverkehrszügen. In einigen Ländern, nämlich Deutschland, Österreich und der Schweiz, findet der Name S-Bahn Verwendung. Von S-tog spricht man in Dänemark. S-Bahn steht meist für „Stadtschnellbahn", „Stadtbahn"

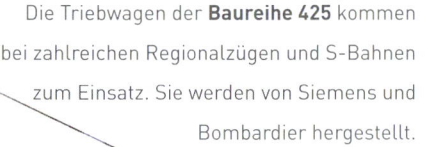

Die Triebwagen der **Baureihe 425** kommen bei zahlreichen Regionalzügen und S-Bahnen zum Einsatz. Sie werden von Siemens und Bombardier hergestellt.

Berlin besitzt offiziell seit 1930 ein S-Bahn-System. Sogenannte **Stadtschnellbahnen** fuhren jedoch schon vorher auf elektrifizierten Strecken.

oder „Schnellbahn". Die erste Bahn mit dieser Bezeichnung war die 1930 eröffnete S-Bahn, die Berlin mit den Vororten verband. 1934 bekamen Hamburg und Kopenhagen Zugverbindungen mit dieser Bezeichnung. Allerdings hatten auch andere Städte schon vorher Bahnen mit ähnlichen Funktionen.

Mit dem Réseau Express Régional (Regionales Expressnetz), abgekürzt RER, besitzt Paris ein ausgedehntes Schnellbahnnetz, das ein schnelles Reisen von der Peripherie in die Seine-Metropole ermöglicht. Die Bauarbeiten für das Expressbahnnetz begannen offiziell 1961. Es sollte jedoch noch einige Zeit dauern, bis man von einem Netz sprechen konnte.

Über ein vielfältiges System an Bahnen verfügt die Region London. Dazu gehört die London Overground, ein S-Bahn-ähnliches Eisenbahnnetz, das innerhalb Londons verläuft. Eine Bahngesellschaft, die Strecken in die östlich von London gele-

gene Region unterhält, heißt c2c. Ihr Motto lautet, das Reisen einfacher zu machen. Mehrere andere Gesellschaften decken weitere Gebiete in der Region um London ab. Außerdem sind neue Strecken geplant.

Wachsende Bedeutung haben die Nahverkehrszüge auch in anderen Großstadtgebieten und nicht zuletzt in sich schnell industrialisierenden Staaten wie China, wo mehrere moderne Schnellzüge für den Nahverkehr geplant sind.

Flexible Züge für Frankreichs Regionen Der Regionalverkehr auf der Schiene steht ganz unterschiedlichen Anforderungen gegenüber. Den verschiedenen Bedingungen zu entsprechen war das Ziel von Bombardier bei der Entwicklung der AGC-Reihe. Die Abkürzung steht für Autorail à Grande Capacité (Hochleistungs-Triebwagen). Die vor allem von der SNCF eingesetzten Triebzüge werden in der nordfranzösischen Kommune Crespin, nahe der belgischen Grenze, hergestellt.

Zu den AGC-Varianten gehören einstöckige Triebzüge, die abhängig von der Anzahl der Wagen Sitzplätze für 160 bis 220 Fahrgäste bieten können. Sie können eine Höchstgeschwindigkeit von 160 km/h erreichen. Es gibt Ausführungen mit Elektro- und Dieselantrieb. Zusätzlich bietet Bombardier AGC-Hybridzüge an, die sich dadurch auszeichnen, dass sie mehrere Betriebsfunktionen kombinieren. Sie verfügen über eine Hybridtechnologie, die das Fahren mit Strom und

Spacium ist ein von **Bombardier** produzierter Nahverkehrszug, der in der französischen Region Île-de-France zum Einsatz kommt. Abhängig von Ausstattung und Anzahl der Wagen können 800 bis 1000 Personen befördert werden.

PERSONENBEFÖRDERUNG | *Regionalverkehr im Wandel*

TER

Der regionale Expressverkehr in Frankreich
TER ist die Abkürzung für „Transport express régional" (regionaler Express-Transport) und bezeichnet den Zweig der SNCF, der für den Regionalverkehr in den einzelnen Regionen zuständig ist. TER-Netze existieren in 20 der 22 französischen Regionen. Die Île de France (die Region um Paris) sowie Korsika besitzen dagegen eigene Netze für den Regionalverkehr. Die TER-Züge werden täglich von ungefähr 700 000 Personen benutzt. Die SNCF stimmt das TER-Angebot mit den Verwaltungen der Regionen ab. Die Finanzierung der stark subventionierten Züge wird ebenfalls zum größten Teil von den Regionen übernommen.

Die **Doppelstock-Elektrotriebzüge** von **Bombardier** gehören zu den neuesten Nahverkehrszügen der französischen Regionen. Sie bieten eine große Kapazität und hohen Komfort.

Diesel ermöglicht, sowie über eine Zweispannungstechnologie, die dafür sorgt, dass die Züge bei unterschiedlicher Spannung, nämlich 1,5 und 25 Kilovolt, funktionstüchtig sind. Der Vorteil davon ist, dass die Züge im gesamten Netz der SNCF eingesetzt werden können.

Die ersten AGC-Züge wurden im Dezember 2001 von der SNCF bestellt. 26 Monate später konnten bereits fertige Exemplare ausgeliefert werden. Der erste Triebzug, der die Nummer 81501 erhielt, wurde Anfang 2004 für das Regionalnetz TER Midi Pyrénées im südwestlichen Frankreich in Dienst gestellt. 2006 nahm der zweihundertste AGC-Zug die Arbeit bei der TER Haute-Normandie auf.

Die **Hybridzüge** erweitern die Möglichkeiten des Nahverkehrs. Sie können in unterschiedlichen Stromnetzen sowie auf nichtelektrifizierten Strecken fahren. »

Die modernen **AGC-Züge** der französischen Regionalnetze tragen mit dazu bei, die Attraktivität des Schienenverkehrs zu erhöhen.

Die Bahn im Stadtverkehr

Die Bahn spielt auch im städtischen Nahverkehr eine wichtige Rolle. Sie steht jedoch unter den beengten Verhältnissen besonderen Herausforderungen gegenüber. Die ersten Bahnen tauchten bereits Anfang des 19. Jahrhunderts in einigen Städten auf. Als Zugkraft dienten allerdings lange Zeit noch Pferde oder andere Tiere. Als Bezeichnung dafür verbreitete sich in vielen Sprachen bald der Name „Tram", der ursprünglich aus dem Bergbau kam. Gegenüber herkömmlichen Kutschen hatten die städtischen Tramwagen den Vorteil, dass sie auf Gleisen liefen und dadurch leichter zu ziehen waren. Straßenbahnen mit Dampftraktion wurden schon bald nach den pferdegezogenen eingesetzt. Dabei handelte es sich entweder um Züge, die von einer kleinen Lokomotive durch die Straßen gezogen wurden, oder um Wagen, die mit einem eigenen Dampfantrieb ausgestattet waren.

Von der Straßenbahn zur Stadtbahn Einen enormen Fortschritt brachte die Elektrifizierung mit sich. Die erste elektrische Straßenbahn wurde 1880 erfolgreich in Sankt Petersburg von dem ukrainischen Ingenieur und Erfinder Fedir Pyrotskyi getestet. Im folgenden Jahr nahm die von Siemens & Halske gebaute elektrische Tram im Berliner Vorort Lichterfelde den Betrieb auf. In der zweiten Hälfte des 20. Jahrhunderts verschwanden wieder viele Straßenbahnen, da sie den Verkehr behinderten und als veraltet galten. Verstopfte Straßen und Umweltbelastung brachten in den letzten Jahrzehnten jedoch ein Umdenken mit sich. Das Konzept

Kaum eine Großstadt kommt ohne **U-Bahn** aus, da sie den Straßenverkehr entlastet. Die **Fahrpreise** werden deswegen oft durch Subventionen niedrig gehalten.

Die **Métro** von **Paris** ist die viertälteste **U-Bahn** Europas. Mit 300 Haltestellen und einer Streckenlänge von 214 Kilometern ist sie mittlerweile eine der größten der Welt.

Die **Circle Line** ist eine Linie der Londoner U-Bahn, die bereits 1884 fertiggestellt wurde. Die Elektrifizierung begann allerdings erst 1900. »

Hochbahnen sind im Stadtverkehr seltener als U-Bahnen. Die **Docklands Light Railway** im Osten Londons ist eine der modernsten, da sie ohne Fahrer auskommt.

des städtischen Bahnverkehrs wurde neu belebt. In neuerer Zeit werden oft eigene Trassen für die Züge angelegt, um sie vom Straßenverkehr unabhängig zu machen und ihre Geschwindigkeit zu erhöhen. Aus Straßen- wurden Stadtbahnen.

Untergrund- und Hochbahnen Wichtigstes Hindernis für die Realisierung der Idee, Bahnen mit eigenen Fahrwegen zu versehen, ist in der Stadt der Mangel an Platz. Um dieses Problem zu lösen, entwarf man schon bald Pläne, Züge unterirdisch in Tunneln oder oberhalb der Straßen als Hochbahnen fahren zu lassen. Als erste U-Bahn gilt die 1863 eröffnete *Metropolitan Line* in London, die zum großen Teil jedoch oberirdisch verlief und deren Züge von Dampflokomotiven gezogen wurden. Die erste Hochbahn entstand 1867 in New York, die zweite im Folgejahr in Chicago. Als Zugmaschinen kamen auch hier Dampflokomotiven zum Einsatz. Die erste elektrisch angetriebene U-Bahn wurde 1890 in London eröffnet. 1896 schrieb Budapest mit der ersten U-Bahn in Kontinentaleuropa Geschichte. Manchmal sind Untergrund- und Hochbahnen auch kombiniert, wie in New York.

PERSONENBEFÖRDERUNG | *Regionalverkehr im Wandel*

Die **Schwebebahn** gehört heute zu den Wahrzeichen **Wuppertals.** Die 1903 fertiggestellte Einschienenbahn steht seit 1997 unter Denkmalschutz.

Auf einer Schiene

Der russische Erfinder Iwan Kirillowitsch Elmanow soll der Erste gewesen sein, der eine Bahn baute, die auf nur einer Schiene fuhr. Diese 1820 gebaute Einschienenbahn befand sich in einem Dorf in der Nähe von Moskau und wurde von Pferden gezogen. 1821 meldete auch der Brite Henry Palmer eine Patent für eine solche Konstruktion an. Dabei handelte es sich um eine Schiene, die auf einer Reihe von Säulen befestigt war. Die Wagen hingen an beiden Seiten der Schiene herunter und sorgten so für das Gleichgewicht. In der englischen Stadt Cheshunt in der Grafschaft Hertfordshire wurde 1825 tatsächlich eine solche Bahn gebaut. Die Strecke hatte eine Länge von 1,21 Kilometern, die Bahn wurde von Pferden gezogen. 1870 errichtete der Kölner Unternehmer Eugen Langen mit seiner Waggonfabrik van der Zypen & Charlier eine Bahn mit hängenden Wagen für den Gütertransport. 1893 ließ er in Deutz, dem späteren Kölner Stadtteil, eine 120 Meter lange Demonstrationsstrecke bauen. Er nannte sie „elektrische Hochbahn (Schwebebahn), System Eugen Langen".

Anders als die zweischienige Bahn konnte sich die Einschienenbahn nie richtig durchsetzen. Dies hatte mehrere Gründe. Dazu gehörten fehlende Standards, Schwierigkeiten

Eugen Langen

Unternehmer, Ingenieur und Erfinder Eugen Langen (1833 – 1895) war der Sohn des Zuckerfabrikanten Johann Jakob Langen. Er genoss eine umfangreiche technische Ausbildung, die ihm bei der Entwicklung der Hängebahn „System Eugen Langen" zugute kam. Eine größere Bekanntheit erlangte er jedoch durch seine Kooperation mit Nikolaus August Otto, dem Erfinder des Otto-Motors, mit dem er gemeinsam die Motorenfabrik „N. A. Otto & Cie." gründete. Nach dem Konkurs dieses Unternehmens gründete er die Gasmotorenfabrik Deutz, aus der später Klöckner-Humboldt-Deutz (KHD) wurde.

bei der Konstruktion von Weichen und die mangelnde Eignung für den Transport schwerer Güter. Trotzdem fand die einschienige Bahn eine Nische, nämlich in den Großstädten. Zu ihren Vorteilen gehört, dass sie relativ wenig Platz benötigt und die Fahrbalken sogar oberhalb einer Fahrbahn oder eines Fußwegs verlaufen können.

Zu den ältesten heute noch bestehenden Einbahnsystemen gehört die Wuppertaler Schwebebahn, die auf dem System Langen basiert. Sie wurde 1903 erbaut und ist nach wie vor Teil des Personennahverkehrs. Die volkstümliche Bezeichnung *Schwebebahn* ist allerdings genaugenommen nicht korrekt, da die Bahn an einem Gleis hängt, das sich wiederum an einem Traggerüst befindet. Die Länge der Strecke beträgt 13,3 Kilometer. Die mittlere Reisegeschwindigkeit liegt zwar nur bei 30 km/h, aber die Hängebahn kann eine Höchstgeschwindigkeit von 60 km/h erreichen.

Andere bekannte Einschienenbahnen sind der 1996 erbaute AirTrain in Newark in den USA, die 2004 fertig gestellte Monorail in Moskau, die ebenfalls 2004 eröffnete Monorail in Las Vegas sowie die Monorail in Sydney, Australien. Auch Japan besitzt zahlreiche Monorailsysteme.

Seit 1988 besitzt die australische Metropole **Sydney** eine **Einschienenbahn**, die auf einer 3,5 Kilometer langen Strecke im Stadtzentrum verkehrt. Die Höchstgeschwindigkeit beträgt 33 km/h.

6,3 Kilometer lang ist die **Monorail Las Vegas,** die von **Bombardier** gebaut und 2004 in Betrieb genommen wurde.

PERSONENBEFÖRDERUNG | *Die Bahn im Gebirge*

Die Bahn im Gebirge

Die Eisenbahn ist nicht nur ein Mittel, um Entfernungen zurückzulegen, sondern manchmal auch, um Höhenunterschiede zu überwinden. Im Gebirge spielt sie oft eine wichtige Rolle, um ein Gebiet für den Tourismus zu erschließen. Dabei findet bei steilen Strecken der Zahnradantrieb Anwendung.

Eisenbahn- und Bergromantik bietet die **Gornergratbahn** in Kombination. An der Endstation angekommen kann man einen hervorragenden Ausblick genießen.

Die Gornergratbahn

Hinauf zum Berggrat Bereits 1898 wurde die Gornergratbahn (GGB) eröffnet. Die elektrisch betriebene Zahnradbahn transportiert Personen und Güter auf einer 9,34 Kilometer langen Strecke von dem Schweizer Ort Zermatt auf den 1485 Meter höher gelegenen Gornergrat. Sie gilt als die zweithöchste Bergbahn in Europa. Ungefähr 3,8 Kilometer der Strecke sind zweigleisig. Vom Gipfel aus besitzt man nicht nur einen beeindruckenden Blick auf die umliegenden Berge, sondern auch ins Weltall, denn in den zwei Türmen des Berghotels befinden sich ein Infrarot- und ein Radioteleskop. Außerdem hat eine Messstation der Universität Bern ihren

Platz in einer Höhe von über 3000 Metern über dem Meeresspiegel. Kein Wunder, dass jährlich ungefähr 650 000 Personen auf den Gornergrat fahren. Die GGB kann heute bis zu 2400 Fahrgäste pro Stunde befördern.

Der Betrieb erfolgt seit der Eröffnung mit Drehstrom. Anfangs lag die Spannung bei 550 Volt. 1930 wurde sie auf 650 Volt umgestellt, und eine weitere Erhöhung, diesmal auf 725 Volt, erfolgte 1947. Die Fahrt auf den Grat dauert ungefähr 33 Minuten. Zum Einsatz kommen seit 2006 unter anderem vier Doppeltriebwa-

Die Haltestelle Riffelberg der **Gornergratbahn** liegt 2582 Meter über dem Meeresspiegel und bietet einen atemberaubenden Blick auf das **Matterhorn**.

Niklaus Riggenbach

Der Erfinder der Zahnradbahn Niklaus Riggenbach (1817 – 1899) war ein Schweizer Mechaniker und Lokomotivenbauer. Zu seinen Erfindungen gehören die nach ihm benannte Gegendruckbremse sowie das Zahnradbahnsystem. Er kam auf die Idee, auf steilen Strecken zwischen den Schienen eine Zahnstange einzubauen, wie es schon der Eisenbahnpionier John Blenkinsop 1812 praktiziert hatte. Die mit einem gezahnten Rad ausgestattete Lokomotive würde in die Zähne der Stange eingreifen können, was ein Rutschen verhindern sollte. Gemeinsam mit einigen anderen Ingenieuren setzte er dieses System bei der 1871 eröffneten Rigi-Bahn im Kanton Luzern um.

Mit dem **Matterhorn** im Hintergrund fährt die Bahn Richtung **Gornergrat.** Ohne Zahnradantrieb wäre die Steigung nicht zu bewältigen. «

Mit Dampfantrieb werden die Wagen auf einer 7,6 Kilometer langen Strecke auf das **Brienzer Rothorn** geschoben. Dabei werden 1678 Höhenmeter überwunden.

gen vom Typ Bhe 4/6 der Stadler Bussnang AG. Die 48 Tonnen schweren und 33,23 Meter langen Fahrzeuge können eine Maximalleistung am Rad von 1000 Kilowatt erbringen. Die Höchstgeschwindigkeit beträgt bergwärts 30 km/h und in Richtung Tal bis zu 27 km/h. Jedes der Leichtbaufahrzeuge hat 112 Sitzplätze und 96 Stehplätze. Zum rollenden Material der Gornergratbahn gehören jedoch nicht nur Personentriebwagen, sondern auch Güter- und Dienstfahrzeuge wie Schneeschleudern und ein Kranwagen.

Die Brienz-Rothorn-Bahn

Mit Dampf am Berg Die Schweiz ist nicht nur reich an Bergen, sondern auch an Bahnen, die auf diese Berge fahren. Ein weiteres Beispiel dafür ist die Brienz-Rothorn-Bahn, die von der Gemeinde Brienz im Kanton Bern auf das Brienzer Rothorn fährt. Das Besondere an dieser Bahn ist, dass sie noch mit Dampf betrieben wird. Die Maschinen vom Typ H 2/3 lieferte in den 1890er-Jahren die Schweizerische Lokomotiv- und Maschinenfabrik, die später teilweise in der Firma Stadler Rail aufging, in den 1990er-Jahren wurden ölgefeuerte H 2/3 neu gebaut. Neben den öl- und kohlegefeuerten Dampfloks sind außerdem drei dieselhydrostatische Maschinen vor allem für den Materialtransport im Einsatz.

Die Jungfraubahn

Zwischen Mönch und Jungfrau Das Jungfraujoch ist der Verbindungsgrat zwischen den Bergen Mönch und Jungfrau in den Berner Alpen. Als man 1896 mit dem Bau der Jungfraubahn begann, hatte man als Ziel noch den 4158 Meter über dem Meeresspiegel liegenden Gipfel des gleichnamigen Berges im Auge. Die Arbeiten waren schwierig, da der Bau eines Tunnels nötig war. Als das Geld ausging beschloss man, sich mit dem Jungfraujoch als Endstation zu begnügen. Dennoch hatten die Bahnbauer bei der Inbetriebnahme der Bahn im Jahr 1912 eine enorme Leistung vollbracht. Sieben Kilometer der 9,34 Kilometer langen Strecke liegen in einem Tunnel. Die Endstation befindet sich 3454 Meter über dem Meeresspiegel und ist damit die höchstgelegene Bahnstation

Die **Jungfraubahn** ist nicht nur eine Meisterleistung des Eisenbahnbaus, sie bietet auch als Superlativ die **höchstgelegene Bahnstation Europas.**

PERSONENBEFÖRDERUNG | *Die Bahn im Gebirge*

in Europa. Auf dem weniger steilen Teil der Strecke fuhren die Züge in den ersten Jahren noch mit Adhäsionsantrieb. Anfang der 1950er-Jahre erfolgte der Umstieg auf die Zahnradtechnik für die gesamte Strecke. Die Personentriebwagen, die heute zum Einsatz kommen, wurden in den 1950er- und 1960er-Jahren sowie 1992 und 2002 beschafft. Die neueren Fahrzeuge vom Typ BDhe 4/8 sind 44,8 Tonnen schwer und erbringen eine Stundenleistung von 804 Kilowatt. Bergwärts sind sie bis zu 27 Kilometer in der Stunde schnell, talwärts fahren sie aus Sicherheitsgründen mit einer Maximalgeschwindigkeit von 14 km/h.

Die **Jungfraubahn** überwindet in 50 Minuten 1400 Höhenmeter. Dabei wird ein sieben Kilometer langer Tunnel durchfahren.

In komfortablen **Personentriebwagen** transportiert die **Jungfraubahn** die Passagiere zur Endstation. «

Diese Triebzüge des sogenannten **Mont-Blanc-Express** stehen im Bahnhof. Ihre Fahrt führt durch Tunnel und an steilen Hängen entlang.

Am Fuß des Mont Blanc

Von Saint-Gervais nach Chamonix Eine weltweite Bekanntheit erlangte Chamonix 1924 durch die Olympischen Winterspiele. Heute ist der Ort am Fuß des Mont Blanc eine Touristenmetropole mit internationalem Flair. Eine wichtige Rolle in der Entwicklung des Gebiets für den Fremdenverkehr spielte die Eisenbahnstrecke, deren Bau von dem 19 Kilometer weiter südöstlich gelegenen Saint-Gervais aus schon 1899 begann. Bereits zwei Jahre später war Chamonix mit der Bahn erreichbar. Der elektrische Strom für den Antrieb der Bahn wurde von Wasserkraftwerken geliefert. Der Tourismus spielte von Anfang an eine wichtige Rolle. Aber die Mont-Blanc-Bahn wurde auch benutzt, um Waren zu transportieren oder um Kühleis von Chamonix nach Saint-Gervais zu schaffen.

Der Weiterbau der Strecke bis zur Schweizer Grenze wurde bereits 1894 beschlossen. 1906 stellten die Eidgenossen eine Verbindung von Martigny bis Le Châtelard an der Grenze zu Frankreich her. Es dauerte noch zwei Jahre, bis die letzte Lücke geschlossen war, da erst ein Tunnel gegraben werden musste. Heute ist die Strecke von Saint-Gervais bis Martigny in der Schweiz durchgehend befahrbar.

PERSONENBEFÖRDERUNG | *Die Bahn im Gebirge*

Von der Haltestelle **Grainau** aus ging es mit der Berglok auf der mit einer Zahnstange ausgestatteten Strecke auf die **Zugspitze**.

Die Mont-Blanc-Bahn wird jährlich von ungefähr 400 000 Personen benutzt. Als Rollmaterial dienen Triebzüge vom Typ Z 850 mit einer Leistung von 1300 Kilowatt, Z 800 mit 1000 Kilowatt Leistung sowie zeitweise noch ältere Z 600.

Die Zugspitzbahn

Wahrzeichen der Ingenieurbaukunst Die Zugspitze, der höchste Berg des Wettersteingebirges, ist schon seit Langem ein beliebtes Ausflugs- und Urlaubsziel. Aber es ist nicht jedermanns Sache, auf den 2962 Meter hohen Gipfel zu steigen. So gab es deswegen bereits im 19. Jahrhundert Überlegungen, eine Zahnradbahn zu bauen, damit auch die weniger sportlichen Personen die Aussicht von Deutschlands höchstem Berg genießen konnten. Aber es dauerte noch bis 1928, als ein Konsortium, das die Pläne schmiedete, von der Regierung die Erlaubnis bekam, die Zahnradbahn zu bauen. Innerhalb kurzer Zeit erfolgten die Gründung der Bayerischen Zugspitzbahn Aktiengesellschaft und die Aufnahme der Bauarbeiten.

Für die 18,7 Kilometer lange Strecke mussten ein Höhenunterschied von 1883 Metern überwunden und ein Tunnel mit einer Länge von 4,8 Kilometern gebaut werden. Nach zwei Jahren konnte die erste Fahrt unternommen werden.

Als Zugmaschinen bezog die Bayerische Zugspitzbahn von AEG zwölf Lokomotiven. Acht davon waren für den Betrieb mit der Zahnstange am steilen Abschnitt und vier für die Fahrt im Tal gedacht. Die Berglokomotiven mit den Nummern 11 bis 18 waren mit jeweils drei 170 Kilowatt leistenden Motoren ausgestattet. Sie konnten bergwärts eine Höchstgeschwindigkeit von 13 km/h erreichen. Bei der Fahrt Richtung Tal beschränkten sie ihre Geschwindig-

Schienenseilbahnen

Auf den Berg gezogen Um steile Strecken zu überwinden, werden außer der Zahnradtechnik auch manchmal Seile eingesetzt. Dabei kann entweder eine stationäre Antriebsmaschine für die Zugkraft sorgen oder ein talwärts fahrender Zug kann eine andere Bahn hochziehen. Manchmal wird der Seilantrieb nur für einen steilen Teil der Strecke eingesetzt. Eher zu den Straßenbahnen als zu den Bergbahnen gehören die Kabelbahnen, bei denen ein umlaufendes Drahtseil meist in den Straßenbelag integriert ist. Ein Beispiel dafür ist die Kabelbahn in San Francisco.

Eine Modernisierung der **Zugspitzbahn** stellte die Einführung neuer Doppeltriebwagen dar. Sie können sowohl mit **Adhäsions-** als auch mit **Zahnradantrieb** fahren.

Dank der neuen Triebwagen der **Zugspitzbahn** kann man heute in 58 Minuten auf den höchsten Berg Deutschlands gelangen.

keit auf 9 km/h. Die Tallokomotiven konnten bis zu 50 km/h fahren. Jede der Loks mit den Betriebsnummern 1 bis 4 besaß zwei Motoren mit jeweils 112 Kilowatt Leistung. Einige der Lokomotiven finden heute noch bei Sonderfahrten Verwendung.

Die ersten Zahnradtriebwagen kamen in den 1950er-Jahren auf die Schienen. Sie wurden von MAN, AEG sowie der Schweizerischen Lokomotiv- und Maschinenfabrik (SLM) herstellt. Die 22 Tonnen schweren Fahrzeuge besitzen vier Motoren mit einer Leistung von jeweils 114 Kilowatt. Bergwärts erreichen sie eine Geschwindigkeit von 23 km/h und talwärts von 15 km/h.

Zwei neue Triebwagen mit einer Leistung von vier Mal 117 Kilowatt lieferten 1978 SLM und BBC. Von Siemens und SLM kamen 1987 zwei Doppeltriebwagen mit vier Mal 216 Kilowatt Leistung. Es handelte sich dabei um die ersten Fahrzeuge, die alle Streckenabschnitte befahren können. Im Tal können sie eine Höchstgeschwindigkeit von 70 km/h erreichen. Weitere vier neue Triebwagen kamen 2006 zum Rollmaterial der Zugspitzbahn. Sie wurden von Stadler Rail geliefert und bieten eine Leistung von sechs Mal 300 Kilowatt.

Die Zugspitzbahn wissen nicht nur die vielen Fahrgäste zu schätzen, sie fand auch Anerkennung, als sie 2007 für die Auszeichnung als historisches Wahrzeichen der Ingenieurbaukunst in Deutschland nominiert wurde.

PERSONENBEFÖRDERUNG | *Die Bahn im Gebirge*

Der Kessel ist bei den Dampflokomotiven der **Mount-Washington-Zahnradbahn** so eingebaut, dass er sich bei der Bergfahrt in waagerechter Stellung befindet.

Mit Kohle und Biodiesel auf den Mount Washington

Mit Dampf und Zahnrad Im nördlichen Teil des Bundesstaats New Hampshire, nicht weit von dem berühmten Ausflugsort Bretton Woods, befindet sich die beeindruckende Mount Washington Cog Railway (Mount-Washington-Zahnradbahn). Zu den Besonderheiten dieser Bahn gehört, dass sie bereits 1869 eröffnet wurde. Sie ist damit die älteste auf einen Berg fahrende Bahn dieser Art.

Die Mount-Washington-Zahnradbahn wurde lange Zeit mit einer Dampflokomotive betrieben. Die erste Lok besaß einen stehenden Kessel, weswegen sie den Spitznamen *Peppersass* bekam, da sie an eine Flasche mit Pfeffersoße erinnerte. Der Kessel befand sich auf einem Drehzapfen, sodass er immer in vertikaler Stellung gehalten werden konnte, unabhängig von der Steigung. Die *Peppersass* war bereits beim Materialtransport am Bau der Bahn beteiligt und trat 1878 in den Ruhestand. Zur 60-Jahr-Feier der Bahn sollte sie jedoch wieder zum Einsatz kommen. Die Fahrt auf den Berg schaffte sie problemlos. Bei der Fahrt Richtung Tal brach jedoch die Vorderachse und die Lokomotive schoss ungebremst bergab. Alle Personen außer einer konnten abspringen. Die Folge des Unglücks waren ein Toter und eine zertrümmerte Lokomotive.

In den 1870er-Jahren begannen die Manchester Locomotive Works die Bahn mit neuen Lokomotiven auszustatten. Dieses Unternehmen in Manchester, New Hampshire, wurde 1901 Teil des großen Lokomotivenherstellers ALCO. Die auffallendste Änderung bei diesen Lokomotiven war der schräg eingebaute Kessel. Dies bewirkte, dass sich der Kessel bei der Fahrt am Berg ungefähr in waagrechter Position befand.

Ein weiterer Unfall ereignete sich 1969, als eine der Maschinen bei einer Weiche entgleiste und die Wagen eine Klippe herunterstürzten. Das Unglück forderte acht Tote und zahlreiche Verletzte. Davon abgesehen blieb die Mount-Washington-Bahn jedoch ein sicheres Verkehrsmittel. Vor allem in letzter Zeit gab es jedoch Kritik in Hinsicht auf die Umweltfreundlichkeit. Denn bei einer Fahrt auf der 4,8 Kilometer langen Strecke wurden ungefähr 0,9 Tonnen Kohle verbrannt sowie 3800 Liter Wasser verbraucht. 2008 bauten die Betreiber deshalb eine der Loks auf einen dieselhydraulischen Antrieb um. Als Kraftstoff wird Biodiesel verwendet. In den folgenden Jahren erfolgte die Umstellung bei weiteren Maschinen. Mit Kohlefeuerung findet täglich nur noch eine Fahrt statt.

Die Dampflokomotiven der **Mount Washington Cog Railway** können ein beträchtliches Alter vorweisen. Sie wurden allerdings für den Betrieb mit Biodiesel umgebaut.

Der Antrieb der **Mount-Washington-Bahn** verfügt über ein **Zahnrad,** das in eine Schiene greift.

Güterzugloks und Rangierbetrieb

GÜTERZUGLOKS UND RANGIERBETRIEB | *Entwicklung der Güterzugloks*

Entwicklung der Güterzugloks

Nicht nur für den gepflegten Reisenden und den Pendler ist die Eisenbahn da. Lokomotiven haben noch andere Aufgaben. Der Gütertransport ist die wohl wichtigste davon. Waren es zu Beginn des Eisenbahnzeitalters vor allem Rohstoffe, die transportiert wurden, so sind es heute Stahl- und Chemieprodukte sowie Öl, die wesentlich zur Auslastung der Netze beitragen.

Auf steileren Streckenabschnitten wurde oft **eine zusätzliche Lok vorgespannt.** Schwere Züge mussten eventuell von mehreren Loks gezogen werden. »

1927 nahm die britische LMS die **44422 der Fowler Class 4F** in den Fuhrpark auf. Sie wurde für den mittelschweren Güterzugdienst beschafft.

Diese sechsachsige **EMD SD40-2** gehört der **Helm Leasing Company,** dem größten Anbieter von Leihlokomotiven Nordamerikas. «

Die ersten Eisenbahnen waren dafür gebaut worden, die gewonnenen Rohstoffe von Bergwerken, vor allem Kohle, abzutransportieren. Gütertransport blieb immer ein besonders wichtiger Teil des Eisenbahnverkehrs, zum Teil dominierte er diesen Verkehrszweig sogar. Für das Ziehen schwerer Lasten wurden besondere Lokomotiven entwickelt.

Das Dampfzeitalter

Während man in den ersten Jahren des Dampflokbaus noch keine Unterschiede machte, stellten die Ingenieure schon früh fest, dass für die schwereren Güterzüge Lokomotiven nötig waren, die eine stärkere Zugkraft besaßen und nicht so sehr auf die Geschwindigkeit zu schauen brauchten. Aus diesem Grund wurde der Stan-

GÜTERZUGLOKS UND RANGIERBETRIEB | *Entwicklung der Güterzugloks*

Die Lok Nummer 85 der Frachtlinie **Taff Vale Railway** bringt hier einen Ausflugszug auf die Anhöhe. Sie gehört zur **Tenderlok-Klasse O2**.

dard-Typ der 1830er- und 1840er-Jahre, die *Patentee,* mit einer Treibachse umgebaut. Man kuppelte zwei Achsen und brachte auf diese Weise mehr Antriebskraft auf die Schienen. Güterzugloks bekamen in den folgenden Jahren stets mehr Treibradsätze als die Personenzugloks.

Mehr Achsen Dabei kam es zu interessanten Entwicklungen. So war lange die 2'C-Lok, der sogenannte *Tenwheeler,* vor Güterzügen gefahren, doch die Entwicklung brachte es mit sich, dass aus diesem Typ durch die Verwendung einer zusätzlichen Schleppachse mit der *Pacific* eine der berühmtesten Schnellzugloktypen entstand. Die Güterzugloks erhielten in der Folge vier gekuppelte Achsen. Die 1'D-Lok entwickelte sich zur wahrscheinlich meistgebauten Bauart unter den Dampflokomotiven der Welt.

In Großbritannien wurden wegen der beengten Lichtraumverhältnisse traditionell kleinere Loks eingesetzt. Das war auch beim Güterverkehr der Fall. Bekannt sind etwa die von Henry Fowler für die London Midland and Scottish Railway konstruierten Loks der Fowler Class 4F, die ab den 1920er-Jahren bis 1941 in 575 Exemplaren beschafft wurden. Für schwerere Züge, die zum Beispiel Erz oder Kohle zu transportieren hatten, stellten die Gesellschaften größere Loks ein. Die bereits genannte ließ in den 1930ern die Stanier Class 8F bauen, die eine Achsfolge 1'D aufwies. Solche Maschinen wurden auch in den Nahen Osten verfrachtet und dort eingesetzt. Ähnlich sah

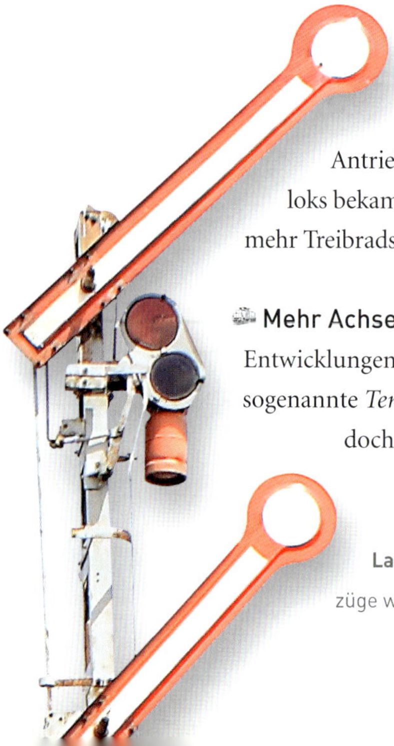

Langsamfahrt! wird signalisiert. Güterzüge waren nie besonders schnell.

Big Boy UP 4012 der **Union Pacific.** Aus den USA kommt diese wahrscheinlich größte Dampflokbaureihe der Welt.

es bei den vielen anderen Gesellschaften aus. Aus England kam ab 1909 die *Beyer-Garratt*, bei der die beiden Achsengruppen unter dem Tender und einem vor die Front gesetzten großen Wasserbehälter lagen. Die *Garratt*-Lok war recht gelenkig und konnte große Mengen Betriebsstoffe mitführen, weshalb sie besonders in wasserarmen Gebieten der südlichen Erdhalbkugel gern eingesetzt wurde.

Für Japan bauten US-amerikanische Firmen Loks, die noch eine zusätzliche Schleppachse erhielten. Das war die Geburt der *Mikado*-Lok 1'D1'. Sie wurden für den Güterverkehr konzipiert. Später wurde die *Mikado* allerdings auch im Personenverkehr gern eingesetzt.

Die Mallet-Loks in den USA 1902 kamen die Leute von der Baltimore & Ohio Railroad auf den Gedanken, das Prinzip der Mallet-Lokomotive bei einer langen Güterzuglok mit sechs Treibachsen einzusetzen. Dadurch konnte die Lok beweglicher konstruiert werden und dennoch enorme Zugkraft entwickeln, vor allem in den Bergen, wo man sonst mehrere Maschinen gleichzeitig ziehen lassen musste. Das war der Beginn der Hochphase des Dampflokbaus, der Güterzuglok-Giganten der USA.

1907 baute ALCO für die Erie Railroad drei Loks der Klasse L-1, die damals die größten Lokomotiven der Welt

Borsig baute 1941 die **44 351.** Der Big Boy war dreimal so schwer wie diese deutsche Güterzuglok.

waren. Auch sie waren *Mallet*-Loks, hatten aber zwei Vierachsgruppen. Bei Baldwin bestellte die Bahngesellschaft 1914 eine noch extremere Bauart. Die *Matt H. Shay* und zwei weitere Exemplare hatten die Achsformel (1'D)D(D1'), in der Whyte-Notation war das eine 2-8-8-8-2. Die Radsätze konnten gar nicht mehr alle unter der Lok untergebracht werden, sodass die hintere Gruppe gleich unter dem Tender lag. Wegen der drei Treibradgruppen wurde die Lok als *Triplex* bezeichnet. 1916 legte Baldwin sogar noch eins drauf und baute für die Virginian Railway eine (1'D)D(D2')-Lok.

Mit fünf Treibachsen In Europa fand man etwa ab 1900 für den Güterzugdienst nun auch fünffach gekuppelte Maschinen. Die erste wurde in Österreich 1899 von Karl Gölsdorf entwickelt. Besonders in der Sowjetunion fand dieser Typ mit der Baureihe E große Verbreitung. Sie wurde zur meistgebauten Dampflok der Welt.

Einen anderern Trend repräsentierte die 1'E-Lok, die durch ihre zusätzliche Laufachse ein besseres Fahrverhalten bei schnellerer Fahrt zeigte. In Österreich wurden solche Loks gern auf den gebirgigen Strecken verwendet. Dank der verschiebbaren Treibachsen, die Gölsdorf entwickelt hatte, war das Problem des langen Radstands gelöst. In Deutschland bauten mehrere Länder mit der G 12 ab 1917 diesen Loktyp. Er wurde zur späteren DR-Baureihe 58 und war bereits so etwas wie eine Einheitslok. Genormte Ersatzteile und eine

Die **556 0506** der tschechoslowakischen Staatsbahn ČSD wurde um 1952 bei Škoda gebaut. Diese Baureihe hatte alle technischen Neuheiten zu bieten, auch eine **Stokerfeuerung.** «

Karl Gölsdorf

Der geniale Österreicher Wie nur wenige Eisenbahningenieure ist Karl Gölsdorf (1861–1916) auch heute noch berühmt. Ihm ist die Konstruktion zu verdanken, mit der es möglich wurde, Loks mit vielen Kuppelachsen zu bauen, indem er die Kuppelstangen und die Achsen seitlich verschiebbar konstruierte. Dadurch schonte er die Schienen und verringerte das unangenehme Quietschen. Einige Meilensteine der österreichischen Lokbaukunst wurden von ihm konstruiert. Sie zeichnen sich durch zum Teil eigenwillige Formen aus, die aber technische Maßstäbe setzten.

Links eine **434**, die **erste Škoda-Lok** von 1920 und im österreichischen Kaiserreich die meistgebaute Lok der Baureihe kkStB 170; rechts die meistgebaute deutsche Dampflok der **Baureihe 52,** in der ČSSR war sie eine 555.

Die **Baureihe 50** war in Deutschland ein sehr wichtiger Güterzugloktyp. «

 GÜTERZUGLOKS UND RANGIERBETRIEB | *Entwicklung der Güterzugloks*

einheitliche Bedienung sollten dafür sorgen, dass jeder Lokführer Deutschlands diese Lok fahren und warten konnte. Bei der Vielfalt der Bauarten war es während des Ersten Weltkriegs öfters vorgekommen, dass Lokpersonal auf einer fremden Lok stand und nicht wusste, was es zu tun hatte. Später wurde die besondere Eignung der Lok für gebirgige Strecken festgestellt. So kam es, dass viele ins Erzgebirge verschlagen wurden, wo sie noch 1976 im Regeldienst standen. Dort wurden sie übrigens anfangs noch als XIII H geführt.

Bei den deutschen Einheitsloks wurden die Güterzugloks der Baureihen 44 und 50 sowie deren Ableitungen als 1'E-Loks gebaut. In den Vereinigten Staaten gab es die später dort als *Decapod* bezeichneten Loks schon vereinzelt seit den 1870er-Jahren. Dort wurde aber bald die 1'E1' beliebter, die in den USA so etwas wie die Standard-Güterzuglok vor dem Aufkommen der *Mallets* wurde.

Die Kletterkünstler Der Trend zu mehr Treibachsen ging noch weiter. Gölsdorf ließ in der Lokfabrik Floridsdorf 1911 für die Tauernbahn eine 1'F-Lok bauen, die die Nummer 100.01 bekam. Allerdings war sie als Schnellzuglok (!) vorgesehen. In Württemberg hatte nach diesem Vorbild ab 1917 die Maschinenfabrik Esslingen 44 Exemplare der Klasse K gebaut, die vor allem an der berüchtigten Geislinger Steige den Güterverkehr übernehmen sollten. Baden verwendete sie auf der Schwarzwaldbahn. Sie hatten eine Laufachse und sechs Treibachsen. Weil die Achslast bei nur 16 Tonnen lag, konnten die Loks universell eingesetzt werden. Nach der Elektrifizierung der beiden Strecken wurden sie an Österreich verkauft. An steilen Streckenstücken wurde es auch oft so gehandhabt, dass die Eisenbahner dem Zug eine Schiebelok beigaben, die für zusätzliche Antriebskraft sorgte. Oben am Berg wurde sie dann wieder abgehängt.

Güterzugloks in der Sowjetunion Ein Staat mit großen Entfernungen – wie das größte Land der Welt – braucht eine leistungsfähige Eisenbahn, die den Güter- und Warentransport sicherstellt. Nachdem die Bolschewiki 1917 die Macht ergriffen hatten, mussten sie erkennen, dass sich hier eine schwere Aufgabe stellte, die auch die als Kriegshilfe von den Vereinigten Staaten bezogenen Neubauloks nicht bewältigen konnten. So wurde die bereits 1912 entwickelte Baureihe Э (E) in größerer Zahl weitergebaut. Diese Maschine war vielseitig einsetzbar, auch auf Nebenstrecken. Als laufachsenloser Fünfkuppler waren ihre Fahreigenschaften nicht herausragend, doch für den Frachtverkehr wurde sie unverzichtbar. Die Baureihe E wurde im Auftrag unter anderem auch in Deutschland und Schweden hergestellt. Sie wurde mit etwa 11 000 montierten Exemplaren zur meistgebauten Dampflok der Welt.

Eine verbesserte Nachfolgerin war die 1934 eingeführte Baureihe CO (SO), die mit einer Vorlaufachse ausgestattet wurde. Die Reihe ФД (FD) erhielt zusätzlich eine Schleppachse, wodurch sie die Achsfolge 1'E1' aufwies. Sie war für schwere und schnelle Güterzüge, die auf den Hauptstrecken verkehrten, gebaut.

Siebenkuppler

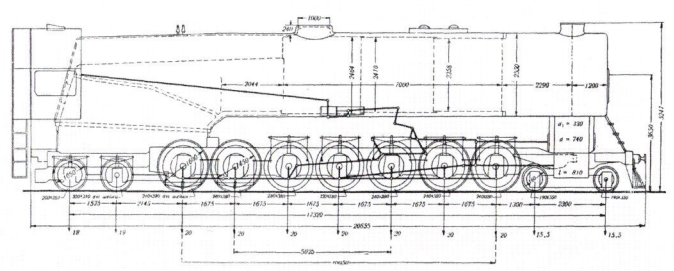

Der sowjetische Lok-Riese Noch eins drauf setzen im Rennen um die meisten Treibachsen wollten die Sowjets mit einer siebenfach gekuppelten Güterzuglok mit je zwei Vorlauf- und Schleppachsen. Die AA20-1 wurde 1934 fertiggestellt, doch die fast 34 Meter lange Lok erwies sich sehr bald als komplette Fehlkonstruktion. Vor allem hatte man es versäumt, die Planung an der gegebenen Infrastruktur zu orientieren. Die Gleisbogen waren meist zu eng für diese Lok, woraus schwere Schäden an Gleisen und Fahrzeug resultierten. Es blieb bei dem Einzelstück.

Zur **Baureihe L** gehörte diese Güterzuglok. Sie wurde zwischen 1945 und 1955 in großen Mengen gebaut und gilt als beste Güterzuglok der Sowjetunion.

GÜTERZUGLOKS UND RANGIERBETRIEB | *Entwicklung der Güterzugloks*

Die **Güterzuglok L-1174** wurde 1949 in Brjansk gebaut. Sie wirkt mit ihrer filigranen Konstruktion sehr dynamisch.

Mit der Baureihe Л (L) gelang den Sowjets dank dem herausragenden Konstrukteur L. S. Lebedjanskij die vielleicht beste ihrer Güterzugloks. 4200 Exemplare wurden von ihr gebaut. Dank einem niedrigen Gewicht, einer effizienten Konstruktion und einer Stokerfeuerung wies die Lok einen Wirkungsgrad von 9,3 Prozent auf, eine bemerkenswerte Leistung. Sie konnte bis zu 80 km/h schnell fahren. 1947 erhielt die Baureihe den Beinamen Победа (Pobeda = Sieg). Doch die Sowjetunion war bereits in den 1950er-Jahren auf den Weg zum Einsatz von Dieselloks eingebogen.

Leichte Güterzugloks für den regionalen Verkehr

Nicht nur große Güterzugloks wurden gebraucht, sondern auch solche, die durch enge Täler kamen oder auf Felder hinausfuhren, um das Erntegut zu bergen. Die Hersteller entwickelten deshalb Loktypen, die für solche Aufgaben speziell konstruiert waren. Beim Bau neuer Strecken wurde aus Kostengründen oftmals von der Standardspur abgewichen. Es gibt eine Vielzahl von Schmalspurweiten, von denen die weltweit bekanntesten sicher die folgenden sind: Kapspur 1067 Millimeter, Meterspur, die Drei-Fuß-Spur 914 Millimeter, die bosnische Spur 760 Millimeter, 750 Millimeter und die Feldbahnspur 600 Millimeter.

Der Nachteil verschiedener Spurweiten ist natürlich die fehlende Kompatibilität. Es wurde somit immer ein Umladevorgang nötig. Doch dem standen bedeutende Vorteile gegenüber. So wurden die gebirgigen und waldigen Alpentäler Österreichs erst durch Schmalspurbahnen erschlossen, die zum Beispiel Holz oder andere Produkte in die Zentren beförderten. Auch in Sachsen, wo noch heute viele Dampfloks regelmäßig verkehren, war das so. In den Rocky Mountains konnten viele Gegenden erst durch Schmalspurtrassen erschlossen werden. Dabei entstand eine Vielzahl verschiedener Lokomotiven. Um billig zu bleiben, war der Unterbau meist nicht so tragfähig. Deshalb musste die Achslast der Lokomotiven möglichst gering sein, wenn man Beschädigungen vermeiden wollte. Auf eher kürzeren Strecken in Europa wurden meist Tenderloks eingesetzt, die auch rückwärts hervorragend

Die jugoslawische **Schmalspurlok JŽ 83-182** wurde ebenfalls 1949 bei **Đuro Đaković** gebaut, dem wichtigsten Hersteller des Landes.

258

Besonders in Staaten, in denen große Monokulturen existierten, wurden oft **kleine schmalspurige Bahnen** gebaut, die die Ernte abtransportierten.

Die **FD 21-3125** wurde 1941 gebaut. Diese **1'E1'-Lok** zog schwere Expressgüterzüge auf den großen Hauptstrecken des riesigen Landes.

GÜTERZUGLOKS UND RANGIERBETRIEB | *Entwicklung der Güterzugloks*

Die **Baureihenbezeichnung 99** wurde von der Deutschen Reichsbahn für alle **Schmalspurlok-Baureihen** eingeführt.

fahren konnten. Auf größere Geschwindigkeiten kam es bei diesen Strecken nicht an, weshalb oft auch keine Unterschiede zwischen Personenzug- und Güterzugloks gemacht wurden. Wichtiger war eine auf die Geländeverhältnisse abgestimmte Lok. Niedriges Gewicht, gute Kletterfähigkeit oder Wendigkeit in engen Gleisbögen waren wichtige Faktoren.

Eine besondere Aufgabe hatten die Lokomotiven bei dem Abtransport von Erntegut. In Kuba zum Beispiel wurden die Zuckerplantagen von kleinen Güterzügen unterstützt, in Ostpreußen waren Feldlokomotiven zur Einholung der Ernte bestellt. Hier erfüllte die Eisenbahn Aufgaben, die später von Traktoren oder Lastwagen übernommen wurden.

Dieselloks erobern die Schiene

Obwohl die ersten Schritte zum Bau einer erfolgreichen Diesellokomotive in Deutschland und der Schweiz stattgefunden hatten, waren es die Amerikaner, die sich am stärksten auf die Weiterentwicklung der Dieseltraktion konzentrierten. Anders als in Europa stellte der Erste Weltkrieg dort nicht einen massiven Einschnitt dar, der wichtige Zukunftsprojekte verzögerte. Allerdings waren noch einige Jahre an Entwicklungsarbeit nötig, ehe die ersten Großdieselloks in den fahrplanmäßigen Verkehr kamen. 1933 fuhren die ersten Stromlinien-Dieselloks. Die ersten

Die **Güterzuglok-Baureihe FT** mit dieselelektrischem Antrieb wurde von **Electro-Motive** in den 1940er-Jahren gebaut.

CSX 7908 ist eine **Dash 8-40CW** von **General Electric.** Diese sechsachsige Diesellokbaureihe für den Güterverkehr stammt aus dem Jahr 1989.

großen Dieselloks für den Güterzugverkehr, die sich durchsetzen konnten, waren die Loks des Typs FT, die der US-amerikanische Hersteller Electro-Motive Division (EMD) 1939 auf den Markt brachte. Zwar wurden zur gleichen Zeit die Dampflokriesen wie der *Challenger* oder der *Big Boy* produziert, doch mit den FT-Dieselloks wurde endgültig das Ende der Dampflok eingeläutet.

Bei diesen Loks wurde wieder der dieselelektrische Antrieb verwendet, den auch bereits die ersten Großdieselloks hatten. Dabei wurde die Motorkraft dazu genutzt, Generatoren zu betreiben, die wiederum die Kraft elektrisch auf die Radsätze übertrugen. In den USA wurde diese Technik nach dem Erfolg der FT-Units beinahe bei allen Dieselloks verwendet. EMD setzte einen V16-Motor ein, der die vier Fahrmotoren der vierachsigen Lok antrieb. Besonders die Atchison, Topeka & Santa Fe Railway (ATSF) bestellte diese Lokomotiven für ihre langen Strecken durch wasserarme Gebiete im Mittelwesten und im Südwesten der USA. Doch auch bei vielen anderen Eisenbahngesellschaften setzten sich die Dieselloks schnell durch. Electro-Motive, das in der Weltwirtschaftskrise von General Motors gekauft wurde, fegte die einstigen Giganten Baldwin, ALCO und Lima buchstäblich vom Markt.

Die beiden Weltmarktführer aus den USA EMD entwickelte sich sehr schnell zum Marktführer in Amerika und war lange Jahre der größte Hersteller von Lokomotiven der Welt. 1972 wurde das Modell SD40-2 eingeführt, das sich mit fast 4000 produzierten Exemplaren weit oben in der Liste der meistgebauten Loks einreihen konnte. Ihr V16-Motor mit Turbolader brachte es auf eine Dauerleistung von 2250 kW. Viele dieser Loks wurden auch nach Kanada und Mexiko exportiert. Ihre Nachfolger wurden in den 1980er-Jahren die Typen SD60 und SD 70, die sich durch noch stärkere Motoren auszeichneten und technisch auf einen neueren Stand gebracht waren.

Neben EMD war General Electric, die Firma des berühmten Thomas A. Edison, zum wichtigen Hersteller von Dieselloks geworden. In den ersten Jahren wurden vor

GÜTERZUGLOKS UND RANGIERBETRIEB | *Entwicklung der Güterzugloks*

Die **Montreal Locomotive Works** bauten für die Canadian National Railway zwischen 1973 und 1977 vierachsige Güterzuglokomotiven der **Baureihe M-420** mit 1470 PS.

allem Rangierloks zusammen mit ALCO gebaut, wobei GE den elektrischen Teil lieferte und der Dieselmotor von Ingersoll-Rand stammte. Größere Dieselloks wurden nach dem Zweiten Weltkrieg gebaut. Dazu gehören etwa die berühmten Loks der Baureihen *Dash-7*, *Dash-8* und *Dash-9*, die es in vier- und sechsachsigen Modellen gab. Die schwersten Güterzugloks dieser Reihe haben Dieselmotoren, die über 3200 kW leisten. GE hat seit einigen Jahren die Rolle des Weltmarktführers im Lokomotivenbau von EMD übernommen.

Güterverkehr zwischen Québec und Klondike In Kanada, wo sich der Strom als Antriebsquelle nie durchsetzen konnte, findet man heute nur Dieselloks im Güterverkehr. Die beiden wichtigsten Hersteller waren GMD, ein kanadischer Ableger von General Motors und Electro-Motive, sowie die Montreal Locomotive Works. Diese waren mit ALCO eng verbunden und kamen deshalb im Zuge der Kooperation von ALCO mit General Electric beim Bau von Dieselloks mit dem anderen US-Konzern in Kontakt. So entwickelten sich die kanadischen Loks im Grunde parallel zu denen des südlichen Nachbarn. Die Montreal Locomotive Works wurden 1980 von Bombardier übernommen.

Die größte Gesellschaft des Landes, die Canadian National Railway (CN), bezog einen großen Teil der Lokomotiven von den beiden ansässigen Unternehmen, importierte aber auch aus den USA. Weil die langen Strecken sich mit längeren Zügen besser bezahlt machten, wurden starke Lokomotiven benötigt. In neuester Zeit wurden auch *Dash-9* und andere starke Maschinen gekauft. Interessant ist, dass die CN mit ihrem Streckennetz auch auf die USA ausgreift. So verkehren ihre Dieselloks sogar bis hinunter zum Golf von

Um 2005 führte **General Electric** die Evolution Series ein. Zu ihr gehört diese **ES44AC** der Canadian Pacific Railway. Auch andere große Bahnen wie die Union Pacific kauften diese Lok. ▶▶

Aus dem Jahr 1994 stammt diese mächtige **Dash 9-44CW** mit 3200 PS. Sie fährt für die Canadian National Railway.

GÜTERZUGLOKS UND RANGIERBETRIEB | *Entwicklung der Güterzugloks*

Mexiko. Die Eisenbahnen der USA und Kanadas verbinden sich immer enger, weshalb es kein Wunder ist, wenn sich auch der Fuhrpark immer ähnlicher präsentiert.

Dieselloks in der Heimat des Dieselmotors In den beiden deutschen Staaten, die nach dem Zweiten Weltkrieg entstanden waren, entwickelte sich die Verwendung von Güterzugloks sehr unterschiedlich. In der DDR war man vor allem auf Lieferungen aus Rumänien und der Sowjetunion angewiesen. Die Bundesbahn hingegen beschaffte ihre Loks bei den bewährten deutschen Herstellern. Anders als in den USA wurde hier der hydraulische Antrieb sehr populär, da er weniger Betriebskosten verursachte, kompakter war und außerdem bei langsamen Geschwindigkeiten eine höhere Zugkraft zeigte.

Mit den V 200 und V 100 gelang der DB die Entwicklung hervorragender Lokomotiven, die universal einsetzbar waren. Hinzu kam ab 1960 die V-160-Familie. Zu ihr gehörte auch die Baureihe 218, die ab 1968 eingesetzt wurde. Immer wieder wurden auch andere Konstruktionen getestet. So war die Baureihe 210 vom Ende der 1970er-Jahre eine Gasturbinenlok, die mehr Leistung bringen sollte. Doch das System bewährte sich nicht. Auch mit dieselelektrischen Loks wurde die DB nicht glücklich. In jüngster Zeit sorgten Güterzug-Dieselloks der deutschen Hersteller Vossloh und Voith für Furore. Vossloh, dem Nachfolger der Kieler

Die **Vossloh G 1206** hat ein Hydraulikgetriebe von Voith, die Motoren stammen von Caterpillar oder MTU.

Diese **Diesellok der Zillertalbahn** für Personen- und Güterverkehr wurde von der badischen **Gmeinder Lokomotivenfabrik** hergestellt. Das Turbowendegetriebe stammt von Voith.

Die **Maxima 40CC** von **Voith** ist seit ihrer Vorstellung 2006 die stärkste einmotorige dieselhydraulische Lok der Welt.

In Schweden werden **Dieselloks** meist nur im Rangierverkehr oder zum Transport von Gütern auf **Nahstrecken** verwendet. «

Taigatrommeln

oder „Stalins Rache" wurden in der DDR die Lokomotiven genannt, die bei der Reichsbahn die Baureihenbezeichnung 120 bekamen. Dabei handelte es sich um sowjetische Sechsachser des Typs M62, der in Lugansk hergestellt wurde. Diese Loks verursachten einen bis zu 121,5 Dezibel lauten Lärm, das ist einem Presslufthammer vergleichbar! Ein Schalldämpfer sorgte später für Abhilfe. Die 1470 kW starken Loks dienten vor allem im Güterverkehr. 1994 wurde die letzte „Taigatrommel" bei der Deutschen Bahn außer Dienst gestellt.

GÜTERZUGLOKS UND RANGIERBETRIEB | *Entwicklung der Güterzugloks*

MaK, gelang es, besonders preisgünstige, aber ungeheuer leistungsfähige Loks wie die G 2000 BB oder die dieselelektrische Euro 4000 auf den Markt zu bringen. Sie werden vor allem von den privaten Anbietern gern genutzt.

Voith ist im Eisenbahnbereich vor allem als Hersteller exzellenter Flüssigkeitsgetriebe bekannt, hat 2006 selbst mit dem Bau von Lokomotiven begonnen. Mit der *Maxima 40 CC* gelang gleich die stärkste einmotorige dieselhydraulische Lok der Welt. 3600 kW stehen bei ihr zu Buche. Diese sechsachsige Lok kann schwere Güterzüge auf langen Strecken führen. Bombardier stellt Dieselloks der TRAXX-Familie her, Siemens brachte 2002 eine Dieselvariante des berühmten *Taurus* der ÖBB heraus, die den Namen *Herkules* bekam. Besonders im Güterverkehr werden Dieselloks weiterhin ihre Einsatzfelder in Deutschland und Österreich finden.

Legendäre Dieselloks und Massenware In der Sowjetunion hatte der Umstieg auf die Dieseltraktion schon sehr früh begonnen. Die Planung der Staatsführung sah angesichts der besseren Rohstofflage bei Dieselkraftstoff bereits Mitte der 1950er-Jahre einen Ausstieg aus der Dampflokproduktion vor. Die ersten Dieselloks für den Güterverkehr waren die ТЭ3 (TE3), die für den Expressgüterverkehr eingesetzt wurden. In Charkow wurde ab 1958 die ТЭ10 (TE10) produziert, die sogar bis 1996 in verschiedenen Überarbeitungen ausgeliefert wurde.

Ein anderer Dauerbrenner gelang den Lokomotivwerken in

Die **sechsachsige M62** wurde 1965 erstmals aufgegleist. Sie wurde auch in die Satellitenstaaten der Sowjetunion geliefert und bekam dort die verschiedensten Spitznamen.

Meistgebaute Diesellok

7459 Stück produziert Sie hat die Bezeichnung ЧМЭ3 (TschME3). Der erste Buchstabe steht als Kürzel für „tschechoslowakisch", denn bei ČKD in der Tschechoslowakei wurde die Lok 1963 entwickelt und gebaut. Die ЧМЭ3 war als Nahverkehrslok, leichte Güterzuglok und auch als Rangierlok vielseitig einsetzbar. Die sechsachsige Maschine leistete 993 kW und war bis zu 95 km/h schnell.

Lugansk 1965 mit der Einführung der M62. Diese sechsachsige dieselelektrische Güterzuglok besaß einen Zwölfzylinder-Motor mit 1470 kW Leistung. Sie wurde in verschiedenen Versionen angeboten, so etwa als Doppellokomotive 2M62 oder sogar als Dreifachlok. Dieser Typ wurde auch an viele Mitgliedstaaten des „Rats für gegenseitige Wirtschaftshilfe" (RGW) ausgeliefert, so an die DDR, Polen, die Tschechoslowakei und Ungarn. Auch Kuba und Nordkorea erhielten einige Exemplare. In der DDR wurden die Lok wegen ihres Lärms als *Taigatrommel* bekannt. In Polen wurde für den schweren Güterzugverkehr eine abgewandelte Version der M62 eingesetzt, die die Bezeichnung ST44 erhielt. Auffallendster Unterschied sind die deutlich größeren Scheinwerfer.

Ein interessanter Loktyp ist die Ty2 (Tu2), die bereits 1955 eingeführt wurde. Sie ist eine Diesellok mit der Spurweite 750 Millimeter, die für den Trans-

Die **ST44** der **polnischen PKP** war eine abgewandelte M62. Verändert wurden beispielsweise die Schweinwerfer, wie man im Vergleich der Fotos erkennen kann.

Die **Gleichstromlok ВЛ10 (WL10)** wurde zwischen 1961 und 1977 in Dienst gestellt. Sie war eine Doppellokomotive mit der Achsfolge Bo´Bo´+Bo´Bo´.

port land- und forstwirtschaftlicher Erzeugnisse eingesetzt wurde, aber auch bei Industriebahnen, im Rangierbetrieb und als Nebenbahn-Personenzuglok ihren Dienst versah. Eine zweite Karriere hatte die als vielleicht beste sowjetische Diesellok geltende Ty2 bei den verschiedenen Kindereisenbahnen. Das waren echte Eisenbahnen mit Fahrplan, die von Kindern und Jugendlichen in Eigenregie betrieben wurden – ein interessantes Hobby, bei dem man viel lernen konnte.

Gütertransport mit Elektroloks

Elektrolokomotiven waren bereits früh im Güterzugdienst, denn schon in der zweiten Hälfte des 19. Jahrhunderts setzten viele Bergwerke auf den elektrischen Antrieb. Doch im Streckendienst war die saubere Elektrolok vor allem bei der Beförderung von Passagieren im Einsatz. In der Schweiz aber ging man schon Anfang des 20. Jahrhunderts daran, die wichtigsten Strecken zu elektrifizieren, darunter auch die Strecke über den Lötschbergpass und die Gotthardstrecke. Auch die Güterzüge sollten über die Transitwege elektrisch betrieben werden.

Krokodile auf Schienen Für den Gotthard wurden ab 1919 die legendären *Krokodile* mit dem bürgerlichen Namen Ce 6/8II und Ce 6/8III beschafft. die Ziffern bedeuten nach der Schweizer Nomenklatur, dass sechs der insgesamt acht Achsen angetrieben wurden. Dabei hatten sie Kuppelstangen, die die beiden Treibachsengruppen kuppelten. Die in Deutschland gebräuchliche Achsformel lautet (1'C)(C1'). Auffällig und oft kopiert sind die beiden länglichen Vorbauten des dreiteiligen Aufbaus. Die Fahrerkabine, auf deren Dach sich auch die beiden Stromabnehmer befanden, war erhöht, sodass eine gute Sicht gegeben war. Diese hervorra-

Hier sieht man die **Krokodile Ce 6/8III** in grüner und **Ce 6/8II** in brauner Lackierung. Die beiden Generationen sind selten so vereint.

Die **deutsche Baureihe E 94** wurde dem Krokodil nachempfunden und ab 1940 in Dienst gestellt. Nach dem Krieg wurde sie Mitte der 1950er-Jahre noch einmal produziert. Die sechsachsige Lok war auf Steilstrecken wie der Geislinger Steige oder im fränkischen Mittelgebirge zuhause.

genden Maschinen waren zunächst auf steilen Bergstrecken und später in der ganzen Schweiz im Güterzugdienst unterwegs. In Deutschland wurde mit der E 93 und E 94 eine vergleichbare Lok in den 1930er-Jahren in Dienst gestellt.

Nach dem Zweiten Weltkrieg schritt die Elektrifizierung in Europa langsam voran. In der Sowjetunion wurden auf den entstehenden Strecken auch für Güterzüge Elektroloks gebraucht. Inzwischen ist fast die Hälfte des russischen Streckennetzes elektrifiziert, allerdings mit verschiedenen Stromsystemen. Für das Gleichstromnetz bauten die Sowjets ab 1961 den Typ ВЛ10 (WL10). Die beiden Buchstaben sind die Initialen von Wladimir Lenin. Diese achtachsige Güterzuglok (Bo′Bo′+Bo′Bo′) wurde in fast 2900 Exemplaren gebaut und leistete 4597 kW. Über 4900 Exemplare entstanden von der Wechselstromlok ВЛ80, die parallel produziert wurde.

Bei den Güterzugloks setzten die Produzenten in der Regel auf Loks mit zwei dreiachsigen Drehgestellen, während die Personenzugloks meist vierachsig konstruiert waren. Doch das sollte sich in den nächsten Jahren ändern. Ein wesentlicher Unterschied bei der Fertigung von Güterzugloks im Ver-

Diese vierachsige, dem Krokodil nachempfundene **4-1137** wurde 1981 vom **VEB LEW „Hans Beimler" Hennigsdorf** als Werkslok gebaut.

269

GÜTERZUGLOKS UND RANGIERBETRIEB | *Entwicklung der Güterzugloks*

Die **DB-Baureihe 185** besteht aus Loks des Typs **TRAXX** von **Bombardier**. Die Loks ab der Nummer 185 201 wurden 2004 eingeführt und sind verbesserte Versionen (TRAXX 2) mit enormer 5600-PS-Stundenleistung.

gleich zu Schnellverkehrsloks ist die andere Antriebsart. Die Güterzuglok ist nicht für hohe Geschwindigkeiten ausgelegt, weshalb sie meist einen Tatzlager-Antrieb besitzt, der billiger zu produzieren ist und bei niedrigen Geschwindigkeiten wirtschaftlicher arbeitet als seine Alternative, der Hohlwellenantrieb.

Konzentration auf wenige Hersteller Während auf dem amerikanischen Doppelkontinent die Traktion unterm Fahrdraht höchstens im Nahverkehr der Metropolen gefahren wird, hat sich in Europa die Elektrolok einen bemerkenswerten Anteil am Streckennetz gesichert. Das liegt vor allem daran, dass die Betriebskosten der Elektroloks niedriger sind, was sich bei kürzeren Strecken insgesamt deutlich bemerkbar macht. Auch der Güterverkehr bedient sich der elektrifizierten Hauptstrecken. Waren jedoch noch um 1960 die Produzenten der Elektrolokomotiven nationale Betriebe, so änderte sich das zum Jahrtausendende. Im Zuge der Konzentration und verschiedener Übernahmen kristallisierten sich einige wenige Großfirmen heraus, die zu den wichtigsten Belieferern der Eisenbahnen Europas und der Welt wurden.

Einer der neuen Giganten ist Bombardier. Mit den TRAXX-Lokomotiven hat der kanadische Konzern mit einer Vielzahl traditionsreicher europäischer Fertigungsstätten eine besonders erfolgreiche Lokfamilie entwickelt. TRAXX steht für „Locomotive Platform for Transnational Railway Applications with eXtreme fleXibility". Bombardier verwendet eine Vielzahl von Bauteilen für alle möglichen Loktypen, sei es nun eine Gleichstrom-, Wechselstrom- oder dieselelektrische Maschine. Drei Viertel aller Bauteile sind für alle Loks identisch. Das bewirkt einen enormen Einspareffekt. Bei der Deutschen Bahn gehören die Baureihen 145, 146 und 185 zur TRAXX-Familie. Sie werden meist im Güterzugverkehr eingesetzt, wurden aber als vierachsige Loks produziert. Auch in der Schweiz, Italien, Spanien, Polen und in anderen Ländern sind TRAXX-Loks zuhause.

Bombardier baut aber auch noch andere Typen, zum Beispiel die Doppellokomotiven mit zweimal sechs Achsen des Typs IORE, die in Schweden die schweren Eisenerzzüge ans Meer befördern. Sie gehören zu den stärksten Elektroloks der Welt und leisten 2x5400 kW.

Der Schöpfer der ersten funktionstüchtigen Elektrolok der Welt, Siemens, ist ebenfalls groß im Geschäft. Zusammen mit Krauss-Maffei, einem anderen bedeutenden Namen im Lokomotivenbau, produzieren die Deutschen den EuroSprinter

Eine **Siemenslok des Typs ES64U2** setzt der private Anbieter LogServ hier ein. In Österreich heißt das Modell **Taurus,** auch in Deutschland ist dieser Name geläufig.

ES64, eine Lokfamilie mit verschiedenen Versionen für den Güterzug- und Personenverkehr. Während Modelle wie die deutsche Baureihe 152 speziell als Güterzugloks mit dem herkömmlichen Tatzlager-Antrieb ausgestattet wurden, waren die vor allem in Österreich tätigen ES64U2 als Universalloks für verschiedene Einsatzzwecke konzipiert und erhielten deshalb einen Kardan-Gummiringfederantrieb, der eine Variante des Hohlwellenantriebs darstellt. Geschwindigkeiten bis 230 km/h waren damit kein Problem. In der Zukunft wird sich die Elektrotraktion sicher im Güterverkehr erfolgreich halten.

Bombardiers schwere **Doppellokomotiven** mit zweimal sechs Achsen des Typs IORE wurden für schwere Eisenerzzüge in Schweden gebaut.

GÜTERZUGLOKS UND RANGIERBETRIEB | *Rangierbetrieb der Eisenbahn*

Rangierbetrieb der Eisenbahn

In den Betriebswerken und Güterbahnhöfen gibt es viele Aufgaben, die Lokomotiven zu leisten haben, die nicht „hinaus" auf die Strecke geschickt werden, sondern „daheim" dafür sorgen, dass alles klappt. Die Rangier- oder Verschublokomotiven haben spezielle Voraussetzungen, die sie dazu befähigen.

Der zweitgrößte **Rangierbahnhof** der Welt, der größte Europas, liegt in Maschen bei Hamburg: Hier werden die Güterzüge zusammengesetzt.

Dampfloks fürs Rangieren

In den frühen Jahren der Eisenbahn wurden auch die Züge einfach mit Muskelkraft oder der Hilfe von Zugtieren zusammengestellt. Doch je schwerer das Rollmaterial wurde, desto schwieriger war es, so weiterzuarbeiten. Deshalb übernahmen bald Dampflokomotiven diese Rolle. Man verwendete lange Zeit Zweikuppler mit kleinen Rädern, die eine möglichst große Zugkraft entwickeln sollten. Ende des 19. Jahrhunderts wurde die Zahl der Treibradsätze meist auf drei erhöht. Für den schweren Verschubdienst wurden sogar vierachsige Rangierloks gebaut, beispielsweise die preußische T 13 von 1909.

Rangierlokomotiven waren kleine Tenderloks, die ihre Betriebsstoffe mitführten. Große Mengen waren allerdings nicht erforderlich, man saß ja an der Quelle. Außerdem war auf diese Weise die Sicht in beide Richtungen gegeben, was gerade beim Rangieren von enormer Bedeutung war. Das Gewicht der Lokomotive sollte hoch sein, um mit einem möglichst hohen Reibungsdruck ein Plus an Zugkraft zu erzielen.

Solche Maschinen, die sich weniger durch Geschwindigkeit als durch Zugkraft auszeichneten, wurden bald auch gern bei Industrie- und Werksbahnen eingesetzt, damit sie die Bauteile heranschafften oder die fertigen Produkte über ein

Dampfspeicherloks, hier ein **C-Kuppler** von **LKM,** um 1960, wurden für explosionsgefährdete Werke gebaut. Sie waren in Deutschland recht häufig.

Diese kleine, **zweifach gekuppelte Rangierlok** wurde von **Henschel** in Deutschland 1922 gebaut und nach Brasilien ausgeliefert.

 GÜTERZUGLOKS UND RANGIERBETRIEB | *Rangierbetrieb der Eisenbahn*

Die **Schmalspurlok 92 6505** wurde 1940 bei **Krupp** gebaut. Als Lok Nr. 3 war sie in der Grube Emil Mayrisch in Nordrhein-Westfalen tätig. »

Diese amerikanische Lok ist eine **S-2 von ALCO**. Als Streckenrangierlok wurde sie zwischen 1940 und 1950 produziert.

Anschlussgleis in den Verkauf schickten. Aus Kostengründen wurden gern ältere Tenderlokomotiven von der Industrie günstig erworben und dann noch jahrelang als Werksloks in Dienst gebracht.

Feuerlose Dampfspeicherloks im Werksverkehr Eine Besonderheit im Bereich der chemischen Industrie oder in Munitionsfabriken waren die Dampfspeicherlok, deren Entwicklung auf die deutsche Firma Orenstein & Koppel zurückgeht. Bei ihnen wurde Dampf, der aus einer anderen Quelle stammte, in dem großen, bauchigen Kessel gespei-

In einem **Bahnbetriebswerk** werden die Lokomotiven gewartet, betankt und auf den nächsten Arbeitseinsatz vorbereitet.

chert. Jetzt war die Lok einsatzbereit und konnte so lange fahren, bis der Dampf verbraucht war. Im Grunde ist das ein ähnliches Prinzip wie beim Akku. Dadurch wurden die Gefahr des Funkenflugs beim Einheizen und eine etwaige Explosion vermieden.

Diesel macht das Rennen: Köf und Co.

Als Ende des 19. Jahrhunderts das Automobil die Bühne betrat, konnte sich bei den Eisenbahnen kaum jemand vorstellen, dass dieses Spielzeug der Reichen und Abenteuerlustigen irgendeinen Einfluss auf ihre tägliche Arbeit haben konnte. Doch nur kurz darauf ließ die älteste Motorenfabrik der Welt aufhorchen. 1892 wurde nämlich dort, bei Deutz in

GÜTERZUGLOKS UND RANGIERBETRIEB | *Rangierbetrieb der Eisenbahn*

Die **V 60** war eine sehr erfolgreiche Entwicklung. Dieses Exemplar wurde in die **Baureihe 363** einsortiert, weil es Funksteuerung und einen neuen Caterpillar-Motor besitzt.

Akku-Lok

Die wiederaufladbare Kleinlok Im Rangierverkehr kam man mit Elektroloks nicht weiter, weil nicht jeder Streckenabschnitt unter Fahrdraht lag. Man behalf sich dann mit Akku-Loks wie diesem *Akku-Bocki* aus dem Jahr 1924, offiziell als *Schleppzeug* bezeichnet. Dieses Fahrzeug wurde bei der Firma Müller in Berlin hergestellt. Doch in der Regel wurde schon früh auf die Dieseltraktion gesetzt. Eine Ausnahme bildet die Schweiz, die traditionell beinahe komplett auf Strom setzt.

Köln, eine kleine Lokomotive vorgestellt, die mit einem Motor ausgerüstet war. Kohle war nicht mehr nötig – die Maschine schluckte Petroleum. Diese erste Lok mit einem lediglich 8 PS starken Motor wurde von der Chemischen Fabrik in Radebeul bei Dresden gekauft. Im gleichen Jahr baute die Keßlersche Maschinenfabrik Esslingen eine Industrielok, die einen Motor von Gottlieb Daimler besaß. Daimler selbst hatte bereits 1889 ein Schienenfahrzeug mit einem V2-Motor gebaut. In den ersten Jahren waren vor allem Bergwerke und Industriebetriebe Kunden.

Die Lokomotiven mit Verbrennungsmotor waren kompakt. Sie hatten keine lange Vorlaufzeit, sondern standen praktisch sofort zum Einsatz bereit. Sie konnten vergleichsweise günstig produziert werden, weshalb sie bei den Bahngesellschaften als Rangierloks beschafft wurden. Der Durchbruch der Diesellok in diesem Bereich erfolgte um das Jahr 1940, als verschiedene Hersteller leistungsfähige Maschinen hervorbrachten.

In den USA gehörten dazu die 746 kW starke S-2 und ihre kleinere Schwester S-1 von ALCO, dem damals am Zenit stehenden Lokomotivenbauer aus Schenectady im US-Bundesstaat New York. Sie hatten Sechszylinder-Reihenmotoren mit Turboladern und wurden ursprünglich von der Armee eingesetzt. Im Lauf der folgenden Jahre wurden weit über 2000 Exemplare gebaut. Die Loks waren auf zwei Drehgestellen mit je zwei Achsen gelagert. Ebenfalls 1940 brachte General Electric den *GE 44-ton switcher* heraus, der bald bei vielen Gesellschaften eingesetzt wurde.

Deutsche Lokomotiven im Einsatz In Deutschland hatte man etwa um die gleiche Zeit die Wehrmachtslokomotive WR 200 B 14 eingeführt, die ebenfalls über einen Sechszylinder-

Die Rangierlok mit hydraulischem Getriebe **Y.8307** der französischen Bahngesellschaft **SNCF** gehörte zur neuen Baureihe ab 1977. Sie konnte auch im Nahbereich Güter umschlagen. »

motor verfügte, mit einer Leistung von 147 kW (die 200 im Namen stand für die PS-Leistung) jedoch deutlich schwächer war als das amerikanische Pendant. Diese Maschinen wurden später als V 20 in den Bestand der beiden deutschen Bahnen aufgenommen. Die stärkeren Versionen bekamen den Namen V 36. Die DB ließ diesen Typ 1950 mit dem Bauauftrag für weitere V 36 zu ihrer ersten neuen Diesellok nach dem Krieg werden. Die *Köf-Loks* (Kleinlokomotive mit Ölmotor und Flüssigkeitsgetriebe) wurden zu den wichtigsten Rangierloks in Deutschland. Je nach Motorleistung wurden sie in die Klassen I, II und später III eingeteilt.

Ab 1956 wurde von der Bundesbahn eine stärkere Leistungsklasse für den Rangierdienst beschafft. Es handelte sich um die V 60, eine dreiachsige Rangierlok, die später je nach Ausstattung in die Baureihen 360 bis 365 eingeordnet wurde. Die V 60 besitzt einen V12-Motor, der Geschwindigkeiten von bis zu 60 km/h erzielte, weshalb diese Lok auch im Güternahverkehr eingesetzt werden konnte. Später wurde sie zum Teil mit Funkfernsteuerung ausgestattet, wodurch die Rangieraufgaben auch außerhalb des Führerstands wahrgenommen werden konnten.

Andere Rangierlokomotiven In Osteuropa wurden Rangierloks für verschiedene Aufgaben gebaut, das ging hin bis zu schnellen Loks, die auch im Frachtverkehr mitarbeiteten. Die Klasse ТЭМ (TEM) wurde in der Sowjetunion in großen Mengen produziert. Bei der ТЭМ2 handelte es sich um Nachbauten des Typs RSD-1 von ALCO, einer 1942 eingeführten Lok. Daneben gab es auch andere Hersteller, etwa die ungarische MÁVAG, die für Polen die Modelle SM 40 oder 41 produzierte, vierachsige Rangierloks mit stolzen 441 kW.

In Großbritannien wurden ab 1953 leistungsfähige Rangierloks der British Rail Class 08 eingeführt. Fast 1000 Stück dieser Dreikuppler wurden gebaut. Die Class 09, die ab 1959 gebaut wurde, konnte dank einer höheren Geschwindigkeit auch Gütertransporte im Nahbereich übernehmen.

Die französische SNCF stellte Ende der 1950er-Jahre 129 kW starke Rangierloks der Baureihe Y.7100 in Dienst, der andere Typen folgten. Ab 1977 wurde die Y.8000 eingestellt, die mit einem etwas stärkeren V12-Motor ausgestattet war.

Hochgeschwindigkeit
Flughöhe Null

Europa: International vernetzt

Lange Zeit war die Eisenbahn bei Fernreisen das unangefochtene Verkehrsmittel. Mit dem Ausbau des Straßennetzes und sinkenden Flugpreisen verlor die Schiene jedoch rapide an Reiz. Wenn die Bahn im Wettbewerb mithalten wollte, musste sie schneller werden. Die Hochgeschwindigkeitszüge waren ein entscheidender Faktor, um die Attraktivität des Reisens auf der Schiene wieder zu erhöhen.

Der **Schienenzeppelin** war einer der ersten Versuche, den Schienenverkehr in das Hochgeschwindigkeitszeitalter zu führen. Die Zeit war jedoch noch nicht reif.

Die meisten **AVE-Züge** der spanischen Eisenbahngesellschaft **RENFE** sind an ihrem markanten Vorderteil zu erkennen, das einem Entenschnabel ähnelt. «

Versuche mit besonders schnell fahrenden Lokomotiven und Zügen gab es in mehreren europäischen Ländern sehr früh. Die Geschwindigkeit hatte aber lange Zeit eine nachrangige Bedeutung. Dies änderte sich jedoch Ende der 1960er-Jahre, als in mehreren Ländern ernsthaft mit der Planung eines Hochgeschwindigkeitsnetzes begonnen wurde.

Der Schienenzeppelin

Den Traum vom schnellen Fahren wollte der Eisenbahnkonstrukteur Franz Kruckenberg mit einem für Eisenbahnen neuartigen Antrieb verwirklichen. Er kam auf die Idee, den Zug von einem Propeller antreiben zu lassen. Gemeinsam mit Hermann Föttinger, einem anderen Ingenieur und Erfinder, gründete er die Flugbahn-Gesellschaft mbH mit dem Ziel, ein Hochgeschwindigkeitsschienenfahrzeug zu bauen.

Am 25. September 1930 war es soweit. Die erste Testfahrt mit dem Gefährt konnte unternommen werden. Der „Flugbahnwagen", wie er von den Konstrukteuren offiziell bezeichnet wurde, hatte eine Länge von 25,85 Metern. Als Kraftgenerator diente ein V12-Motor von BMW mit einem Hubraum von 46 Litern, der mit seinen 600 PS Leistung einen Propeller am hinteren Ende antrieb. Wegen seines Aussehens und wegen der ähnlichen konstruktiven Merkmale bekam das Fahrzeug den Spitznamen „Schienenzeppelin".

Bei einer Testfahrt erreichte der Schienenzeppelin am 21. Juni 1931 die Rekordgeschwindigkeit von 230,2 km/h. Allerdings besaß das Fahrzeug nur eine Leermasse von etwa 20 Tonnen. Trotz des Erfolgs ging der Triebwagen jedoch nie in Serienproduktion. Er erfuhr in den folgenden Jahren mehrere Umbauten und wurde 1939 verschrottet.

Großbritannien: Mit Dieselloks zu Höchstgeschwindigkeiten

Bereits seit Ende der 1960er-Jahre arbeitete man bei British Rail an Plänen für die Einführung eines Hochgeschwindigkeitszuges. Das Vorbild für den „Advanced Passenger Train" (APT) war der japanische Shinkansen. Auf den Bau neuer, für hohe

Die **Intercity-125-Züge** können eine Höchstgeschwindigkeit von 238 km/h erreichen. Dieser Zug fährt für die Eisenbahngesellschaft British Midlands Trains.

HOCHGESCHWINDIGKEIT | *Europa: International vernetzt*

Geschwindigkeiten ausgelegter Strecken wollte man jedoch wegen der hohen Kosten verzichten. Vorgesehen war stattdessen ein Zug mit Neigetechnik.

1972 stand das erste Exemplar eines APT auf einer Teststrecke bereit. Da er sich noch im Experimentalstadium befand, wurde er als APT-E bezeichnet. Nach zahlreichen Testfahrten und Verzögerungen durch einen länger dauernden Arbeitskampf der Eisenbahnergewerkschaft erzielte der APT-E am 10. August 1975 mit einer Geschwindigkeit von 245 km/h einen Rekord.

Der APT-E besaß als Antrieb in jedem der beiden Triebköpfe vier Gasturbinen. Der hohe Treibstoffverbrauch der Turbinen führte dazu, dass man einen Prototyp in Auftrag gab, der über Elektrotraktion verfügte. Nach zahlreichen Verzögerungen durch technische Pannen und weitere Streiks konnte der APT schließlich Ende 1981 den kommerziellen Betrieb zwischen London und Glasgow aufnehmen. Allerdings fand der Plandienst des APT schon am dritten Tag wieder sein Ende. Grund dafür waren Probleme mit der Neigetechnik und den niedrigen Temperaturen.

Diesel-Power Bereits 1970 hatte British Rail den Startschuss für die Entwicklung eines anderen Hochgeschwindigkeitszuges gegeben. Diesmal setzte man auf die bewährte Dieseltraktion. Wieder gab es Verzögerungen wegen Streiks. Aber 1973 konnten die ersten Versuchsfahrten des HST (High Speed Train) unternommen werden. Der Zug stellte mit 230 km/h einen Geschwindigkeitsrekord für dieselbetriebene Schienenfahrzeuge auf.

Die Serienproduktion des HST begann Ende 1975. Der planmäßige Einsatz erfolgte unter der Bezeichnung InterCity 125, in Anspielung auf die 125 Meilen pro Stunde (201 km/h), die auf den Strecken erreicht werden sollten. Jeder Zug setzte sich aus zwei Triebköpfen, die zur British-Rail-Klasse 43 zählten, und acht Mittelwagen zusammen.

Mit der Strecke von Paris in den Südosten Frankreichs begann der Bau des Hochgeschwindigkeitsnetzes der **SNCF**. Der **TGV** erwies sich besonders hinsichtlich des Passagieraufkommens als großer Erfolg.

Dieser **HST-Zug** des Betreibers First Great Western verkehrt zwischen London und Exeter im Südwesten Englands. Der Triebkopf gehört zur **British-Rail-Klasse 43** und besitzt einen 1678 kW starken Dieselmotor.

Bis 1982 entstanden in dem Crewe-Werk der British Rail 95 HST-Züge. Die Diesel-Hochgeschwindigkeitszüge erwiesen sich durchaus als Erfolg. Ihr Ruf drang bis nach Australien, wo das Unternehmen Commonwealth Engineering gemeinsam mit British Rail auf Basis des HST den Hochgeschwindigkeitszug XPT entwickelte.

TGV – Frankreichs Rekordzüge

Die französische Eisenbahngesellschaft SNCF machte bereits 1955 Schlagzeilen, als die Elektrolokomotive CC 7107 bei einer Testfahrt mit 326 km/h einen Weltrekord aufstellte. Im Planeinsatz waren die Loks der Baureihe CC 7100 mit einer Geschwindigkeit von 140 km/h unterwegs. Es sollte noch einige Jahrzehnte dauern, bis in Frankreich das Hochgeschwindigkeitszeitalter anbrach.

1972 wurde der TGV 001 geboren. Die Abkürzung TGV steht für „Train à grande vitesse" (Hochgeschwindigkeitszug). Es handelte sich dabei um einen Zug mit zwei Triebköpfen und drei Mittelwagen, der für Testzwecke bestimmt war. Als Energielieferanten dienten Gasturbinen, die Generatoren antrieben, die wiederum die Gleichstrommotoren mit Strom versorgten. Bereits am 8. Dezember 1972 erzielte der TGV zwischen der südwestfranzösischen Stadt Hendaye und Bordeaux eine beachtliche Höchstgeschwindigkeit von 318 km/h. Die Tester konnten bei der schnellen Fahrt keine Instabilitäten oder technischen Probleme feststellen. Trotz des Erfolgs ging der Gasturbinen-TGV nicht in Serienfertigung, da die 1973 einsetzende Ölkrise die Kraftstoffpreise in die Höhe schnellen ließ.

TGV-Südost Doch die Pläne für ein Hochgeschwindigkeitsnetz waren nicht vom Tisch. 1976 wurde der erste Spatenstich für eine Neubaustrecke zwischen Paris und Lyon gesetzt. Zwei Jahre später erfolgte die Auslieferung des neuen, von Alsthom und Francorail gebauten TGV. Bei dieser Version setzte man auf die Elektrotraktion. Um die nötige Energie zu liefern, war die Oberleitungsspannung der

Zwei TGV-Generationen stehen nebeneinander: Rechts ein **TGV-Réseau,** der von 1992 bis 1994 in Dienst gestellte wurde, und links ein **TGV POS,** der seit 2007 Paris mit Süddeutschland verbindet.

Thalys

Mit Hochgeschwindigkeit über die Grenzen
Der grenzüberschreitende Verkehr gewann für die nationalen Eisenbahngesellschaften eine immer größere Bedeutung in ihrem Wettbewerb mit den anderen Verkehrsmitteln. Um eine Hochgeschwindigkeitsverbindung in andere Länder anbieten zu können, entstand 1995 ein Tochterunternehmen der französischen SNCF und der belgischen Staatsbahn SNCB, das später den Namen Thalys erhielt. Eingesetzt werden Züge, die auf dem *TGV* basieren und mehrsystemfähig sind. Von Paris aus fahren Züge nach Köln, Amsterdam, Ostende, Lüttich und Brüssel.

neu gebauten Strecke auf 25 Kilovolt angehoben worden. Am 22. September konnte der damalige französische Präsident Mitterand schließlich den Startschuss für den TGV-Betrieb zwischen Paris und Lyon geben. Die auf der Strecke zugelassene Höchstgeschwindigkeit lag zunächst bei 260 km/h. Allerdings hatte bereits am 26. Februar 1981 einer der Züge eine maximale Geschwindigkeit von 380,4 km/h erreicht und damit den japanischen *Shinkansen* von der ersten Position bei den schnellsten Zügen verdrängt. Da die Züge in den Südosten Frankreichs fuhren, erhielt diese TGV-Generation die Bezeichnung TGV Sud-Est (Südost).

TGV-Atlantik Der TGV war nicht nur in Hinsicht auf die Geschwindigkeit ein großer Erfolg, er kam auch bei den Kunden gut an. 1981 benutzten 1,26 Mio. Fahrgäste den Hochgeschwindigkeitszug. Bis 1984 war diese Zahl auf das Zehnfache gestiegen, und 1989 waren es fast 20 Mio.

Eurostar

Schneller durch den Tunnel Mit der Eröffnung des Eurotunnels unter dem Ärmelkanal war es zum ersten Mal möglich, direkt mit dem Zug zwischen Paris und London zu verkehren. Für den Eisenbahnbetrieb ist die Eurostar Group zuständig. Dem Unternehmen GEC Alsthom wurde die Entwicklung des Hochgeschwindigkeitszuges Eurostar, der ebenfalls auf dem TGV basiert, übertragen. Für den Verkehr zwischen dem Kontinent und der britischen Insel mussten zahlreiche Anpassungen vorgenommen werden. Der Eurostar ist beispielsweise etwas schmaler als der TGV und benötigt seitliche Stromabnehmer für das englische Stromschienensystem. Der Zug fährt häufig mit 18 Mittelwagen und kann eine Länge von 393 Metern messen. Damit ist er der längste Hochgeschwindigkeitszug der Welt.

Personen, die damit ihre Reisen unternahmen. Ab 1987 reichte die Strecke bis Nizza an der Côte d'Azur. Außerdem wurde die Schweizer Hauptstadt Bern angefahren.

Eine zweite Neubaustrecke konnte 1989 in Betrieb genommen werden. Sie führte von Paris nach Westen Richtung Bretagne und in die Region Pays de la Loire, weswegen sie die Bezeichnung „LGV Atlantique" („Ligne à grande vitesse Atlantique") bekam. Für die Atlantik-Linie hatte man den TGV weiterentwickelt. Er besaß nun zehn Mittelwagen anstelle der acht des TGV-Südost. Die Höchstgeschwindigkeit war auf 300 km/h erhöht worden.

Neue TGV-Generationen In den folgenden Jahren fand eine schnelle Weiterentwicklung der TGV-Züge und des TGV-Netzes statt. Einen neuen Geschwindigkeitsrekord erzielte 1989 ein verkürzter TGV mit 482,1 km/h. Im folgenden Jahr konnte ein ebenfalls verkürzter Zug mit zusätzlichen Anpassungen sogar 515,3 km/h erreichen.

1996 wurde auf den überlasteten Strecken ein TGV-Duplex mit zweistöckigen Wagen in Dienst gestellt. Eine weitere Ausweitung des Streckennetzes fand 2007 mit der Aufnahme des TGV-Verkehrs von Paris über Straßburg nach Karlsruhe bis Stuttgart statt. Seit Ende 2007 fahren die Züge auch bis München und seit 2009 bis Frankfurt am Main.

Ein **TGV POS** ist hier an einen älteren **TGV Sud-Est** gekoppelt. Die Züge waren im Bahnhof von Zürich zu sehen.

HOCHGESCHWINDIGKEIT | *Europa: International vernetzt*

ICE – Spitzengeschwindigkeiten auf deutschen Strecken

Als am 19. März 1985 der Öffentlichkeit der Triebkopf mit der Nummer 410 001 vorgestellt wurde, sorgte dies für Aufsehen in den Medien. Denn der 410 001 war der erste Teil eines Zuges, mit dem die Geschwindigkeiten auf deutschen Schienen neue Höhen erreichen sollten. Am Bau des Triebfahrzeugs waren mehrere Unternehmen beteiligt: AEG, BBC, Krauss-Maffei, Krupp, Siemens und Thyssen-Henschel. Am 31. Juli 1985 konnte schließlich der komplette Zug an die Deutsche Bundesbahn übergeben werden. Er trug den Namen „InterCityExperimental" oder ICE-V (V = Versuch). Seine Aufgabe war es, den Hochgeschwindigkeitsverkehr auf den Schienen der Bundesbahn zu testen. Bereits kurz nach der offiziellen Vorstellung erreichte der vollbesetzte Zug eine Geschwindigkeit von 317 km/h und damit einen Rekord für ein Schienenfahrzeug in Deutschland. Doch dies war erst der Anfang. Am 17. November 1986 erzielte der ICE-V bei einer Sonderfahrt für Journalisten eine Höchstgeschwindigkeit von 345 km/h, und am 1. Mai 1988 stellte er auf der Schnellfahrstrecke Hannover – Würzburg mit 406,9 km/h einen Weltrekord für Schienenfahrzeuge auf.

Die erste ICE-Generation Die mit dem ICE-V gewonnenen Erfahrungen waren die Grundlage für den nächsten Schritt in Richtung Hochgeschwindigkeitsnetz. 1988 vergab die Deutsche Bundesbahn den Auftrag zur Serienfertigung der Triebköpfe und Zwischenwagen an die gleichen Hersteller, die bereits am Bau des ICE-V beteiligt gewesen waren. Die Aus-

Für die Bahn in Deutschland brach mit dem **ICE** eine neue Ära an: Hier ein Exemplar der **ersten Generation**.

Bei der **zweiten ICE-Generation** fand das Konzept der **kuppelbaren Halbzüge** Anwendung. Dadurch konnte abhängig von der Auslastung mit einem ganzen oder halben Zug gefahren werden.

lieferung der ersten Exemplare begann im September 1989. Sie wurden als Baureihe 401 zum fahrbaren Material der Deutschen Bundesbahn gerechnet. Aber zunächst wurden die Züge noch weiteren Test unterzogen. Auf der Neubaustrecke Würzburg – Fulda fuhr dabei einer der Züge bis zu 280 km/h schnell.

Erst am 2. Juni 1991 begann mit der Eröffnung der ICE-Strecke von Hamburg über Hannover, Frankfurt und Stuttgart nach München offiziell das Hochgeschwindigkeitszeitalter auf deutschen Zugstrecken. 23 einsatzfähige Züge standen zur Verfügung. Nicht alles lief in der Folgezeit perfekt. Doch trotz aller Negativschlagzeilen gewann der ICE (die Abkürzung stand nun für „Intercity-Express") schnell an Beliebtheit.

Die nächsten Generationen Die Anzahl der Fahrgäste, die den Hochgeschwindigkeitszug benutzten, stieg von 5,9 Mio. im Jahr 1991 auf 24,8 Mio. im Jahr 1995. Schon kurz nachdem die ersten Züge ihren Plandienst angetreten hatten,

 HOCHGESCHWINDIGKEIT | *Europa: International vernetzt*

Bei Zügen der **dritten ICE-Generation** ist der Antrieb auf die gesamte Länge des Zuges verteilt. Die Fahrmotoren, Transformatoren und Traktionsstromrichter befinden sich unterhalb der Fahrgasträume.

dachte man bei der Bahn an eine Weiterentwicklung des ICE. Am 29. September 1996 erfolgte dann mit der Baureihe 402 die Einführung der zweiten Triebkopf-Generation. Zu den Neuerungen gehörte, dass ein Vollzug nun aus zwei zusammengekuppelten Halbzügen bestand. Dadurch war es möglich, auf Strecken mit geringer Auslastung Halbzüge einzusetzen. Von 1995 bis 1997 wurden 44 dieser halben ICE-Züge in Dienst gestellt. Außerdem wurden neue Strecken für den Schnellverkehr eröffnet, nämlich zwischen Berlin und Köln sowie von Hannover nach Berlin.

Die dritte ICE-Generation konnte die Öffentlichkeit bereits anlässlich der Expo 2000 in Hannover kennenlernen. Mit Beginn der Weltausstellung wurde der ICE 3 zum ersten Mal in den Fahrplan integriert. Von den älteren Generationen waren die neuen Züge leicht durch die spitze Schnauze zu unterscheiden.

Vom ICE 3 existieren zwei Versionen, nämlich als Baureihe 403, die für den Inlandsverkehr vorgesehen ist, und als Baureihe 406, die als Mehrsystemversion auch mit den Gleichstromnetzen in Belgien und den Niederlanden zurechtkommt. Die ICE-3-Züge setzen sich aus acht Wagen zusammen. Die beiden Endwagen sowie zwei Mittelwagen sind angetrieben. Drei weitere Mittelwagen und der Speisewagen haben keinen eigenen Antrieb. Die Höchstgeschwindigkeit der von Siemens und Bombardier hergestellten Fahrzeuge beträgt 330 km/h.

Der **ICE 3** ist noch stromlinienförmiger als seine Vorgänger und erreicht höhere Spitzengeschwindigkeiten.

HOCHGESCHWINDIGKEIT | Europa: International vernetzt

Schnelle Züge in Spanien

AVE heißt das spanische Hochgeschwindigkeitsnetz. Die Abkürzung steht für „Alta Velocidad Española" („Spanische Hochgeschwindigkeit"). Das Hochgeschwindigkeitszeitalter begann auf der Iberischen Halbinsel relativ spät. Das Streckennetz für die schnellen Züge wuchs jedoch schnell und ist heute eines der größten der Welt. Ein Ereignis, das für die spanische Regierung eine Art Ansporn zur Einführung der schnellen Züge darstellte, war die Weltausstellung 1992 in Sevilla. Von Madrid aus brauchte man mit der herkömmlichen Eisenbahn fast sechs Stunden, um in die andalusische Stadt zu gelangen. Nur vier Jahre benötigte die spanische Eisenbahngesellschaft RENFE für die Planung und den Bau einer 471 Kilometer langen Hochgeschwindigkeitsstrecke, mit der die Fahrzeit auf zwei Stunden und 15 Minuten verkürzt werden konnte. Am 19. April 1992 fand die Einweihung statt. Bei Testfahrten erreichte eine der AVE-Garnituren eine Höchstgeschwindigkeit von 356,8 km/h. Die Züge basierten auf dem TGV-Atlantik. Das äußere und innere Design wurde jedoch von einem spanischen Unternehmen entwickelt. RENFE gliederte die Züge als S-100 in das Rollmaterial ein.

1996 begannen die Bauarbeiten für eine Hochgeschwindigkeitsstrecke zwischen Madrid und Barcelona. Die dafür benötigten Züge wurden diesmal von dem spanischen Unternehmen Patentes Talgo sowie von Bombardier entwickelt. Die RENFE bestellte zunächst 16 Züge, die als Baureihe AVE S-102 eingesetzt wurden. Ihre Typenbezeichnung lautete bei den beiden Herstellern auch Talgo 350 oder HSP 350. Den Spitznamen „*Pato*" („Ente") erhielten sie jedoch nicht wegen ihrer Geschwindigkeit, denn immerhin sind sie für 330 km/h zugelassen, sondern wegen des langen Vorderteils, der an einen Entenschnabel erinnert.

Auch das Angebot von Siemens fand bei der Ausschreibung der RENFE Beachtung. Das Unternehmen lieferte von

Die **Baureihe S-102**, die für die Neubaustrecke Madrid – Barcelona erworben worden war, besitzt den ausgeprägtesten **Entenschnabel** aller AVE-Reihen.

Die **Klasse S-130** der **Renfe** kann auf Gleisen mit verschiedenen Spurweiten und mit unterschiedlichen Spannungen fahren. »

Die Ähnlichkeit mit dem ICE 3 ist bei der **Klasse 103**, die von Siemens als **Velaro E** bezeichnet wird, offensichtlich.

2002 bis 2007 26 Züge nach Spanien, die vom Hersteller als Velaro E vermarktet und vom Betreiber als Baureihe S-103 eingesetzt wurden. Der Velaro E basiert technisch auf dem ICE 3, wurde aber an spanische Bedingungen angepasst. Auf der Neubaustrecke Madrid – Saragossa erzielte einer der Züge eine Höchstgeschwindigkeit von 403,7 km/h.

Als S-130 trat 2008 eine Baureihe den Dienst an, die wiederum von Talgo und Bombardier stammt. Diese Züge zeichnen sich dadurch aus, dass sie umspurbar sind und dadurch sowohl auf den normalspurigen Neubaustrecken als auch auf Breitspurstrecken fahren können. Wegen ihrer Ähnlichkeit mit dem S-102 erhielten sie den Spitznamen „*Patito*" (kleine Ente).

Pendelnd durch Italien

Aus Italien kamen keine Schlagzeilen über Rekordzüge. Trotzdem gehört die italienische Eisenbahn zu den Pionieren des Hochgeschwindigkeitszeitalters.

Der **ETR 450** kam 1988 auf der Strecke Rom – Rimini zum Einsatz. Er war für eine Höchstgeschwindigkeit von 250 km/h zugelassen.

Pendolino ETR 460 erfolgten eine Optimierung der Neigetechnik und der Einbau stärkerer Motoren. Ab 1993 wurde der ETR 470 hergestellt. Diese Baureihe wurde von dem italienisch-schweizerischen Gemeinschaftsunternehmen Cisalpino AG für den Verkehr zwischen der Schweiz und Italien in Betrieb genommen. Weitere technische Verbesserungen brachte die 1995 eingeführte Baureihe ETR 480 mit sich.

Ein Hochgeschwindigkeitszug für Neubaustrecken wurde ab 1983 entwickelt. Als Ergebnis der Arbeit kam 1993 nach der Erprobung mit zwei Prototypen der ETR 500 auf die Schienen. Über eine Neigetechnik verfügte der bis zu 300 km/h schnelle Zug nicht. Die Auslieferung einer zweiten, mehrsystemfähigen Generation des ETR 500 erfolgte ab dem Jahr 2000.

Die neueste Generation der *Pendolino*-Züge wurde ab 2005 als Baureihen ETR 600 und ETR 610 hergestellt.

Das **spanische Hochgeschwindigkeitsnetz** ist mit über 2000 Kilometern das längste Europas. Es bildet einen wichtigen Teil der spanischen Infrastruktur. **«**

Grund dafür sind die Triebzüge mit Neigetechnik, die in Italien *Pendolino* genannt werden. Die von Fiat entwickelte Technik bewirkt, dass sich die Wagenkästen bei Kurvenfahrt zur Kurveninnenseite neigen, sich sozusagen „in die Kurve legen", was eine größere Geschwindigkeit auf ungeraden Strecken ermöglicht. Die italienische staatliche Eisenbahngesellschaft FS (Ferrovie dello Stato) konnte sich dadurch Kosten für Neubaustrecken sparen.

Die *Pendolino*-Technik wurde ab 1975 mit einem Prototyp der Baureihe ETR 401 erprobt. Die Abkürzung ETR steht für „Elettrotreno Rapido" (schneller Elektrozug). Ab 1988 gingen die Züge schließlich als Baureihe ETR 450 in Betrieb. Die Züge zeichneten sich dadurch aus, dass sie relativ schmal und niedrig waren und nur eine Achslast von zwölf Tonnen aufwiesen.

Der ETR 450 hatte sich im praktischen Einsatz bewährt. Dennoch kam es schon kurz darauf zu technischen Verbesserungen und zur Einführung neuer Baureihen. Mit dem

Velaro RUS

Ein Wanderfalke für Russland Siemens liefert die auf dem ICE 3 basierenden Hochgeschwindigkeitszüge in mehrere Länder, darunter auch als Velaro RUS nach Russland, wo sie auch „Sapsan" („Wanderfalke") heißen. Einsatzgebiet sind die Strecken zwischen Moskau und Sankt Petersburg sowie zwischen Moskau und Nischni-Nowgorod. 2009 erreichte ein *Sapsan* eine Geschwindigkeit von 281 km/h, was einen Rekordwert für die Eisenbahn in Russland darstellt. Die Höchstgeschwindigkeit im Planverkehr liegt jedoch bei 250 km/h. Für den Einsatz in Russland musste der Velaro nicht nur an zahlreiche gesetzliche Vorgaben, sondern auch an die russische Breitspur und die im Winter gelegentlich extremen Umweltbedingungen mit Temperaturen von bis zu minus 50 °C, angepasst werden.

HOCHGESCHWINDIGKEIT | Durchbruch in Fernost

Durchbruch in Fernost

Die ostasiatischen Staaten erlebten – mit einigen Ausnahmen – ein schnelles Wirtschaftswachstum, das auch auf die Eisenbahn Auswirkungen hatte. Die Infrastruktur spielte für den Erhalt der wirtschaftlichen Leistungsfähigkeit eine wichtige Rolle. Japan war deshalb das erste Land, das einen schnellen Ausbau des Hochgeschwindigkeitsnetzes unternahm.

Der Shinkansen

Die ersten Versuche mit Hochgeschwindigkeitszügen wurden zwar in Westeuropa unternommen, aber der wirkliche Durchbruch beim planmäßigen Einsatz superschneller Züge erfolgte in einer ganz anderen Weltgegend, nämlich in Japan.

Wenige Tage vor dem Beginn der Olympischen Sommerspiele 1964 in Tokio eröffnete die japanische Staatsbahn eine 515,4 Kilometer lange Strecke zwischen den Industriezentren Tokio und Osaka. Mit den neuen

Zügen, die auf der Strecke eine Höchstgeschwindigkeit von 200 und später von 210 km/h erreichten, konnte die Fahrzeit von 6,5 auf vier Stunden verkürzt werden. Die Bezeichnung, die sich für die Züge durchsetzte, war *Shinkansen*, was eigentlich „neue Hauptstrecke" bedeutet, die aber nicht nur auf die speziell für den Schnellverkehr gebauten Strecken, sondern schließlich auch auf die Züge übertragen wurde. *Tokaido-Shinkansen* heißt die Strecke zwischen Tokio und Osaka. Die ersten *Shinkansen*-Züge wurden später zur Unterscheidung von neueren Versionen als Baureihe 0 bezeichnet.

Die **Baureihe 700** zeichnet sich durch ihren Komfort aus.

Die Shinkansen-Strecken

Name	Strecke	Eröffnung	Länge	Höchstgeschwindigkeit
Tokaido Shinkansen	Tokio – Osaka	1964	515,4 km	1964: 200 km/h 1965: 210 km/h 1992: 270 km/h
Sanyo Shinkansen	Osaka – Fukuoka	1972	1972: 161 km 1975: 553,7 km	300 km/h
Tohoku Shinkansen	Tokio – Aomori	1982	1982: 465,2 km 2010: 674,9 km	300 km/h
Joetsu Shinkansen	Tokio – Niigata	1982	269,5 km	240 km/h
Nagano Shinkansen	Tokio – Nagano	1997	117,4 km	260 km/h
Kyushu Shinkansen	Fukuoka – Kagoshima	2004 (1. Teilstrecke) 2011 (2. Teilstrecke)	2004: 127 km 2011: 256,8 km	200 km/h, 260 km/h

Ein Massentransportmittel Die Hochgeschwindigkeitszüge erwiesen sich als durchschlagender Erfolg. Die Anzahl der täglich beförderten Passagiere stieg bis 1967 auf 200 000. Zur Weltausstellung 1970 in Osaka verließen die Züge Tokio in der Hauptverkehrszeit im Abstand von fünf bis zehn Minuten. An einem Tag im Jahr 1975 überschritt die Zahl der

Mit dem **Shinkansen** revolutionierte Japan den Eisenbahnverkehr. Der Hochgeschwindigkeitszug überzeugt nicht nur durch seine **Geschwindigkeit,** sondern auch durch seine **Sicherheit.**

HOCHGESCHWINDIGKEIT | *Ostasien*

Japanische Eisenbahnreform

Von der Staatsbahn zu den Regionalbahnen Wie viele andere Staatsbahnen schaffte es auch die staatliche japanische Eisenbahngesellschaft, englisch „Japanese National Railways" (JNR), auf Dauer nicht, kostendeckend zu arbeiten. Dies lag unter anderem daran, dass sie politische Vorgaben erfüllen musste, nicht die nötigen Fahrpreise verlangen konnte und gleichzeitig der Konkurrenz durch andere Verkehrsmittel ausgesetzt war. Die Folge war ein ständig wachsender Schuldenberg. 1987 erfolgte die Aufspaltung der JNR in neun selbstständige, privatrechtlich organisierte Gesellschaften, von denen sechs für die Personenbeförderung in verschiedenen Regionen zuständig sind.

Fahrgäste, die einen *Shinkansen* benutzten, zum ersten Mal die Millionengrenze. Um die Schnellzüge noch mehr Menschen verfügbar zu machen, plante die japanische Staatsbahn weitere Strecken, von denen 1972 und 1982 die ersten Teilstücke eröffnet werden konnten.

Von der Baureihe 0 waren bis 1986 insgesamt 3216 Wagen beschafft worden. Um dem technischen Fortschritt, der größeren Bedeutung des Lärmschutzes und anderen Anforderungen zu ent-

Der **Shinkansen N700** verfügt über **Neigetechnik,** weshalb er Kurven mit einer Geschwindigkeit von 270 km/h durchfahren kann. Er ist bis zu 300 km/h schnell.

Die **Shinkansen-Reihe E5** (links) kam 2011 erstmals zum planmäßigen Einsatz. Die **Baureihe E2** (rechts) befand sich von 1995 bis 2010 im Bau.

sprechen, erfolgte 1985 die Einführung der Baureihe 100. Ein Zug bestand bei dieser neuen Baureihe aus 16 Wagen. Es gab mehrere Varianten, bei denen auch zwei oder vier Doppelstockwagen zu einer Garnitur gehörten. Abhängig von der Strecke fuhren die Züge mit 220 oder 230 km/h Höchstgeschwindigkeit. Bei einer Testfahrt konnte mit einem Zug der V-Variante der Baureihe 100 eine Geschwindigkeit von 277,2 km/h erreicht werden.

Die neuen Shinkansen-Generationen Eine weitere *Shinkansen*-Generation wurde 1990 mit der Baureihe 300 eingeführt. In diesem Jahr konnte auf einer Testfahrt mit einer Spitzengeschwindigkeit von 303,1 km/h ein Rekord erzielt werden. Der planmäßige Einsatz begann 1992. Von den Vorgängern unterschieden sich diese Züge durch den verringerten Luftwiderstand, die niedrigere Höhe, die schnellere Beschleunigung und die Höchstgeschwindigkeit von 270 km/h, die auf manchen Strecken gefahren wurde. Das Gewicht der Züge, die alle aus 16 Wagen bestanden, hatte sich von über 800 Tonnen bei der Baureihe 100 auf 710 Tonnen bei der Baureihe 300 verringert. In das Jahr 1992 fiel außerdem die Einführung der Baureihe 400, der „kleinen *Shinkansen*", die für eine ältere Schmalspurstrecke zwischen Fukushima und Yamagata konzipiert waren. Ein Testzug dieser Baureihe hatte 1991 eine Geschwindigkeit von 345 km/h erreicht.

HOCHGESCHWINDIGKEIT | *Ostasien*

Die Entwicklung der Hochgeschwindigkeitszüge schritt in den folgenden Jahren schnell voran. Als E1 wurde die Baureihe bezeichnet, von der 1994 und 1995 bei Kawasaki und Hitachi sechs Garnituren hergestellt wurden und die sich dadurch auszeichnete, dass sie nur Doppelstockwagen besaß. Von 1996 bis 1998 wurden neun Züge der Baureihe 500 mit insgesamt 144 Wagen in Dienst gestellt. Sie fuhren auf den verschiedenen Strecken Höchstgeschwindigkeiten von 270, 285 und 300 km/h. Ab 1997 kam die Baureihe 700 bei zwei der regionalen Gesellschaften, in die die japanische Staatsbahn mittlerweile aufgespalten war, zum Einsatz. Diese Züge waren zwar nicht so leistungsstark wie die Baureihe 500, dafür jedoch kostengünstiger. Für die Strecke von Fukuoka nach Kagoshima baute Hitachi ab 2003 die 800er-Serie, die eine Höchstgeschwindigkeit von 260 km/h fährt.

Zu den neuesten Baureihen gehört die E5-Serie, die von der „East Japan Railway Company" für die Tohoku-Strecke eingesetzt wird. Die Züge erreichen im Plandienst eine Höchstgeschwindigkeit von 300 Kilometern pro Stunde.

Transrapid Shanghai

Schwebend zum Flughafen Die Magnetschwebebahn zählte zu den Zukunftstechnologien und hätte eigentlich den Bahnverkehr revolutionieren sollen, als man sie in Deutschland Ende der 1960er-Jahre vorstellte. Es handelte sich um einen Zug, der nicht auf Rädern lief, sondern mit Hilfe von Magnetismus oberhalb der Fahrbahn schwebte. Aber außerhalb von Teststrecken fand der Transrapid kein Einsatzfeld. Dies änderte sich, als man sich 2000 in China entschloss, die Großstadt Shanghai mit dem Flughafen Pudong zu verbinden. Anfang 2004 wurde der Regelbetrieb aufgenommen. Der „Shanghai Maglev Train" erzielte eine Höchstgeschwindigkeit von 501 Kilometern pro Stunde und fährt auf der 30 Kilometer langen Strecke mit einer Betriebsgeschwindigkeit von bis zu 430 Kilometern pro Stunde.

Mit dem **KTX** begann auch in Korea das Hochgeschwindigkeitszeitalter auf der Schiene. Der **KTX II** wurde von dem koreanischen Unternehmen **Hyundai Rotem** entwickelt. »

In diesem Bahnhof steht links ein **Shinkansen** der **0-Serie**, und am rechten Bahnsteig ein Exemplar der **Baureihe 100**.

Ein KTX für Südkorea

Pläne für den Bau einer Hochgeschwindigkeitsstrecke wurden in Südkorea bereits seit Anfang der 1970er-Jahre gehegt. Zunächst sollten die Industriezentren Seoul und Busan im Süden des Landes miteinander verbunden werden. Die Umsetzung zog sich jedoch hin. Zum einen war es nötig, die passende Trasse in dem nicht immer einfachen Gelände zu finden, zum anderen musste zwischen den Herstellern der Hochgeschwindigkeitszüge gewählt werden. Näher in Betracht gezogen wurden dabei der französische TGV und der deutsche ICE. Die Entscheidung fiel 1993 schließlich zugunsten des französischen Anbieters. Noch im gleichen Jahr bestellte die südkoreanische Behörde, die für den Bau der Hochgeschwindigkeitsstrecke zuständig war, 46 Züge, die auf dem TGV basierten. Nur zwölf der Züge wurden allerdings in Frankreich gefertigt. Der Bau der anderen Exemplare fand bei Hyundai Rotem mit Unterstützung von Alsthom in Südkorea statt.

Die Eröffnung des ersten Abschnitts der Strecke erfolgte am 16. Dezember 1999. Der fahrplanmäßige Verkehr wurde jedoch erst später aufgenommen. Die Züge bekamen die Bezeichnung KTX, was für „Korea Train eXpress" steht.

In Südkorea plante man jedoch auch die Entwicklung eines eigenen Hochgeschwindigkeitszuges. Diese Aufgabe wurde Hyundai Rotem übertragen. Die ersten Versuchsfahrten fanden 2002 statt, und Ende 2004 erzielte der KTX der zweiten Generation mit 352,4 km/h einen koreanischen Geschwindigkeitsrekord. Die Einführung des KTX II für den kommerziellen Einsatz erfolgte 2010.

REGISTER

A

Achsen 15, 16
Adhäsion 96
Adhäsionsantrieb 242
Adhäsionslokomotive 104
Adler 10, 82
Adriatic 15
Adtranz 119
Advanced Passenger Train (APT) 281
AEG 115, 134, 210, 286
AGC-Zug 231
ALCO 22, 63, 141, 148, 204, 253, 274
Alsthom 189, 283
Alta Velocidad Española (AVE) 290
American 15
Amphibienlok 12
Arlbergbahn 118
Atchison, Topeka & Santa Fe Railway 261
Atlantic 15

B

Bahnbetriebswerk 274
Baldwin 16, 63, 141, 226, 261
Baltic 15
Battle of Britain Class 51, 213
Baumusterlokomotive 198
BBC 97, 172, 286
Becker, Christopher 84
Beeching Axe 225
Beimler, Hans 269
Belgische Staatsbahn 171
Bergbahn 238, 244
Berkshire 15
Bernina Express 101
Best Friend of Charleston 13
Beyer-Garratt 48, 253
Beyer, Peacock & Co 76, 165
Big Boy 10, 15, 19, 143, 253, 261
Blackett, Christopher 12
Blauer Pfeil 185
Blenkinsop, John 12, 239
Blücher 12
BMAG 210
Böhmische Nordbahn-Gesellschaft 199
Bombardier 157, 203, 228, 262, 271, 292
Borsig 69, 210, 253
Bourdon 16
Braithwaite, John 13
Brandreth, Thomas Shaw 13
Brig-Visp-Zermatt-Bahn 107
British Railways 43, 53, 202, 277, 282
Brook, James 197
Brown, Boveri & Cie 92, 105
Bubikopf 34
Bugatti 137
Bulleid 49
Burgdorf-Thun-Bahn 92
Burstall, Timothy 13
Bury, Edward 46

C

Canadian National Railways 148, 262
Canadian Pacific Railway 22, 204, 263
Caterpillar 264
Causey Arch 11
Central Pacific Railroad 18

Challenger 15, 22, 261
Chapelon, André 38
Chicago Burlington & Quincy Railroad 25, 140
Cisalpino 293
City & South London Railway 91
Columbia 15
Commonwealth Engineering 283
Compagnie des chemins de fer de l'Est 36
Consolidation 15
Crampton, Thomas Russell 16
Crampton 13ff., 37
Cugnot, Nicholas 10
Cumbres & Toltec Scenic Railroad 27
Cycloped 13
Daimler, Gottlieb 130

D

Đaković, Duro 61, 258
Dampfantrieb 11, 43, 200, 215, 225, 232, 241, 246
Dampflokomotiven 196ff., 204f., 208ff., 222ff., 250ff., 271f.
Dampfmaschine 11
Dampfspeicherlok 273, 274
Dampftraktion 200
Dampfturbinenlok 43
Davenport, Thomas 84
De Witt Clinton 14
Decapod 256
Denver & Rio Grande Railway 25
Desiro 185
Deutsche Bahn AG 120, 156
Deutsche Bundesbahn 212
Deutsche Reichsbahn 32, 113
Deutsche Reichsbahn-Gesellschaft 113, 136
Deutz 130, 153, 274
Devils Gate High Bridge 144
Die Göttliche 37
Diesel, Rudolf 130
dieselelektrische Lok 174
Diesellokomotiven 203, 214ff., 261ff., 274f.
Dieselmotor 131, 203
Dieseltraktion 127, 130, 138, 260
Dieseltriebwagen 134, 160, 173, 179, 187
Dockland Light Railway 91
Doppeldecker-Triebwagen 145
Doppellokomotiven 176f., 267, 271
Doppeltriebwagen 245
Drache 47
Drehgestellokomotive 98
Drehstrom-Triebwagen 87
Drehstromantrieb 118f.
Drei-Fuß-Spur 258
Dreifachlok 267
Dserschinski, Felix 64
Dynamo 83, 87

E

East Japan Railway Company 298
East Midlands Trains 203
Edison, Thomas 88f.
Eight-Wheel-Switcher 15
Eight-Wheeler 23

Einheits-Nebenbahnlok 34
Einschienenbahn 235
Eisenbahnkreuzungen 75
Electro-Motive 136, 143, 148, 191, 260f.
Elektrifizierung 92, 107, 124, 132, 170
Elektrische Straßenbahn 90
Elektrolokomotiven 15, 219, 238ff., 268ff.
Elektromotor 136
Elettrotreno Rapido 293
Elna 39
English Electric 166, 191
Ericsson, John 13
Erie 15
Erzgebirgsbahn 154
Eurolight 156
EuroSprinter 119, 271
Eurostar 285
Eurotunnel 285
Evans, Oliver 12
Exportmodelle 187

F

Fablok 181, 198
Fairlie-Lok 16
Fairy Queen 78
Faraday, Michael 82f.
Feldbahnspur 258
Ferrocarril de Antofagasta a Ferrovie del Sud Est 169
Ferrovie dello Stato 293
Feuerbüchse 47
First Great Western 282
First Hull Trains 203
Flèche d'Or 38
Fliegender Hamburger 132f.
Förstlingen 45
Föttinger, Hermann 280
Four-Wheel-Switcher 15
Fowler Class 4F 250
Fowler, Henry 252
Franco-Crosti-Kessel 43
Francorail 283
Fremdenverkehr 243
Friedrich-Wilhelms-Nordbahn 197
Furka-Basistunnel 108
Furka-Oberalp-Bahn 106

G

Galvani, Luigi 85
Garratt-Lok 48, 253
Gasturbinenlok 132
Gelenklokomotive 19
General Electric 124, 138, 145, 261, 263
General Motors 148, 190, 261
General Purpose 142
Generator 174
Georgetown Loop Railroad 27
Gepäcktriebwagen 108, 185
Getriebelokomotive 16
Glacier Express 104
Gläserner Zug 227
Gleichstromlok 268
Gmeinder Lokomotivenfabrik 265
Gölsdorf, Karl 56, 254
Görlitz 215

Gornergratbahn 238f.
Gotthard-Basistunnel 100
Gotthard-Krokodil 94
Gramme, Zénobe 83
Grasshopper 14
Great Western Railway 16, 48, 202
Gresley, Nigel 212f.
Großdiesellok 131, 154
Grubenloks 12
Güterzug 45, 51, 167, 177, 192, 196

H

Hackworth, Timothy 12f.
Hanomag 33, 201
Hanscom 15
Hartmann 69
Hedley, William 12
Hedschasbahn 69
Heißdampflok 30
Hektor 171
Helm Leasing Company 250
Henschel 39, 116, 172, 190, 197, 210, 273
Herkules 266
Hitachi 298
Hochbahn 233
Hochbeinige 31
Hochdruckdampfmaschine 11
Hochgeschwindigkeitsverkehr 122f., 216
Hochhaxige 31
Hohenzollerische Landesbahn 157, 210
Hohenzollern 210
Holsboer, Willem-Jan 101
Hudson 15, 38, 78
Hybridtechnologie 229
hydraulische Kraftübertragung 132
Hyundai Rotem 299

I/J

Individualverkehr 206
Industriestrecke 124
Intercity-Express (ICE) 286ff.
Japanese National Railways 296
Joetsu Shinkansen 295
Jubilee 202
Jung 69
Jungfraubahn 241

K

Kabelbahn 244
Kamel 28
Kapspur 70f., 258
Kawasaki 192, 298
Keßlersche Maschinenfabrik 130
Knotenbahnhöfe 98
Köf 153, 277
Komfort 203
Korea Train eXpress 299
Krauss 69
Krauss-Maffei 286
Kriegs-Elektrolokomotive 116
Kriegslok 69, 116
Krokodil 95, 116, 268
Kruckenberg, Franz 131, 280
Krupp 172, 210, 274, 286
Kyushu Shinkansen 295

L

Landquart–Davos AG 101
Langen, Eugen 235
Lardner, Dionysius 47
Le Continent 37
Leander 202
Lebedjanskij 258
Leichtbaufahrzeug 241
Lenin, Wladimir 269
Lhasa-Bahn 193
Light Pacific 213
Linke-Hofmann-Werke 135
Lion 13
Little Zip 140
Locomotion No. 1 13
Locomotive Leasing Partners (LLPX) 141
Locomotive Platform for Transnational Railway Applications with eXtreme fleXibility (TRAXX) 271
Lollo 153
London, Midland and Scottish Railway 202, 252
Ludmilla 155

M

Maffei 209
Maffei-Schwarzkopff-Werk 114
Mallard 53
Mallet-Lok 19, 253
Mallet, Jules T. Anatole 19
MAN-Motor 169
Manor 202
Maschinenfabrik Esslingen 256
Maschinenfabrik Kiel (MaK) 170
Massenstilllegung 225
Massenverkehrsmittel 82, 205
Mastodon 15
Matterhorn Gotthard Bahn 106, 109
Matterhorn Zermatt Bahn 107
Mayflower 53
Mehrsystemlokomotive 121
Mehrzwecklok 112, 151, 187
Meißner, Heinrich August 69
Meridian 203
Meterspur 43, 258
Métro 232
Midland Mainline 203
Mikado 15, 27, 253
Mogul 15
Mohawk 15
Molli 222f.
Mont-Blanc-Bahn 243
Montreal Locomotive Works 148, 204, 262
Motor 174
Mount-Washington-Zahnradbahn 246
Mountain 15, 38
MTU 168, 171, 264
Munktell 45
Murdoch, William 10
Murray, Matthew 12

N

Nagano Shinkansen 295
Nahverkehr 228, 232
Nassdampf-Lokomotive 222
Neigetechnik 219, 282

New York Central Railroad 205
New Zealand Railways Department 202
New Zealand Royal Train 77
Nez cassés 164
Niagara 15
Niederdruckdampfmaschine 11
NoHAB 45, 172, 183
Norris 15
North British Kondensloks 71
North British Loco 202
North Eastern Railway 212
Northern 15
Novelty 13

O

Oerlikon 105
Ölfeuerung 66
Orenstein & Koppel 74
Orient-Express 68
Oruktor Amphibolos 12
Österreichische Bundesbahnen 115
Otto, Nikolas 235

P/Q

Pacific 15, 77, 252
Pacinotti, Antonio 83
Paradis 187
Patagonien-Express 75
Patentee 13, 15, 252
Patito 292
Pato 290
Pendolino 293
Pennsylvania Railroad 214
Perseverance 13
Personenverkehr 113, 181, 260
Petit train d'Anduze 39
Philipp, Johann 85
Pihl, Carl Abraham 70
Pioneer 203
Planet 15
Pobeda 258
Prairie 15
Puffing Billy 12, 48
Pullman 204
Pullman, George 213
Pyrotskyi, Fedir 232
Qian Jin 79
Qinghai-Tibet-Bahn 206

R

Rader Railcar 145
Rader, Tom 145
railjet 122
Rainhill 13
Rangierloks 140
Rangierverkehr 140, 265
Rasender Roland 223
Red Devil 71
Rede Ferroviaria do Nordeste 74
Regionalverkehr 132, 222, 224, 296
RENFE 290
Réseau Express Régional 228
Rete Adriatica 94
Rhätische Bahn 101
Rheingold 135
Rigaer Waggonbaufabrik 216
Riggenbach, Niklaus 239

Rigi-Bahn 239
Rocket 13, 46
Royal Hudson 205
Royal Train 166

S

S-Bahn 228
Salamanca 12
Sans Pareil 13
Santa Fe 15
Sanyo Shinkansen 295
Sattel-Lok 47
Sauschwänzlebahn 34, 224
Saxonia 12
Schichau-Werke 198
Schienenfahrzeug 131, 134f., 244, 280
Schienenseilbahn 244
Schienenzeppelin 131, 280
Schlepptenderlok 60, 201
Schmalspurbahn 27, 34, 178, 196, 258
Schmidt, Wilhelm 30
Schnelltriebzug 214
Schnellverkehr 54, 56, 89, 115, 118, 208, 211, 214
Schöne Helena 66
schweizer Konstruktion 185
Séguin, Marc 13
Shay-Lokomotive 17
Shay, Ephraim 16
Shinkansen 284, 294ff., 299
Siemens 114, 116, 134, 187, 228, 271, 286, 290
Siemens, Werner von 86
Six-Wheel-Switcher 15
Škoda 60, 127, 173, 199, 255
Šlechtična 60
SNCF 37, 163, 230, 277
Somerset and Dorset Joint Railway 46
South African Railways 70
South Carolina 55
South Florida Regional Transportation Authority 145
Spacium 229
Spirit of Progress 77
Sprague Electric Railway & Motor Company 88
Sprague, Frank Julian 88
Staatseisenbahn 208
Stadler Rail 241
Stadtschnellbahnen 228
Stalin 124
Stalins Rache 154
Stangenantrieb 95
Stephenson, George 10, 12
Stephenson, Robert 75, 165
Stourbridge Lion 13
Strasburg Rail Road 226
Stratingh, Sibrandus 84
Streckenrangierlok 149, 181
Stromlinien-Dieseltriebwagen 136
Stromlinienlok 77
Stromlinienverkleidung 209
Sulzer 131
Sulzer-Klose-Lok 130, 138

T

Taff Vale Railway 252
Taigatrommel 154, 267

Talent 184
Talgo 290, 292
Tangshan Railway Vehicle Co. Ltd 193
Tangshan-Zug 193
Tatzlagerantrieb 120
Taucherbrille 182
Taurus 82, 120, 122, 171, 266, 271
Ten-Wheeler 15, 23, 252
Tenderlok 16, 28, 252
Texas 15
Thalys 284
The Big Engine 22
Thompson, Edward 51
Thyssen-Henschel 286
Tokaido Shinkansen 295
Tom Thumb 14
Tootsie 71
Tractor 165
Train à grand vitesse (TGV) 283ff.
Tram 232
Treibachse 14
Trevithick, Richard 10, 74
Triebwagen 198, 227
Triplex 254
Twelve-Wheeler 15

U/V

U-Bahn 232
U-Boote 155
Uerdinger Schienenbus 161
Union Pacific 15, 18, 130, 132, 215, 263
V-Motor 131
Valmet 173
Verbrennungsmotor 131
Verbrennungstriebwagen 137
Verbundlok 30
Verde Canyon Railroad 138
Verschublokomotive 272
Vielzwecklokomotive 100
Vierkuppler 61
Vlocity 207
Voith 171, 265
Volk's Electric Railway 91
Vossloh 170, 264
Vulcan 165

W–Z

Waldbahn 55, 67
Westdeutsche Bahn 116
Westinghouse 32
Wide Body 144
WUMAG 134
Wutachtalbahn 224
Yellowstone 15
Zahnradantrieb 104, 238
Zahnradlokomotive 12
Zahnradtriebwagen 245
Zara, Giuseppe 43
Zebra 181
Zechenlok 12
Zephyr 140
Zillertalbahn 265
Zugspitzbahn 244

BILDNACHWEIS

Adam Sablich 136 u; Adrian van Leen 75 u; Alancrh/Creative Commons 193 o; Alex Bruda 67; Ali Taylor 225 u; AlpTransit Gotthard AG 100 u; Ana Ulin/Creative Commons 2.0 242 o; Ancientecho1/Morguefile 165 u, 202 M; Andi Braun 228 l; Andrew Bossi/Creative Commons 2.0 241 u; Ase Meistad Skjellevik 178 o; Asea Brown Boveri 92 M; athewma athewma 299 or; Austinevan/Creative Commons 2.0 285 or; Axel Schwenke/Creative Commons CC 2.0 234/235; BBC 132 o; Bellingrodt/Sammlung Michael Dörflinger 28 u, 32 l, 134 o; Ben Ford 49 o; Bernhard Studer 43 r; Bf110/Creative Commons 3.0 112 u; Bobbi Dombrowski 196 o; Bombardier 156/157 o, 203 M, 207 (2), 218/219, 219, 229 u, 230 u, 230/231 o, 231 u, 236/237, 270/271 u, 280 o, 286/287, 291 o, 292 o; Bugatti 137; Canadian National Railway 148 o, 149 o, 149 u, 262, 263 u; Canadian Pacific Railway 23 u, 148 u, 263 o; Cathy Smith 274 o; Chowells/Creative Commons 53 o; Chris Cockram 91 o, 232/233 o; Christa Richert 233 or; Christian Allinger/Creative Commons 2.0 244 o; Christina Andersson 264 u; Chrysler Group LLC 215 u; Daniel Battiston 190 o; Daniel Villafruela/Creative Commons 38 o; David Gubler/Creative Commons 96/97 o, 172/173 o, 188/189 o; David Gublerw 99; Davide Oliva 42 o, 292 u; Dennis Jarvis/Creative Commons 2.0 246 (2); DEWAG, W. Dietmann 155 o; dharder 136 o, 140 u; Die Lokomotive (russ) 63 u; Dieter Joel Jagnow 273 u; Enrique Farias 45 u; Eric Young 261; Fa Snail 185 u; Falk2/Creative Commons 168 o, 168 u; felix388/Creative Commons 2.0 101 u; Fokko Veenstra 70 l; Fotolia.com: 2 (© Arndt Buethe), 4 (© Christa Eder), 6 o (© Christian Spiller), 8/9 (© Christian Spiller), 7 o (© Simon Ebel), 7 M (© Johnburk1), 7 u (© Paul Hill), 14 o (© Oleg Shipov), 14 u (© Mihai Simonia), 16 o (© Cornelia Wohlrab), 18 o (© Cardaf), 18 u (© Jim Juris), 19 o (© Vibe Images), 19 u (© Hervé Rouveure), 20/21 (© PHB.cz), 22 (© Denis Pepin), 23 o (© Gary Truhlar), 24/25 (© PHB.cz), 25 r (© PHB.cz), 26/27 (© B. T. Renstrom), 34 (© CARTAGENA), 35 (© Nicolette Wollentin), 36 M (© Alonbou), 36 o (© Doug Baines), 37 o (© yvon52), 39 o (© Gilles Paire), 39 u (© callous), 40/41 (© PHB.cz), 43 u (© Alessandro Laporta), 44 (© Arndt Buethe), 45 o (© Doug Baines), 46 o (© Alan Dunlop-Walters), 46 u (© Dave M), 48 o (© Maynard Case), 48 u (© EcoView), 49 u (© Andy Rhodes), 50 (© Mick Woodruff), 54 u (© locha), 55 u (© Marion Neuhauß), 56 o (© PHB.cz), 57 (© belizar), 58 (© PHB.cz), 59 o (© PHB.cz), 59 u (© Reinhard Schäfer), 61 u (© Goce Risteski), 62 o (© remik44992), 62 u (© Alexey), 63 o (© Kirill Mitin), 64/65 (© Alexandr Blinov), 65 o (© Samuray), 65 u (© Alex), 66 o (© nlphoto), 66/67 u (© remik44992), 68 o (© Pablo Hernan), 68 u (© FOTOALEM), 69 M (© Valery Shanin), 70/71 o (© Louie Schoeman), 72/73 (© Raymond Gadd), 74 u (© Pablo Hernan), 75 o (© PHB.cz), 76 o (© axle), 78 (© TMAX), 79 o (© TMAX), 82 o (© Pierrette Guertin), 82 M (© remik44992), 83 o (© Michael Urmann), 84/85 (© Marco2811), 95 o (© Otto Durst), 96 u (© Daniel Klimczak), 98 u (© celeste clochard), 104/105 o (© Mario Schulze), 116/117 u (© thofi2), 118 u (© coco194), 118/119 o (© ebraxas), 122/123 o (© Scanrail), 125 u (© Scanrail), 124 (© amlet), 126 (© Alexander Mirokhin), 125 o (© Alexey Klementiev), 127 o (© ks2008q), 128/129 (© Paul Hill), 135 u (© Presseservice), 138 o (© Ronanies), 138 u (© Maxwell), 139 (© PHB.cz), 141 (© PHB.cz), 142/143 o (© Rans), 143 u (© Varina Patel), 144/145 u (© Brueckenweb), 145 o (© Rick Sargeant), 150 o (© Cornelia Wohlrab), 150 u (© Robert Ford), 152 (© Niddam), 153 o (© Martina Berg), 153 u (© Cornelia Wohlrab), 155 u (© coco194), 160 u (© Charlotte Erpenbeck), 161 (© Peter38), 163 u (© PackShot), 165 o (© Longtall Chris), 174 u (© Izaokas Sapiro), 175 (© Alexandr Blinov), 176 o (© Tasha), 176 u (© Yevgen Glazov), 177 (© Ensuper), 178 u (© Markov), 178/179 o (© Andriy Solovyov), 179 u (© Yaros), 180 (© remik44992), 181 o (© remik44992), 181 u (© Soja Andrzej), 183 u (© AVD), 184/185 u (© Gabriela), 186 o (© Diana Kosaric), 186 u (© Mehmetcanturkei), 190/191 u (© ALCE), 194/195 (© Simon Ebel), 196 Mitte (© dieter76), 198 u (© PHB.cz), 198/199 o (© mirvav), 200/201 o (© remik44992), 201 o (© clivepl), 202 o (© siyaraku), 202 u (© Paul Harcourt), 204 (© Jeff Schultes), 205 u (© Mike McSweeny), 206 u (© iOleg), 208 u (© visionarymoments), 210/211 u (© Cornelia Wohlrab), 216 u (© meoita), 217 (© Yevgeniy Zateychuk), 222 u (© Thaut Images), 223 or (© Angelika Bentin), 223 u (© juniengel), 224 o (© anyaivanova), 225 ol (© Avner Richard), 225 or (© Alonbou), 226 u (© Mirko Meier), 228/229 (© belleepok), 238 o (© Christa Eder), 239 o (© Bergfee), 239 u (© crimson), 241 o (© Sathish Jayagopal), 247 (© PHB.cz), 248/249 (© Johnburk1), 250 u (© Paul Gibbings), 251 (© Railpix), 252 o (© Railpix), 252 u (© henryn0580), 253 (© henryn0580), 254/255 o (© art&foto), 255 M (© PHB.cz), 255 u (© Charly Lippert), 256/257 (© meoita), 258 o (© Dmitry Rukhlenko), 258 u (© Uros Petrovic), 259 o (© PHB.cz), 259 u (© Konstantin Milenin), 260 o (© Cornelia Wohlrab), 260 u (© Jose Garcia), 265 u (© Charly Lippert), 266 (© Aleksandrs Kosarevs), 267 o (© Igor Bekirov), 267 u (© remik44992), 268 (© Igor Bekirov), 269 u (© Erik Schumann), 272 o (© Nenad Banjac), 272 u (© johas), 273 o (© Uwe Bumann), 275 (© Martina Berg), 277 (© Bernard Bailly); G. Schouten de Jel 242/243 u; Gerrit Prenger 244 u; gravitat~on/Creative Commons 2.0 116 o; Hanspeter Klasser 32 r; Henry Chen/Creative Commons 2.0 206 u; Himbeertoni68/Creative Commons 3.0 214 u; Hollnagel/Sammlung Michael Dörflinger 133 u; Husi Flashmaster 174 o; Hyundai Rotem 188 u, 300/301; Ian Beeby 127 u; Ignis/Creative Commons 162/163; Igor Kasalovic 235 u; István Benedek 55 u; Ivanfurlanis/Creative Commons 169 u; Jascha Hoste 42 u; jasiek j 274 u; jay8085/Creative Commons 2.0 284 u; Jean-Louis Zimmermann/Creative Commons 2.0 230 ol; Jim Daly 10 o, 46 o; Joeb/Morguefile 253 o; John H. Gray/Creative Commons 2.0 88 u; John Williams/Creative Commons 2.0 243 o; Joost J. Bakker/Creative Commons 2.0 282/283 o; Jorge Vicente 43 M; Jürgen Heegmann/Creative Commons 12 u; Jusben/Morguefile 166 o, 212 (2), 213 u; Kim Beardsmore 77 u; Kimberley Jezmundo/Creative Commons 189 u; Klaus Nahr/Creative Commons 2.0 226 (2); kubicek007 60 o; Library of Congress 16 u, 88 o; Liliput 33 o; Linzer/Creative Commons 170 u; LogServ 271; Lords Stock Photography Emporium 17; M. Bienick/Creative Commons 286/287 o; Maffei 76 u; Magnus D/CC2.0 90; Magnus Gertkemper/Creative Commons 3.0 114/115 u; MAN 131 o; Marc Ryckaert 171 u; Marcelo Terraza 74 o, 190 M; Markus Schweiß/Creative Commons 269 o; Martin Abegglen/Creative Commons 2.0 294/295 u, 295 o; Matt Buck/Creative Commons 2.0 203 o; Matterhorn Gotthard Bahn 92 o, 102/103, 104 l, 106 (2), 107 (2), 108, 109 u, 110/111; Metro Transportation Library and Archive/Creative Commons C2.0 89 u; Michael Dörflinger 32 o, 113 u, 130 u, 151 o, 160/161 u, 208 o, 222 o, 224 u, 238 o, 240, 245 (2), 270 o, 276 o, 276 u, 287 u; Michael Green 47 ul; Mike Knell/Creative Commons 2.0 109 o, 282 u, 284/285 o, 285 u; Mike Vam 71 u; Mikhail Shcherbakov/Creative Commons 2.0 216 o; MPW57 132 o, 171 o; Münze Österreich AG 54 o, 56 u, 118 M; Nancy Brown 77 u; Neal S. 213 o; ÖBB 6 M; ÖBB/Archiv PG 120/121 u; Paul Keller/Creative Commons 2.0 296 o; Pavel Klaus 135 o, 183; pcst 142 u; Pellam 51 u; Pennsylvania Railroad 215 M (2); Peter electro/Creative Commons 36 u; Phil Sangwell/Creative Commons 2.0 167, 281; Philippe Brenet/Creative Commons 163 o; PIXELIO: 28 o (© Erich Westendarp), 29 (© Erich Westendarp), 33 u (© Dieter Knoll), 79 u (© Rike), 91 u (© Rabe), 97 u (© Uwe Schwarz), 101 o (© Paul-Georg Meister), 105 u (© Michael Berger), 112 o (© Karl-Heinz Peters), 114 o (© Erich Westendarp), 134 u (© Thomas Max Müller), 151 u (© Georg Marinschek), 154 u (© Dietmar Grummt), 160 o (© khv24), 185 o (© Sero122), 198 o (© Erich Westendarp); Popular Science Monthly Volume 12 12 o; Powerer 60 u; PTG Dudva/Creative Commons 52/53; Rainer Haufe/Creative Commons 154 o; Ralf Roletschek 13 u; Reinhard Dietrich/Creative Commons 69 u; Riccardo Caliban 290/291 u; Richard Rebmann/Creative Commons 2.0 94 o, 95 u; Roger Kirby 47 ur; Röll, Enzyklopädie des Eisenbahnwesens 130 u; Romain D C 164; Sammlung Bruno Corpet 37 u; Sammlung Michael Dörflinger 10 u, 11 u, 30, 30/31 o, 69 o, 83 u, 85 r, 94 u, 113 o, 130 o, 132 u, 197 (2), 209 (3), 210 l, 215 o, 226 u, 235 or, 255 o, 257 o, 280 M; Samuel Rosa 233 u; SBB 93, 98 o, 100 o; Schenectady Museum 89 o; Sebastian Terfloth/Creative Commons 286 u; Siemens AG 80/81, 86 (3), 87 (2), 119 u, 120 o, 121 o, 122 o, 291 M, 293 r; Steve Austin 53 u; Takeshi Kuboki/Creative Commons 2.0 294 o, 296 u, 298/299; taliesin/Morguefile 140 o; Tangopaso 38 u; The Mechanic's Magazine 1829 11 o; Threecharlie/Creative Commons 182; Torsten Eismann 223 ol; Urmelbeauftragter/Creative Commons 3.0 115 o, 211 o; Valtra/AGCO 172 u; Vera Berard 144; Vicky S 51 o; Vladimir Markovic 61 u; Voith 7 u, 146/147, 157 u, 158/159, 169, 170 o, 173 u, 187 o, 192/193 u, 250 o, 264 o, 265 o, 278/279; Vossloh 156 M, 156 u; Widi Nugroho 187 u; Wolfgang Schaaf 190 o; Yellowdogsc/Creative Commons 13 o; Yuichi Shiraishi/Creative Commons 2.0 296/297 o; 投稿者本人/Creative Commons 192